U0819237

主　编　邢占军

副主编　吴东民　于　萍　褚　雷

中国幸福指数报告

（2006~2010）

Report on Well-being Index in China

（2006-2010）

社会科学文献出版社
SOCIAL SCIENCES ACADEMIC PRESS (CHINA)

摘　要

随着中国迈入一个新的发展阶段，改革和发展的目标定位需要进行新的调整，促进社会公平正义、增进人民福祉成为全面深化改革的出发点和落脚点，幸福指数的价值和意义越发凸显。本报告在对幸福指数概念等基础性问题进行探讨的基础上，依据所构建的客观福祉评价指标体系，采用政府公开的统计数据对中国2006~2010年的客观福祉进行了评价。结果显示，“十一五”期间中国客观福祉有了较大幅度的提升，2010年较2006年增长了37.1%，年均增长9.3%。五年间，社会福祉和环境福祉提升幅度较大，与2006年相比分别提升了88.3%和64.3%。中国客观福祉的省际差距十分明显。各年份客观福祉总分最高的省份与总分最低省份之间的差距在3.5~4.5倍，这种差距在各个分领域表现得尤为突出，最高差距达到了6.5倍。从各区域客观福祉评价结果来看，各年度均呈现出东部、东北、中部、西部依次递减的趋势。东部地区和西部地区的差距最大，其次是东部地区与中部地区的差距；东北地区与西部地区、东部地区与东北地区也存在一定的差距；东北地区与中部地区、中部地区与西部地区的差距较小。五年期间，西部地区与其他地区之间的差距呈减小的趋势。本报告试图为全面评价“十一五”期间中国社会的进步、诊断发展过程中面临的突出问题、考察宏观政策对客观福祉的影响提供依据。

Abstract

While China is stepping onto a new stage of development, its targets of reform and development are now open for reasonable readjustment. The promotion of social fairness and justice, together with the improvement of the well-being of the Chinese people, has become the starting points and the footholds of a more comprehensive reform. Thus the people's sense of well-being is becoming more and more important in current Chinese context. Based on the discussions over some basic issues related to well-being index, this report evaluates the objective well-being of the Chinese people from 2006 to 2010 by taking both the objective well-being index system and the official statistics into serious account. The research results show that the Chinese objective well-being has been greatly improved during "the Eleventh Five-Year Plan". Compared with the year of 2006, the well-being of the Chinese increased 37.1% in 2010. The average annual growth turns out to be 9.3%. Within these five years, the social well-being and the environmental well-being increased 88.3% and 64.3% respectively. The differences of objective well-being among different provinces are quite distinguishable. There are wide gaps between the provinces with very high scores and those with very low scores. The highest score is about 3.5 – 4.5 times of the lowest one. Furthermore, the gaps within each detailed dimension are much more prominent, with the highest 6.5 times higher than the lowest. Observed on the regional level, the annual objective well-being shows the trend of a gradual decrease: the east winning the first prize, then the northeast, then the central, and finally the western. The biggest difference exists between the eastern region and the western region, followed by a milder gap between the eastern region and the central region. Gaps also exist between the northeast region and the western region, and of course between the eastern region and the northeast region. The gap between the northeast region and the central region, and that between the central region and the western region is the least obvious. From 2006 to 2010, the gap between the western region and other regions gradually became narrower and narrower. This report attempts to provide a more dynamic and more comprehensive evaluation of the progress of China during "the Eleventh Five-Year Plan". It also aims to diagnose the major problems our society is confronted with in the process of reform and development, as well as to examine and to define how and to what degree the macroscopic public policies are affecting the objective well-being of the Chinese people.

目 录

导 言

进入新世纪以来，特别是2005年以来，“幸福指数”（well-being index）引起了国内学界、媒体、决策面和公众的广泛关注。一些媒体不断抛出有关幸福指数的话题，不同层面的决策者对幸福指数普遍给予了相当积极的回应，公众则通过各种媒介特别是互联网表达着对幸福指数的复杂心态。来自社会的各种不同反应极大地推动了学界对幸福指数的研究。从学界来看，尽管幸福指数在国内看似一个全新的话题，其实国内学者对与之相关问题的研究却已走过了30多年的路程。从某种意义上讲，国内幸福指数相关的研究，几乎与中国的改革开放进程相伴而行，只不过在不同阶段对其表述形式以及相关研究对决策面的影响程度不同而已。到了今天，随着中国迈入一个新的发展阶段，改革和发展的目标定位需要进行新的调整，促进社会公平正义、增进人民福祉成为全面深化改革的出发点和落脚点，幸福指数的价值和意义越发凸显。

山东大学生活质量与公共政策研究中心研究人员对幸福指数有关问题的实证性研究始自2002年。从2009年起我们开始更为明确地从公共政策的层面探讨幸福指数，并力图推出一套能够评价当下中国生活质量的幸福指数指标体系。这样一套指标体系，不仅可以用于全面评价社会的进步程度以及诊断宏观决策中可能存在的问题，而且可以为突破“简单以GDP论英雄”的政绩评价模式提供想象空间。2011年我们首次公布了这套指标体系，并详细报告了其编制过程①。本报告可以视为山东大学生活质量与公共政策研究中心对幸福指数研究努力的延续，只不过更加侧重幸福指数研究的咨政价值。为了展现本报告的推出背景以及本团队的一些基本理念，导言将系统梳理国内幸福指数的相关研究，尝试厘清幸福指数的含义、研究价值、构

① 邢占军等：《公共政策导向的生活质量评价研究》，山东大学出版社，2011。

建方法和政策功能等基本问题，对今后幸福指数研究和实践中值得注意的一些问题加以思考①。同时，导言将对本报告的研究思路以及所采用的评价指标体系给予简要介绍。

一　国内幸福指数相关研究30年的历程

在考察国内幸福指数研究历程之前，首先要对作为讨论前提的相关议题加以限定。对于幸福的科学研究，大致有两种视角，一种是从个体微观角度出发，主要为临床心理、工商管理、社会工作以及教育管理等相关领域研究者所关注。这类研究的目的在于提升针对个人或群体的心理治疗、心理辅导、组织管理水平，以帮助个体更好地康复，更好地适应社会，更幸福地工作和生活。另一种视角则基于社会宏观的角度，研究者主要来自社会学、心理学、经济学和公共管理学等领域。这类研究所针对的是社会发展的目标导向以及对特定社会进步与发展状况的评价，其目的在于帮助不同层面的社会决策者更好地进行公共决策，以增进民众的福祉，使民众享有美好的生活。毫无疑问，这两种研究取向所讨论的问题是密切相关的，但是由于出发点不同，所采用的研究策略和方法也相差较大。自20世纪80年代以来国内学者对幸福的科学研究绝大部分集中在前一种取向，特别是其中与临床心理相关的研究，国外常常用“与健康有关的生活质量”（health-related quality of life）② 加以概括。这一研究方向至今在国内仍然保持着强劲的发展势头，但其所涉内容显然不包括在我们这里所讨论的议题之中。

“幸福指数”这个术语在国内研究文献中出现的时间很短，从“中国学术文献总库”中检索到的第一篇题名含有幸福指数的文献是发表在《市场与人

① 作为本课题的阶段性成果，导言的部分内容曾经在“两岸三地华人社会幸福状况的探讨”学术研讨会上做过交流，并发表在《应用伦理评论》2012年第52期上。

② “与健康有关的生活质量”经常被定义为：特定的医疗条件或治疗对一个人实际的或者所预期的身体、情绪和社会方面良好感受的影响程度，参考D. F. Cella，“Measuring quality of life in palliative care”，*Seminars in Oncology* 22（1995）：73－81。

口分析》1997 年第 1 期上①，是一篇编译自美国期刊上的科普类文章，严格地讲称不上“研究”。与幸福指数相关度最高的术语“生活质量”（quality of life）在国内文献中首次出现是 1980 年，要比“幸福指数”早得多。尽管与“幸福指数”相比，以“生活质量”为题名的文献大多基于个体微观角度，但其中不乏社会宏观层面的研究②。另外两个与生活质量相关度很高的术语，分别是“满意感”（life satisfaction）和“主观幸福感”（subjective well-being），首次在国内文献中出现的时间也早于“幸福指数”。因此，对国内幸福指数研究历程的考察要合乎逻辑地向前追溯，宏观层面的生活质量研究（含满意感和幸福感研究）也包含其中。分别以“生活质量”“满意感”“幸福感”“幸福指数”为题名对“中国学术文献总库”中的“中国学术期刊网络出版总库”“中国学术期刊全文数据库”“中国博士学位论文全文数据库”和“中国优秀硕士学位论文全文数据库”进行检索，共搜集到 1980 ~ 2011 年属于宏观层面生活质量的有效文献 4223 篇（见表 1）。下面以这些文献为基础，对国内 30 多年幸福指数研究的历程加以梳理。

表 1 通过题名检索的历年发表的幸福指数相关论文统计

单位：篇

发表年份	生活质量	满意感	幸福感	幸福指数	合计
1980	1(1)				1(1)
1981	1(1)				1(1)
1982	0				0
1983	2(2)	1(1)			3(3)
1984	1(1)	0			1(1)
1985	3(3)	1(1)			4(4)
1986	2(2)	0			2(2)
1987	7(5)	0			7(5)

① 这篇题名中含有“幸福指数”的文献为《构建幸福指数》，是编译自 *American Demographics*（1996 年）上的一篇文章。通过对“中国学术文献总库”的题名检索发现，国内第一篇题名含有“幸福感”的文献出现在《世界知识》第 13 期（1991 年），标题为《富裕的日本人缺乏幸福感》，是一篇科普类文章，介绍的是日本的相关研究。第一篇题名含有“生活质量”的文章发表在《国外社会科学》第 11 期（1980 年），译自韩国期刊《政经文化》第 1 期（1980 年）。

② 根据文献检索分析，题目中含有“生活质量”且属于社会宏观层面的研究，大约占到该类文献总量的 28%（参见表 1）。

续表

发表年份	生活质量	满意感	幸福感	幸福指数	合计
1988	7(3)	1(0)			8(3)
1989	9(8)	1(0)			10(8)
1990	18(6)	1(1)			19(7)
1991	18(7)	1(1)	1(1)		20(9)
1992	26(12)	0	0		26(12)
1993	33(13)	0	1(0)		34(13)
1994	55(18)	2(2)	0		57(20)
1995	76(37)	1(0)	1(1)		78(38)
1996	97(18)	1(1)	3(3)		101(22)
1997	102(34)	2(2)	4(4)	1(1)	109(41)
1998	136(29)	5(4)	6(4)	0	147(37)
1999	153(47)	6(1)	6(4)	0	165(52)
2000	217(43)	1(0)	6(5)	0	224(48)
2001	267(54)	5(4)	3(3)	0	275(61)
2002	333(60)	9(8)	26(19)	0	368(87)
2003	485(75)	14(6)	54(33)	1(0)	554(114)
2004	672(80)	7(4)	56(38)	6(3)	741(125)
2005	868(119)	18(11)	100(77)	17(16)	1003(223)
2006	1058(117)	30(16)	154(101)	51(36)	1293(270)
2007	1067(139)	31(15)	279(213)	62(40)	1439(407)
2008	1187(128)	26(9)	371(322)	69(52)	1653(511)
2009	1312(130)	15(6)	481(414)	53(43)	1861(593)
2010	1631(144)	16(6)	546(466)	79(50)	2272(666)
2011	1591(138)	20(12)	707(579)	164(109)	2482(838)
合计	11435(1474)	215(111)	2805(2287)	503(350)	14958(4222)

注：表中的资料是分别以“生活质量”“满意感”“幸福感”“幸福指数”为题名在“中国学术文献总库”（1980～2011 年）相关数据库中检索到的各类文献的篇数，其中括号内的资料是排除了个体微观研究视角以及报道、传记、书评、信息等类型的文献后，真正意义上属于社会宏观视角的幸福指数相关研究，占检索到文献总量的 28%。

（一）引进起步阶段（1980～1990 年）

这一阶段的文献以引介国外相关研究成果为主。检索到的 35 篇文献中有 20 篇属这类文献，或直接译自国外期刊，或介绍国外研究，或对国外研究加以综述，涉及的国家或地区包括美国、苏联、英国、联邦德国、加拿大、日本、澳大利亚、韩国、中国澳门等，其中有 7 篇出自中国社会科学院主办的期刊《国外社会科学》。国内第一篇以“生活质量”为题的文章，讨论的是韩国 20 世纪 80 年代社会发展中所面临的人口学意义上的社会问题，作者认为其中老龄化和劳资关系问题“同未来的人的生活质量将有密切的联系”①，尽管没有查到这篇文献的引用记录，但其有着标志性意义，从此生活质量问题逐渐引起国内学界的关注。不仅如此，该文还暗合了后来国内一度出现的“人口生活质量”的提法。这一阶段引用较多的一篇文献是译自 *Annual Sociology Review* 的一篇文章，该文以美国和加拿大 1975 ~ 1985 年间生活质量研究的文献为基础，对生活质量的含义、测量、理论以及生活质量与公共政策关系等问题进行了梳理和讨论。作者指出“有关生活质量的经验研究表明，研究内容一直在人们生活的客观方面（如食物和居住）和主观方面（如态度和感情）之间徘徊”②，但该文显然站在了美国生活质量研究中一直占主导地位的主观方面一边，花费较多篇幅介绍了生活质量主观方面的经验研究和理论进展。该文还提到了美国生活质量研究者坎贝尔等人对生活质量的经典定义：“生活幸福的总体感觉”。该定义一段时期内对国内幸福指数相关研究产生了很大的影响。

国内研究者对宏观层面生活质量的研究和探索，是从 20 世纪 80 年代初开始的。较早的探索可以追溯到 1983 年国家统计局起草的社会统计指标草案③。1986 年北京市推出《首都社会发展战略若干问题研究报告》，该报告将生活质量作为评价社会发展的重要方面，包含人均年文娱性消费支出、每万人口拥有医院床位数、自由支配时间比率、环境综合指数等 22 项客观指标④。这一阶段最有影响的相关研究是由美籍华裔社会学家林南与天津和上海两家地方社科院合作完成的。他们的研究主要强调生活满意感，这一点明显受到了美国学界更为强调生活质量主观方面的影响。林南与天津社科院合作采用因素分析法和

---

① 尹钟周：《人口学与生活质量》，《国外社会科学》1980 年第 11 期，第 49 页。

② K. 苏斯耐、G. A. 费舍：《“生活质量”的社会学研究》，唐仲勋、叶南客译，《国外社会科学》1987 年第 10 期，第 58 ~ 63 页。

③ 风笑天：《生活质量研究：近三十年回顾及相关问题研究》，《社会科学研究》2007 年第 6 期，第 1 ~ 8 页。

④ 陶冶：《关于生活质量和主观指标研究》，《上海综合经济》1994 年第 9 期，第 19 ~ 21 页。

结构方程模型法，通过测量人们对生活各方面的感受和满意程度，提出了生活质量的结构模型，并采用天津市的调查数据对模型进行了验证①。在另外一项研究中，林南和卢汉龙将生活质量界定为人们对社会环境的满意程度和对生活的全面评价②。一些研究者将侧重点放在了客观指标方面，在着重介绍国外生活质量客观指标研究的同时，尝试对国内客观生活质量评价的内容和方法进行探讨③。按照改革开放总设计师邓小平的设想，1981～1990年是中国现代化建设“三步走”战略的第一步，目标是国内生产总值比1980年翻一番，解决温饱问题。这一阶段国内从上到下关注点都在发展经济，因而与幸福指数密切相关的生活质量主观方面的研究并未引起决策面的足够注意。围绕着各级决策者关注的重点，同时也考虑到数据的可得性和政策的有效性，政府有关部门以及有关政策研究机构更为重视那些能够体现社会发展的客观指标。而这种态势反过来又影响了学界的研究走向。但毫无疑问，这一阶段宏观层面生活质量的引进和探索，深深地影响着国内当下的幸福指数研究。

（二）探索成长阶段（1991～2000年）

1991年以后，国内学界对宏观层面生活质量的研究逐渐升温，通过“中国学术文献总库”检索到1991～2000年相关文献292篇，尽管数量已接近上个阶段的9倍，但总量仍然不大。生活质量客观方面和主观方面的研究，沿着各自的方向在不断推进，一些研究者试图对这两个方面加以整合。从文献类型看，这一阶段的文献涉及生活质量研究的多个分领域和多个特定群体生活质量的研究，研究者们围绕着生活质量的概念和评价方法等一些基本的问题进行思考并展开讨论，较为深入而系统地了解了国外生活质量相关研究的状况与走势，出现了以幸福指数为题的文献。研究者们的探索努力使得宏观层面生活质量研究在国内不断拓展。

---

① 林南等：《生活质量的结构与指标》，《社会学研究》1987年第6期，第73～89页。

② 林南、卢汉龙：《社会指标与生活质量的结构模型探讨》，《中国社会科学》1989年第4期，第75～97页。

③ 郭慧珍：《关于我国居民生活质量指标体系的探讨》，《经济科学》1987年第6期，第78～89页；王成岐：《生活质量测定方法》，《统计研究》1989年第2期，第41～45页；胡雪萍：《如何评估我国的生活质量》，《消费经济》1990年第6期，第52～55页。

按照邓小平的设想，1991～2000年是我国现代化建设“三步走”战略的第二步，目标是到20世纪末国内生产总值再翻一番，人民生活达到小康水平。从90年代起，原国家计委、中国社会科学院、国家统计局和农业部等单位开始对中国小康问题进行细化，各种小康标准逐渐提出，其中生活质量被视为小康评价指标体系中不可或缺的组成部分。1991年国家统计局等12个部门的研究人员组成了课题组，推出了由16个基本检测和临测值构成的小康社会指标。中国社会科学院也推出了衡量社会发展的社会指标，将生活质量作为评价地区社会发展的重要组成部分，建立了由23个指标构成的地区生活质量评价指标体系①。目前全面小康标准仍然是国家统计局和相关政府部门关注的焦点问题。小康指标体系的编制无疑大大增强了社会和决策面对生活质量问题的关注，这类指标的编制基本上因循的是客观指标的传统。在此期间一度产生较大影响的是一批人口经济学研究者所推动的“人口生活质量”研究②，这类研究对生活质量的界定遵循了国际上主客观结合的趋势，但是在具体指标设定时采用的仍然是生活质量的客观评价指标。一些研究者试图从全球视角来考察国内的生活质量状况，这类用于国际比较的生活质量评价指标体系涉及的也是生活质量的客观方面。朱国宏采用教育、健康、营养、平等、环境5个方面8个指标对包括中国大陆在内的9个国家的生活质量进行了测算③。冯立天采用所编制的指标体系对包括中国大陆在内的58个国家和地区的生活质量进行了核算与比较研究④。赵彦云等编制了包括9大类34项指标的生活质量指标体系，对中国大陆和40多个国家的生活质量进行了比较研究⑤。地区层面的生活质量研究也开始出现，一些研究者从客观方面分别对辽宁营口、吉林、江苏等地的生活质量进行了量化研究⑥。

---

① 朱庆芳：《小康社会指标体系及2000年目标的综合评价》，《中国社会科学》1992年第1期，第103～120页。

② 冯立天：《中国人口生活质量研究》，《人口与经济》1995年第6期，第7～14页。

③ 朱国宏：《生活质量综合指数问题初探》，《经济学家》1993年第2期，第98～106页。

④ 冯立天：《中国人口生活质量与国际比较》，《人口学刊》1995年第6期，第3～15页。

⑤ 赵彦云、李静萍：《中国生活质量评价、分析与预测》，《管理世界》2000年第3期，第32～40页。

⑥ 舒樵：《营口市居民生活质量调查》，《社会科学辑刊》1991年第3期，第31～40页；历复魁：《吉林省社会生活质量的预测与分析》，《人口学刊》1995年第6期，第47～59页；黄润龙：《江苏人民生活质量的比较研究》，《南京人口管理干部学院学报》1997年第1期，第6～17页。

生活质量主观方面的研究在这一阶段也有了一定的发展，但明显滞后于客观生活质量研究，对决策面的影响也相对较弱。在这个阶段出现了一个与主观生活质量密切相关的术语“主观幸福感”（subjective well-being）。段建华发表在《心理学动态》上的一篇论文从心理学角度梳理了国外的幸福感研究，其中大多着眼于宏观层面①。尽管一些学者对生活质量的主观方面给予了相当的关注②，但在这一阶段没有出现全国范围的主观生活质量量化研究。几项影响较大的量化研究都是针对特定地区的居民，这些研究者主要采用满意感指标分别对北京、西安、扬州、厦门、武汉等城市居民主观生活质量进行了调查研究③。有关幸福感的研究则主要集中在大学生和老年人等特殊群体④。

进入20世纪90年代以后，越来越多的国内学者主张将生活质量的主观指标和客观指标加以结合，以全面反映生活质量状况。卢淑华和韦鲁英在对北京、西安、扬州三市进行生活质量模式的实证研究中，不仅引入了客观指标，而且增加了“参照标准对主观生活质量指标的影响”这个中介变量，提出了三级主客观指标作用机制的理论模型⑤。叶南客在对苏南城乡居民生活质量进行评估时采用了消费水平、消费结构、生活方式和社会感受4类指标，力图将主客观指标加以结合⑥。李

① 段建华：《主观幸福感概述》，《心理学动态》1996年第1期，第46～51页。

② 陈义平：《两种生活质量评估方法的比较分析》，《广东社会科学》1993年第3期，第38～45页；李新家：《论评价生活质量的指标和影响生活质量的因素》，《湘潭大学学报》（哲学社会科学版）1995年第5期，第52～55页；詹天庠、陈义平：《关于生活质量评估的指标与方法》，《中山大学学报论丛》1997年第6期，第26～34页。

③ 卢淑华、韦鲁英：《生活质量与人口特征的比较研究》，《北京大学学报》（哲学社会科学版）1991年第3期，第58～69页；胡荣：《厦门市居民生活质量研究》，《社会学研究》1996年第2期，第82～87页；易松国、风笑天：《城市居民主观生活质量研究》，《华中理工大学学报》（哲学社会科学版）1997年第3期，第82～85页。

④ 段建华：《总体幸福感量表在我国大学生中的试用结果与分析》，《中国临床心理学杂志》1996年第1期，第56～57页；刘仁刚、龚耀先：《老年人主观幸福感及其影响因素的研究》，《中国临床心理学杂志》2000年第2期，第73～78页；何瑛：《重庆大学生主观幸福感状况及其影响因素》，《重庆师专学报》2000年第2期，第35～38页。

⑤ 卢淑华、韦鲁英：《生活质量与人口特征的比较研究》，《北京大学学报》（哲学社会科学版）1991年第3期，第58～69页。

⑥ 叶南客：《苏南城乡居民生活质量评估与提高战略》，《中国社会科学》1992年第3期，第135～148页。

凌江等人在对湖南省小区居民生活质量进行考察时也试图将主客观指标结合，采用了包括躯体功能、心理功能、社会功能和物质生活 4 个维度在内的生活质量问卷①。风笑天等人总结指出，单用主观指标或单用客观指标都难以全面地了解和测量生活质量的真实状况，而各种具体的客观生活质量指标在解释人们主观的“满意度”方面是无能为力的。生活质量主客观指标结合是一个世界性的难题，国内学者在 20 世纪 90 年代所做的探索没有取得明显的突破。

以上是 1991 ~2000 年国内生活质量研究的主要内容。除此之外，这一阶段国内的生活质量研究也出现了细化的倾向，一些更为具体的生活质量研究领域开始在文献中独立出现，其中影响最大的当属老年生活质量研究。如前所述，我们检索到的第一篇以“生活质量”为题名的文献就涉及韩国的老龄化问题。进入 90 年代以后，随着国内许多地区老龄化步伐的加快，老年人生活质量引起了研究者更多的关注②。研究者所涉猎的另外一些具体领域包括婚姻家庭生活质量③、青年生活质量、农民生活质量、文化生活质量、闲暇生活质量等。④

与本报告议题联系最为紧密的一篇文献出现在这一阶段，那就是《市场与人口分析》1997 年第 1 期刊发的《构建幸福指数》。该文编译自《美国人

① 李凌江等：《小区人群生活质量研究》，《中国行为医学科学》1995 年第 2 期，第 58 ~61 页。

② 叶南客、唐仲勋：《老年生活质量探索》，《社会科学战线》1993 年第 1 期，第 130 ~137 页；潘祖光、王瑞梓：《中国老年人口生活质量研究》，《人口研究》1995 年第 3 期，第 34 ~40 页；赵细康：《农村老年人生活质量主观评价分析》，《人口与经济》1997 年第 6 期，第 15 ~20 页；张智敏：《城市老年人的生活质量问题》，《市场与人口分析》1999 年第 6 期，第 36 ~38 页；姜晶梅、韩少梅、张孔来：《中国城乡老年人生活质量综合评价》，《中国卫生统计》2000 年第 6 期，第 29 ~30 页。

③ 卢淑华：《中国城市婚姻与家庭生活质量分析》，《社会学研究》1992 年第 4 期，第 84 ~91 页；易松国、风笑天：《城市居民家庭生活质量主客观指标结构探讨》，《上海社会科学院学术季刊》1999 年第 1 期，第 136 ~144 页。

④ 叶南客、李芸：《当代青年生活质量的评估》，《青年研究》1992 年第 1 期，第 22 ~25 页；吴晓刚：《当代青年的工作生活质量》，《社会科学》1993 年第 5 期，第 44 ~48 页；陈长华：《江苏农民生活质量评价与比较》，《江苏社会科学》1993 年第 1 期，第 113 ~132 页；黄志秋：《论文化生活质量的内涵》，《中国特色社会主义研究》1997 年第 5 期，第 17 ~22；王雅林、车路光：《非在业群体闲暇生活质量考察》，《哈尔滨工业大学学报》（社会科学版）2000 年第 3 期，第 89 ~98 页。

口统计学》（*American Demographics*）杂志，原作者 Kacapyr 是一位经济学者。这不是一篇学术论文，只是一篇介绍该杂志推出“美国人口统计学幸福指数”的短文。这篇文献为读者提供了以下几个方面的信息：（1）现有的经济发展指标（例如 GDP、CPI）不能反映国民的生活质量和幸福程度，而一些用来评价生活质量的其他指标也与 GDP 一样，只考虑了国民生活的某个侧面；（2）“美国人口统计学幸福指数”是一种复合指标，涵盖了收入和就业机会、生产力和技术、休闲、消费者态度、社会和物质环境等 5 大领域，每个领域都由两三个要素组成，能够全面衡量国民的幸福状况；（3）该指数从 1990 年 4 月开始测试，以这次测试的数据为基点，记作 100，以后每个月的数据与之比较，就可以反映美国生活质量的走势；（4）由于包含了很多价值判断，测量幸福指数十分艰难，需要不懈地努力。这篇短文堪称普及幸福指数常识的一篇很好的材料。①

（三）快速发展阶段（2001 年以后）

进入 21 世纪以后，国内宏观层面的生活质量研究呈现快速发展的态势。2001 年是国内“新三步走”战略的起始年，随着小康目标的实现②，国内社会财富积累达到了新的水平，但地区差距和城乡差距仍然较大，一些社会问题（例如贫富差距拉大、环境污染、食品安全、价值缺失等）也凸显出来。社会对生活质量问题的关注度越来越高，学界对生活质量的研究也越发深入。在这一阶段，生活质量客观方面的研究出现了明显的进展，诞生了第一家生活质量研究机构——武汉大学生活质量研究与评价中心，出现了一批有

① 伊里亚·卡派尔：《构建幸福指数》，《市场与人口分析》1997 年第 1 期，第 61～62 页。

② 根据邓小平的估算，人均 GDP 达到 800～1000 美元是中国小康水平的标志性指标。他提出，到（上世纪末）“人均国民生产总值达到 800～1000 美元，进入小康社会”（中共中央文献研究室编《邓小平年谱（1975～1997）》［上］［中央文献出版社，2004，第 681 页］；中共中央文献研究室编《邓小平年谱（1975～1997）》［下］［中央文献出版社，2004，第 732 页］）。2000 年国内生产总值为 89404 亿元，按照当时的汇率折算人均 GDP 首次超过了 800 美元。“新三步走”战略在 1997 年召开的中共十五大上首次正式提出，在 2002 年召开的中共十六大上最终形成。第一步，实现国民生产总值比 2000 年翻一番，人民的小康生活更加宽裕；2010～2020 年是第二步，到 2020 年实现国内生产总值比 2000 年翻两番的目标；2020～2050 年是第三步，基本实现现代化。

影响的客观生活质量评价研究成果，对主观生活质量的研究明显增多，发展势头甚至超过了对客观生活质量的研究，国内学者与国外生活质量研究者的联系也大大加强。从 2005 年至今，幸福指数成为国内宏观层面生活质量研究的热点。

2001 年以后国内生活质量客观方面的研究不断深入。周长城等追踪国内外生活质量研究的最新进展，对国内客观生活质量指标构建的理论依据、测量方法、权重分配、专家效度等进行了分析与思考①。彭念一、李丽构建了包含收入状况、社会安全、教育状况、健康状况、资源与环境、城市环境和社会服务等 8 个子系统 21 类指标构成的生活质量客观指标体系，并采用该指标体系对包括中国大陆在内的 44 个国家的居民生活质量进行测算②。范柏乃构建了由 30 个指标构成的城市居民生活质量指标体系，对国内 31 个省会城市居民客观生活质量进行了测试③。李正龙编制了包含收入、消费、居住条件与生活环境、医疗条件、工作机会与社会保障 5 大类 15 项指标的居民生活质量指标体系，对国内 31 个省（自治区、直辖市）的客观生活质量进行了测试④。这类研究一般采用专家主观评定与客观统计数据分析相结合的方法筛选指标，采用加权赋值法确定指标的权重，层次分析、相关分析、因子分析等统计方法得到了普遍的运用。

这一时期研究者们对生活质量的主观方面给予了相当程度的关注，主观生活质量研究发展迅速。大量的研究针对的仍然是大学生、老年人等特殊群体，研究者采用的工具往往直接来自国外。这种缺憾是显而易见的，一些研究者尝

① 周长城、吴淑凤：《建立人民生活质量指标体系的理论依据》，《武汉大学学报》（社会科学版）2001 年第 3 期，第 381 ~ 384 页；周长城、饶权：《生活质量测量方法研究》，《数量经济技术经济研究》2001 年第 10 期，第 74 ~ 77 页；周长城、袁浩：《专家的观点可靠吗？对国内生活质量综合指数建构问题的探讨》，《社会科学研究》2002 年第 1 期，第 100 ~ 106 页；周长城、袁浩：《生活质量综合指数建构中权重分配的国际视野》，《江海学刊》2002 年第 1 期，第94 ~ 99页。

② 彭念一、李丽：《我国居民生活质量评价指标体系与综合评价》，《湖南大学学报》（社会科学版）2003 年第 5 期，第 21 ~ 25 页。

③ 范柏乃：《我国城市居民生活质量评价体系的构建与实际测度》，《浙江大学学报》（人文社会科学版）2006 年第 4 期，第 122 ~ 131 页。

④ 李正龙：《居民生活质量的统计分析与综合评价》，《安徽大学学报》（哲学社会科学版）2008 年第 1 期，第 102 ~ 107 页。

试编制适合中国居民的主观生活质量评价工具。邢占军从体验论幸福感理论出发，在整合国内外已有研究的基础上，编制了由54个项目组成的“中国城市居民主观幸福感量表”，从知足充裕体验、心理健康体验、社会信心体验、成长进步体验、目标价值体验、自我接受体验、身体健康体验、心态平衡体验、人际适应体验和家庭氛围体验10个方面对国内民众主观生活质量加以测量①。陈惠雄、吴丽民基于快乐感因子圈理论编制了由社会状况、个体状况、收入状况、亲情状况、人际状况、职业状况6个方面构成的主客观结合的快乐指数量表②。苗元江等在整合主观幸福感和心理幸福感的基础上编制了“综合幸福感问卷”，该问卷包括1个指数（幸福指数）、2个模块（主观幸福感与心理幸福感）、9个维度（生活满意、正性情感、负性情感、生命活力、健康关注、利他行为、自我价值、友好关系、人格成长），共50个项目。③ 研究者们还对收入、职业、性别、年龄等因素与主观生活质量的关系进行了比较深入的实证研究④。

第一篇以“幸福指数”为题名的文献出现在1997年，此后长达6年的时间里没有再检索到有效的相关文献。然而从2005年开始，幸福指数逐渐成为国内宏观层面生活质量研究的一个热点。有关幸福指数的研究主要集中在以下两个方面：一是探讨幸福指数的含义、由来、政策功能和现实意义。研究者们从经济学、心理学、社会学、公共管理学等角度对幸福指数进行了介绍，对相关问题进行了探讨，在这类文献中出现频率较多的是不丹王国的国民“幸福总值”（Gross National Happiness，GNH）实践和美国行为经济学家Kahneman

① 邢占军：《中国城市居民主观幸福感量表的编制》，《香港社会科学学报》2002年第23期，第151～189页。

② 陈惠雄、吴丽民：《国民快乐指数调查量表设计的理论机理、结构与测量学特性分析》，《财经论丛》2006年第5期，第1～7页。

③ 苗元江、朱晓红、陈浩宾：《从理论到测量：幸福感心理结构研究发展》，《徐州师范大学学报》2009年第2期，第128～133页。

④ 孙凤：《性别、职业与主观幸福感》，《经济科学》2007年第1期，第27～32；王秋、邢占军：《年龄与城市居民主观幸福感关系的初步研究》，《学习与实践》2008年第6期，第85～91页；罗楚亮：《绝对收入、相对收入与主观幸福感》，《财经研究》2009年第11期，第79～91页；邢占军：《我国居民收入与幸福感关系的研究》，《社会学研究》2011年第1期，第196～246页。

的幸福研究[①]。二是构建幸福指数的指标体系并进行测试与应用。庄连平、李晶采用相关分析的方法构建了由工作条件、休闲条件、不平等、社会关系、社会福利、心理福利、授权、政治自由、经济稳定、政治安全、环境条件等11个大类构成的广义幸福指数指标体系[②]。王慧红、陈楠借鉴英国的幸福星球指数编制了由生活满意度、预期寿命和生态足迹构成的中国幸福指数，并利用能够获得的数据对国内31个省（自治区、直辖市）的居民幸福指数进行了核算[③]。罗四军、庄成杰从经济发展水平、人口与就业结构、人民生活水平和生活环境水平4个方面构建了国民幸福指数评价指标体系，运用变异系数法和距离综合评价法对国内1998～2006年国民幸福指数进行了测度[④]。一些研究者则在地区层面上对居民幸福指数进行了测算[⑤]。

二 对幸福指数研究中的几个基础问题的思考

通过第一部分的梳理，我们可以大致厘清国内幸福指数研究的来龙去脉以及所关注的议题。经过30多年的发展，国内幸福指数相关研究虽取得一些进展，但一些基础性问题仍然没有得到很好解决，这是导致幸福指数研究难以深入且远远不能满足现实需要的根本原因。本部分就幸福指数研究中最

① 刘伟、蔡志洲：《经济增长与幸福指数》，《人民论坛》2005年第1期，第39～41页；邢占军：《谈谈幸福指数》，《光明日报》2005年12月6日第5版；相子国：《经济学中的财富与国民幸福指数》，《民主》2005年第11期，第16～17页；沈杰：《从GDP崇拜到幸福指数关怀》，《江苏行政学院学报》2006年第3期，第65～70页；王俊秀：《什么是幸福指数》，《今日中国论坛》2006年第11期，第55～58页；杨缅坤：《政府绩效评价：公共管理效益指数研究》，《当代财经》2007年第9期，第25～29页；左学金：《中国未来发展和幸福指数》，《社会观察》2010年第2期，第10～11页。

② 庄连平、李晶：《基于相关性分析的广义国民幸福指数的构建》，《统计教育》2008年第8期，第36～40页。

③ 王慧红、陈楠：《中国幸福指数的构建》，《商业经济与管理》2008年第6期，第70～74页。

④ 罗四军、庄成杰：《基于距离综合评价法的我国国民幸福指数NHI测评》，《财经理论与实践》2008年第5期，第112～114页。

⑤ 吴启富：《北京市居民幸福指数的编制方法及变动分析》，《现代商贸工业》第2008年第12期，第117～119页；林洪、曲博、温拓：《国民幸福理论与广州国民幸福研究》，《城市观察》2011年第1期，第145～157页；万树：《安徽省幸福指数的构建与实证分析》，《华东经济管理》2011年第1期，第24～27页。

为突出的核心概念界定、指标构建方法以及政策功能定位等基础问题加以探讨。

（一）关于幸福指数的概念界定

尽管幸福指数在国内已经是一个炙手可热的术语，但当我们深入地考察时发现，研究者们对这个概念的理解可能相去甚远。有研究者认为，国民幸福指数核算的是社会幸福总值，很难用一个像衡量产出水平的 GDP 那样的指标来加以度量，但是可以用一种传递或替代的方法借助一些客观指标对幸福加以间接的计量①。有研究者从美国生活质量研究第一人加尔布雷思的观点出发，认为“居民的幸福综合指数既与本地的经济发展水平有关，也与居民周围的生存环境以及公共福祉环境有关，每一方面都只能构成反映居民生活质量高低的必要条件，而不是充分条件。只有把二者有机结合起来，才能真实反映居民的生活质量状况”②。有研究者受 1998 年诺贝尔经济学奖得主阿玛蒂亚·森观点的影响，从人的自由发展能力扩展的角度理解幸福，认为“基于自由发展视野构建幸福指数体系时，面对的就是扩展人类发展指数的问题”③。以上研究者显然都是从客观角度对幸福指数加以界定。另外一些研究者坚持 20 世纪 70 年代以来美国宏观生活质量研究的主流传统，从主观体验和感受出发对幸福指数进行界定。例如，沈杰认为“幸福感是人们对生活状况的一种主观感受。而幸福指数，就是衡量这种感受具体程度的主观指标数值”④。吴启富从美国幸福指数研究者 Diener 的观点出发，认为“主观幸福感主要是指人们根据自己的价值标准和主观偏好对于自身生活状态所做出的满意程度方面的评价。居民幸福指数就是衡量人们这种感受的主观指标”⑤。还有研究者从主客观结合

---

① 蔺丰奇：《从 GDP 到 GNH：经济发展价值坐标的转变》，《人文杂志》2006 年第 6 期，第 78～84 页。

② 李桢业：《城市居民幸福指数的省级差异》，《社会科学研究》2008 年第 3 期，第 41～48 页。

③ 朱成全、王毅霖：《自由发展视野下幸福指数体系的构建》，《南京社会科学》2009 年第 11 期，第 97～102 页。

④ 沈杰：《从 GDP 崇拜到幸福指数关怀》，《江苏行政学院学报》2006 年第 3 期，第 65～70 页。

⑤ 吴启富：《北京市居民幸福指数的编制方法及变动分析》，《现代商贸工业》2008 年第 12 期，第 117～119 页。

的角度界定幸福指数。例如，王慧红、陈楠受幸福星球指数研究的影响，从生态的角度对幸福指数加以界定，认为幸福指数是体现“人类幸福生活的生态效应的指标”①，提出了由人均预期寿命和生态足迹②两个客观指标以及生活满意度这个主观指标构成的幸福指数公式。

我们最初对幸福指数进行界定主要采用的是主观视角，认为幸福是与“美好”联系在一起的，对它至少可以有两种理解：一是指美好的生活；另一种理解是指人们美好的主观感受和体验。幸福指数所针对的幸福，显然接近人们对幸福的后一种理解，也可以称之为幸福感。幸福感是体现人们主观生活质量的核心内容，幸福指数则是反映人们主观生活质量的核心指标。幸福感是由人们所具备的客观条件以及人们的需求价值等因素共同作用而产生的个体对自身存在与发展状况的一种积极的心理体验③。后来我们又对这种体验做了进一步说明，提出幸福感是满意感、快乐感和价值感的有机统一。这个观点被国内相关研究者较多引用。随着研究的推进，我们在界定幸福指数时采用了主客观结合的视角，对原来的幸福指数定义做了相应的修正，提出“幸福指数是生活质量的核心指标”。生活质量反映的是人们的存在质量，即在特定社会中人们的各种需要得以满足的程度和水平，它集中表现为人们所享有的生存与发展方面的客观福利状况以及所体验到的幸福感水平④。今天看来，对幸福指数的界定还远未到位，国内研究中出现的对概念界定上的争议，反映了幸福指数评价内容的复杂性，在特定情况下人们的主观体验与客观条件可能会比较一致，但在更多情况下又可能不尽一致或者很不一致。这一点已经得到了国外许多实证材料的验证⑤。尽管对生活质量的具体含义存在着诸如条件论、能力论、效用论、体验论等不同的理解，但有一点已经为大多数研究者所认可：幸福指数考察的核心内容是生活质量。如何以生活质量为基础，进一步就幸福指数的含义达成共识，是目前国内幸福指数研究迫切需要解决的问题。

---

① 王慧红、陈楠：《中国幸福指数的构建》，《商业经济与管理》2008 年第 6 期，第 70 ~ 74 页。

② 生态足迹被认为是一种度量可持续发展的高度综合的复杂指标。它是衡量在人口与经济规模条件下，维持资源消费和废物消纳所必需的生物生产面积。

③ 邢占军：《心理体验与幸福指数》，《人民论坛》2005 年第 1 期，第 31 ~ 33 页。

④ 邢占军、刘珍：《幸福指数与幸福城市建设》，《中国城市经济》2011 年第 1 期，第 25 ~ 27 页。

⑤ M. J. Sirgy, A. C. Michalos, A. L. Ferriss et al., “The quality of life (QOL) research movement: past, present and future”, *Social Indicators Research* 76 (2006): 343 - 466.

（二）关于幸福指数的指标构建

与幸福指数概念界定密切相关的另外一个基础性问题是评价指标构建，其实指标构建与概念界定很难完全区分开来，一般而言指标构建必然要以概念界定为基础或者在指标建构的过程中形成概念。但对国内幸福指数研究进行考察时，我们经常发现一些研究者在构建幸福指数评价指标或指标体系①时核心概念缺位，这不能不说是一种缺憾。指标构建的过程大致包括评价指标的初步提出、指标的筛选、权重的确定以及指标的试用等环节。

与国外幸福指数评价研究类似，国内比较规范的幸福指数评价研究在指标构建时一般也采用两种视角。一种研究视角基于演绎的逻辑。研究者从特定的理论出发，提出符合该理论的评价指标体系模型，以此为依据编制相应的项目作为备选，然后利用所能获取的数据，对假设模型进行拟合度检验。根据检验的情况，对模型进行修正并增减项目，利用新的数据再对修正后的模型进行检验。直到获得理想的评价指标体系。这种视角属于典型的概念驱动研究。另一种研究视角则基于归纳的逻辑。研究者首先通过文献搜集或对质性研究取得的经验资料的整理，尽可能全面地列出从各个角度体现幸福指数内容的项目作为备选指标，利用所能获取的数据，对项目进行测量学分析与筛选，这个过程一般需要在不同来源数据支撑下进行多轮，直到选取理想的项目并建构起理想的评价指标体系。这种视角属于典型的数据驱动研究。就目前来看，针对幸福指数指标构建的这两种研究视角都存在一些明显的问题。从第一种研究视角的相关文献中，很难发现有说服力的理论依据以及相应的理论假设，当然这与核心概念界定不到位密切相关。不仅如此，对理论模型进行验证的数据也存在相当的问题。第二种视角下的研究一般着眼于幸福指数主观指标的构建，但前期的质性研究往往不到位，由于幸福指数所考察的内容（特别是其中的主观内容）明显受到文化背景和社会发

① 国内研究者在最初探讨幸福指数时曾介绍过美国密歇根大学英格尔哈特教授主持的全球价值研究项目组所采用的单项目幸福感评价指标（刘伟、蔡志洲：《经济增长与幸福指数》，《人民论坛》2005 年第 1 期，第 39～41 页），这是美国主观生活质量研究中一度采用较多的方法，但后来在规范的学术研究中一般很少采用。这种方法仍然被一些研究者或研究机构所采用，但国内宏观层面上的幸福指数评价研究者一般不认可这种测量方法。

展程度等因素的影响，缺乏扎实的现场研究必然会影响到研究的效度。

在指标权重确定方面，有研究者主张对幸福指数指标做等权重处理，但大多数研究者主张进行加权处理。国内研究者对幸福指数指标进行加权处理的方法主要有三种：第一种是主观构权，采用最多的是基于专家评价的层次分析法。与德尔菲法相比，这种方法操作起来更为便利，但与德尔菲法一样难以保证专家评价的效度和信度。第二种是客观构权法，这种方法建立在统计数据或调查数据的基础上，对数据的质量要求很高。常用的统计方法有主成分分析法、回归系数法、变异数法等。第三种方法是主客观结合构权法，即将指标权重确定分阶段进行，在不同的阶段分别采用主观构权法或客观构权法。本报告采用的是主客观结合构权法：层次—主成分分析法。该方法的基本思路是首先用层次分析法对专家评价进行量化分析，确定各个具体指标的初步权重，然后应用主成分分析法对标准化处理后的统计数据进行分析，利用因素负荷信息获得各指标的最终权重。这种方法可以最大限度地利用专家调查和统计数据（或者居民调查数据）两种资源，但原有的制约问题仍然存在。我们认为，要解决这些问题，一方面要建立稳定可靠的幸福指数研究专家队伍，这些专家可以来自学术界，也可以来自实际工作部门，要作为一个统一的项目组长期存在；另一方面要千方百计保证统计数据和调查数据的质量。

（三）关于幸福指数的政策功能

第三个需要讨论的基础问题是幸福指数的政策功能。国内刚开始关注幸福指数之时，曾经有过对幸福指数研究是否超前的质疑。到目前为止，国内学术界对幸福指数的研究价值几乎已经没有什么争议了。但是，对于幸福指数可以发挥怎样的政策功能存在不同的看法。争议的焦点之一是幸福指数是否可用作政绩考核指标。改革开放以来，相当长的时期内国内对各级政府的考核以 GDP 为导向，这种导向的弊端已经越来越明显。幸福指数引入后，有人力主将幸福指数作为考核政绩的指标，认为“只有当它正式成为考核政府政绩的参考指标时，才能发挥应有的指挥棒作用”①。也有学者明确反对将幸福指数

① 余元洲：《以幸福指数做政绩考核指标有何不宜》，《学习月刊》2006 年第 11 期，第 35 ~ 36 页。

作为政绩考核的指标，认为幸福指数研究不仅缺乏理论和方法论基础，而且其自身的特点也决定了不宜作为政绩考核指标[①]。其实从国际上来看，近年来法国、英国、日本等国家的决策者都明确提出要将幸福指数作为政策导向，然而迄今为止学界对幸福指数政策功能的探讨却并不到位。

从公共政策的角度看，幸福指数指标大致可以发挥以下三种政策功能：一是目标导向功能。作为一种政策分析工具，幸福指数指标可以体现人类社会发展终极目标的实现程度，彰显了以人为本和可持续发展的政策理念，是对经济增长中人的价值的肯定，可以改变以往发展中存在的“见物不见人”的偏向。特别是指标设计具有一定的超前性和目的性，为更高水平的幸福社会建设提供目标导向。在发挥目标导向功能作用时，应当特别注意主观指标与客观指标可能存在相背离的情况，找到改善民众客观生存发展条件和提升民众幸福感的最佳结合点。二是监测诊断功能。与 GDP 指标不同，幸福指数（特别是其中的主观福祉指标）更多发挥的是诊断功能。幸福指数的着眼点不在于指示特定社会已经达到了多么幸福的水平，而是要诊断特定社会在发展的进程中，有哪些因素可能会偏离民众的期待，削弱民众的幸福。我们可以通过幸福指数对幸福社会目标实现的程度进行有效监测，诊断在推进幸福社会建设中可能存在的各种问题，并为相应的公共政策调整提供科学的依据。三是考核评价功能。尽管近年来 GDP 作为政绩考评工具在各国遭到了普遍的质疑，但幸福指数指标不太可能完全取代 GDP 等指标，应当将其与 GDP 等指标相互补充。在用作政绩考评工具时，必须对 GDP 与幸福指数的功能与作用加以区分。一般而言，幸福指数指标特别是幸福感指标更适宜用作约束性指标，不能不切实际地追求幸福指数的增长率。应当正视“幸福陷阱”的存在，即因民众需求层次的改变，主观福祉一般不会随 GDP 等指标的增长而同步增长，甚至可能出现暂时的下降。

三　本报告的基本思路

本报告是我们在国家统计局统计科学研究所研究基地重点项目“中国城

① 杨缅坤：《政府绩效评价：公共管理效益指数研究》，《当代财经》2007 年第 9 期，第 25～29 页。

乡居民生活质量指标体系建构研究”基础上展开的系列研究的一部分，是国家社科基金项目“中国公民幸福指数指标体系研究”的阶段成果。

在充分借鉴国内外公共政策层面的生活质量研究的基础上，山东大学生活质量与公共政策研究中心学术团队从我国的文化背景和发展阶段特征出发，对幸福指数研究的核心概念“生活质量”进行了界定，认为生活质量指的是特定条件下人的福祉（Well-being）状况，它体现为人们所处的生存与发展状态以及人们对自身生存发展状态的主观体验。从人与自然和谐共处的角度出发，可以将生活质量视为人的存在质量与自然环境质量的有机统一，它包括健康与基本生存质量、经济生活质量、政治生活质量、文化生活质量、社会生活质量、生存环境质量6个方面。在这个基础上，我们采取质性和量化研究相结合的方法，提出了我国居民客观福祉的指标体系。由于在正式统计资料中难以找到合适的政治生活质量评价指标①，该体系目前仅包含健康与基本生存福祉、经济福祉、文化福祉、社会福祉、环境福祉5个一级指标，12个二级指标，44个三级指标（见表1）。我们对主观福祉的考察，则可以追溯到2002年。在以往研究成果基础上我们编制了由知足充裕体验、心理健康体验、社会信心体验、成长进步体验、目标价值体验、自我接受体验、身体健康体验、心态平衡体验、人际适应体验、家庭氛围体验10个指标构成的中国居民主观福祉评价指标体系，通过一套幸福感量表对居民的主观福祉进行评价。从2002年3月至2008年11月，我们在山东省取样进行了纵向研究，积累了该省居民主观福祉方面的数据资料。由于目前缺乏全国层面的数据，本报告没有涵盖主观福祉②。

---

① 对政治福祉的评价，我们考虑采用问卷调查的形式进行。在国内外已有研究基础上，结合我国当前居民政治生活的实际状况，依据生活质量理论和中国特色社会主义民主政治理论，我们对中国居民政治福祉评价指标体系进行了初步构建，提出了由民主参与、法治进程和政府绩效3个一级指标、22个二级指标构成的我国居民政治福祉评价指标体系。参见邢占军、高红、王吉刚《对我国居民政治生活质量评价的思考》，《西北农林科技大学学报》（社会科学版）2014年第1期，第143～150页。

② 我们对主观福祉评价的探索，集中体现在《测量幸福：主观幸福感测量》（邢占军，人民出版社，2005）一书中。2012年我们与中国人民大学等单位合作，利用中国综合社会调查（CGSS）首次成功搜集了全国层面的主观福祉数据。在今后的研究中，我们会对相关的数据进行分析和报告。

本报告在进一步考察完善我们前期编制的中国客观福祉综合评价指标体系的基础上，对2006～2010年我国居民客观福祉的状况和走势进行统计描述，分析影响居民客观福祉的政策因素，提出改善我国居民生活质量的对策建议。具体研究思路如下。

- 在以往搜集数据资料的基础上，进一步优化中国居民客观福祉评价指标体系，在逻辑上进行反复推敲，对数据进行反复核算，根据国内外研究的最新趋势对指标进行必要的修订。
- 搜集全国一级各省（自治区、直辖市）的相关统计资料，根据完善后的中国客观福祉评价指标体系核算2006～2010年全国及各省区的客观福祉水平，以及变化趋势和区域差异。
- 根据研究结果的分析，提出相应的公共政策建议，为各级党委政府和相关公共决策部门增进我国居民客观福祉提供一定的决策依据。

选择报告2006～2010年五年间的幸福指数状况及其走势，部分是由于客观上没有选择的余地。本报告评价的依据主要是政府公开发表的统计数据，根据最终形成的中国客观福祉评价指标体系，个别维度（例如社会福祉）的数据最早只能追溯到2006年，这就为我们全面评价我国居民的客观福祉设定了一个时间上的上限。当然，大部分维度的数据可以向前延伸，而且这种延伸对于相关领域的福祉评价是非常必要的，这一点将会在今后的报告中加以完善。而将下限设在2010年，则更多是基于一种主观考量。正式公开的官方统计数据可以确保数据资料的更新至少可以延续到2011年，但我们没有做这样的延伸，主要基于以下考虑：首先，2006～2010年恰好是我国一个完整的五年规划实施期，可以较为集中地考察一个较长的决策期内相关政策对国民福祉的影响；其次，这是我们公开发布的第一份中国幸福指数报告，我们宁愿延迟一段时间更为谨慎地对相关政策的实施效果加以观察，当然，这份报告本身也是对我们所采用的评价指标体系效度的进一步考察。这样做无疑会损失一定的时效性。假如这套指标体系能够取得比较理想的评价效果，未来我们会考虑尽可能缩短报告的周期。

需要特别指出的是，尽管课题组尽可能对2006～2010年我国客观福祉评价的结果进行了分析与思考，但受专业背景和宏观视野等因素的限制，我们对数据的解读可能仍然是浅陋而不充分的。从这个意义上讲，本研究最为基本的目标是为有关决策者和相关领域的研究者深入分析一段时期内我国幸福指数走势与区域差异提供可供参考的数据材料。当然，如果能够为全面评价一段时期内中国社会进步的走势，乃至为更合理地评价政府绩效提供些许启发，那将是本报告研究者莫大的欣慰。

（执笔人：邢占军）

2006～2010年中国客观福祉的走势与区域差异

2006～2010年，中国实施了国民经济和社会发展第十一个五年规划（以下简称“十一五”）。尽管五年期间，中国在发展中面临复杂多变的环境，遭遇了各类自然灾害和重大挑战，但仍然取得了举世瞩目的成就，综合国力大幅提升，人民生活明显改善。在世界银行推出的全球国民生产总值排行榜上，中国于2008年超越了德国，又在2010年超越了日本，一跃而成为全球第二大经济体。从国内来看，五年间中国各省区GDP也有了不同程度的显著增长，但与此同时也累积了一些问题。本报告对2006～2010年中国客观福祉的走势与区域差异进行考察，为全面评价“十一五”期间中国社会的进步、诊断发展中面临的突出问题、探讨宏观政策对客观福祉的影响提供依据。

一　中国客观福祉指标体系的构建

建构中国客观福祉综合指标体系，首先要选择若干个统计指标组成指标体系来反映客观福祉的内涵。山东大学生活质量与公共政策研究中心课题组依据研究目的要求、对幸福指数和生活质量含义的理解以及所构建的生活质量概念框架①，把客观上存在联系的、反映社会生活某一方面的若干个指标科学地加以分类和组合，形成客观福祉综合指标体系。为建立科学合理的客观福祉综合指标体系，我们采用定量分析与定性判断相结合的方法。在遵循一般原则的前提下，用定性分析的方法预选指标，然后用定量分析的方法对各预选指标的测量学特性进行量化判断，进一步筛选，最终确定组成评价指标体系的各个具体指标及其权重。

① 邢占军等：《公共政策导向的生活质量评价研究》，山东大学出版社，2011，第20～26页。

（一）指标预选及初步筛选

按照所构建的生活质量概念框架的几个维度进行分工，课题组组成了健康与基本生存质量、经济生活质量、政治生活质量、社会生活质量、文化生活质量、生存环境质量六个子课题组，探索对中国人的健康与基本生存福祉、经济福祉、政治福祉、社会福祉、文化福祉和环境福祉进行评价。各子课题组在参考国内外有关研究成果的基础上，对核心概念进行界定，提出相应的评价框架，然后进行具体指标的设计和选取。从已经公开的政府统计资料（包括《中国统计年鉴》《中国能源统计年鉴》《中国教育统计年鉴》《中国劳动统计年鉴》《中国卫生统计年鉴》《中国环境统计年鉴》《中国国土资源年鉴》及各地《统计年鉴》等）中预选出符合建构原则和基本框架要求的一定数量的指标，比确定的入选指标多 50% 到一倍组成预选指标集。在各个子课题组形成预选指标集后，总课题组进行集中讨论，并在课题组内部进行了问卷调查，然后将定量分析结果和定性分析意见反馈给各子课题组进行修改和完善。最终确定的预选指标集包含了 115 个指标。

（二）指标的筛选与确定

课题组首先建设了由 200 人组成的生活质量评价专家库。入库专家一部分是 20 世纪 80 年代中期以来，参与和从事幸福指数相关领域研究的知名专家（通过文献搜索进行选取和联系），另一部分则是选取了 2010 年中宣部主办的哲学与社会科学骨干研究班中的第 33 期和 34 期学员（由于该培训班的学员都来自国内各相关高校和科研机构，具有广泛代表性）①。在本轮指标筛选中，随机抽取了 101 名专家进行调查。我们对回收的专家调查问卷进行进一步的筛选，保证进入分析问卷的有效性和可靠度，共选取有效专家调查问卷 83 份。从图 1 可以看出，调查选取的专家在地区分布上具有较好的代表性。指标选取依据是专家内容效度比，按照专家评分计算各个指标的专家效度比，筛选出专家效度较好的指标。

① 专家的选择标准主要包括对本领域具有一定熟悉度、对本领域比较感兴趣、有参与调查基本的时间保证等。

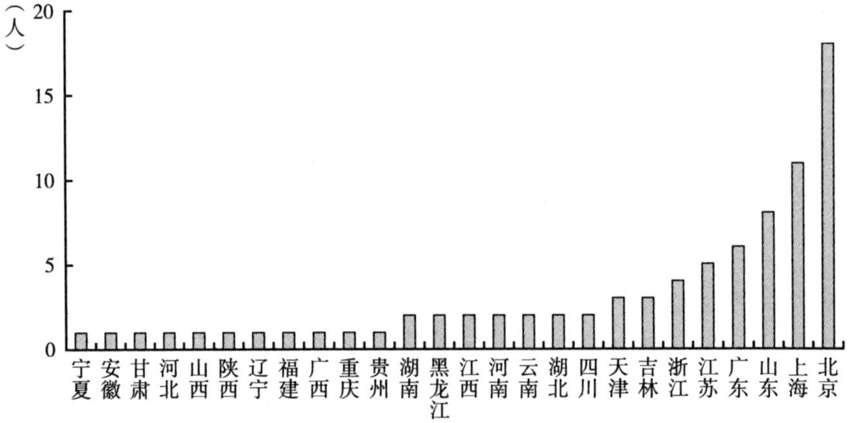

图 1　受调查专家的地区分布

由于社会评价指标之间通常存在一定的相关性，这种相关性会导致被评价对象信息的重复使用，从而降低评价结果的有效性；另一方面，各个指标与所属部分总分之间的相关（题总相关）程度越高，指标对于总体评价越具有足够的解释力①。所以，根据相关分析的基本原理，本轮筛选我们从历年的各类国家统计年鉴中收集整理了所有客观指标的原始数据，运用 SPSS 统计软件包对各个评价指标数据无量纲化处理后，进行相关分析，删除指标间相关系数较大的评价指标，减少和消除因评价指标间的相关性而对评价结果的影响；同时对各个指标与所属部分的总分进行相关分析，删除题总相关过低的指标。结合专家评价和相关分析的结果，最终确定的中国客观福祉评价指标体系见表 1。

表 1　中国居民客观福祉指标体系

一级指标	二级指标	序号	三级指标	数据来源
健康与基本生存福祉	健康质量	1	千人拥有医生数	《中国统计年鉴》
		2	5 岁以下儿童平均死亡率	全国妇幼卫生监测网
		3	围产儿死亡率	《中国卫生统计年鉴》
		4	平均预期寿命	《国家人口统计年报》

① 范柏乃：《我国城市居民福祉评价体系的构建与实际测度》，《浙江大学学报》（人文社会科学版）2007 年第 4 期，第 122～130 页。

续表

一级指标	二级指标	序号	三级指标	数据来源
健康与基本生存福祉	基本生存质量	5	农村自来水普及率	《中国卫生统计年鉴》
		6	人均住房使用面积	《中国统计年鉴》
		7	城市燃气普及率	《中国统计年鉴》
		8	农村卫生厕所普及率	《中国卫生统计年鉴》
		9	千人民用载客汽车拥有量	《中国统计年鉴》
		10	万车车祸死亡率	《中国统计年鉴》
经济福祉	收入	11	居民人均收入	《中国统计年鉴》
		12	基尼系数	《中国统计年鉴》
	消费	13	城乡居民人均生活消费支出	《中国统计年鉴》
		14	居民消费价格指数	《中国统计年鉴》
		15	城乡居民家庭恩格尔系数	《中国统计年鉴》
	劳动就业	16	城镇登记失业率	《中国统计年鉴》
		17	第三产业增加值占 GDP 比重	《中国统计年鉴》
		18	工资收入占 GDP 比重	《中国统计年鉴》
环境福祉	资源及环境	19	单位 GDP 能耗	《中国统计年鉴》
		20	城市空气质量达标率	《中国统计年鉴》
		21	城市人均绿化覆盖面积	国家统计局网站
	污染及治理	22	工业废气排放总量	《中国统计年鉴》
		23	工业废水排放达标率	《中国统计年鉴》
		24	工业固体废物综合利用率	《中国统计年鉴》
		25	环境污染治理投资占 GDP 的比重	《中国统计年鉴》
		26	城市生活垃圾处理率	《中国统计年鉴》
文化福祉	教育	27	初、中、高等教育生师比	《中国统计年鉴》
		28	成人识字率	《中国统计年鉴》
		29	6 岁及以上人口人均受教育年限	《中国统计年鉴》
		30	文教娱乐消费占总消费性支出比重	《中国统计年鉴》
	文化休闲	31	人均文化事业费	《中国文化统计年鉴》
		32	万人接入互联网的用户数	《中国统计年鉴》
		33	万人拥有图书、报纸、期刊数目	《中国统计年鉴》
		34	彩色电视机普及率	《中国统计年鉴》
社会福祉	保障救济	35	基本社会保险覆盖率	《小康社会报告》
		36	失业保险覆盖率	《中国统计年鉴》
		37	城镇低保平均支出水平	《中国统计年鉴》
		38	农村低保平均支出水平	《中国统计年鉴》
		39	人均民政事业费支出	《中国统计年鉴》

续表

一级指标	二级指标	序号	三级指标	数据来源
社会福祉	社会互助	40	人均社会捐赠款数	《中国民政统计年鉴》
		41	万人社会组织数	《中国民政统计年鉴》
	福利服务	42	千人医疗机构床位数	《中国卫生统计年鉴》
		43	社区服务设施覆盖率	《中国统计年鉴》
		44	城市每万人公共厕所数	《中国统计年鉴》

（三）指标权重及评价函数的确定

目前指标权数确定的方法主要有客观赋权法和主观赋权法，两类方法各有利弊。根据幸福指数研究的具体情况，本报告采用了客观赋权法中的主成分分析法和主观赋权法中的层次分析法相互结合的方法，即“层次—主成分分析法”，来确定客观福祉评价指标体系各个部分及具体指标的权重。

根据理论构建和实证遴选的指标，我们首先建立客观福祉指标体系的层次结构，依次分为一级领域、二级层次和具体指标三个层次（如图 2 所示），其中层与层之间的连线表示上、下级之间各元素的相关关系。

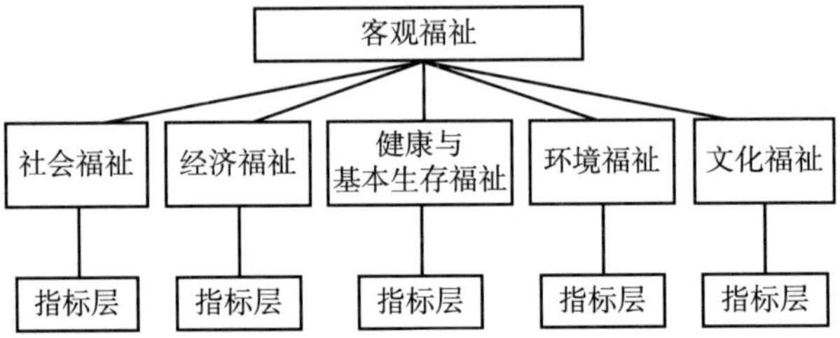

图 2　客观福祉指标体系层次结构模型

从专家库中随机抽取 25 位专家进行了层次分析的问卷调查，共发放调查问卷 25 份，有效问卷进入数据分析，计算权重向量。由于采用了多人评判，在进行权重计算时采用了专家加权几何平均法。

在合成各省区的客观福祉评价结果之前，考虑到各指标间重要程度不同（即权重的不同），首先要对已经无量纲化处理后的各个指标数据再进行加权处理。具体方法是采用层次分析法确定的各评价指标的权重 W_i ，利用公式进行计算，具体为：

$$X_i^* = W_i X_i (i = 1,2,3,\cdots\cdots,n) \quad \text{公式①}$$

上式中 X_i^* 指各指标数据加权后的结果，W_i 指层次分析确定的各个指标的权重，X_i 指无量纲化后的各个指标数据，n 代表各领域或层次所包含的下级指标的个数。

对原始数据进行无量纲化处理后再采用公式①进行加权转换，按照特征值大于0.5以及累计贡献率大于85%的原则对客观福祉各个部分进行主成分分析，提取主成分因子。然后根据主成分初始因子载荷、特征值、贡献率等得出每个部分的综合评价函数，最后再对各个部分进行加权求和，得到最终的客观福祉评价函数：

$$Y = 0.4185 \times A + 0.1671 \times B + 0.1706 \times C + 0.0755 \times D + 0.1683 \times F \quad \text{公式②}$$

公式②中的 Y 为客观福祉评价函数，A、B、C、D、F 分别代表健康与基本生存福祉、经济福祉、环境福祉、文化福祉和社会福祉的评价分数，字母前的系数则为通过“层次—主成分分析法”获得的各个部分的权重。采用同样的方法，得到了健康与基本生存福祉、经济福祉、环境福祉、文化福祉和社会福祉五个评价函数（这些评价函数及具体构建方法见本报告相应章节）。

二　2006~2010年中国客观福祉总体走势

根据中国居民客观福祉综合指标体系，可以得到2006~2010年中国客观福祉评价的结果（见表2、表3）。从表2和表3中可以看出：“十一五”期间中国客观福祉有了较大幅度的提升，从2006年的0.3167提升到2010年的0.4343，2010年较2006年增长了37.1%，年均增长约9.3%。五年间，健康与基本生存福祉、经济福祉、文化福祉稳步提升，社会福祉和环境福祉提升幅度较大，2010年与2006年相比分别提升了88.3%和64.3%。

表2　2006~2010年中国客观福祉得分

	健康与基本生存福祉	经济福祉	环境福祉	文化福祉	社会福祉	客观福祉综合评价
2006年	0.2909	0.4613	0.2378	0.3504	0.2914	0.3167
2007年	0.3113	0.4953	0.2673	0.3713	0.3354	0.3439
2008年	0.3225	0.5273	0.2718	0.3938	0.6150	0.4024
2009年	0.3483	0.5592	0.2878	0.4241	0.4686	0.3998
2010年	0.3720	0.6044	0.3906	0.4626	0.5487	0.4343

表 3　2006～2010 年中国客观福祉指数

	健康与基本生存福祉	经济福祉	环境福祉	文化福祉	社会福祉	客观福祉综合评价
2006 年	100.00	100.00	100.00	100.00	100.00	100.00
2007 年	107.01	107.37	112.41	105.96	115.10	108.59
2008 年	110.86	114.31	114.30	112.39	211.05	127.06
2009 年	119.73	121.22	121.03	121.03	160.81	126.24
2010 年	127.88	131.02	164.26	132.02	188.30	137.13

社会福祉的评价维度包括社会救济、社会互助和福利服务三个方面。其中，社会救济包括基本社会保险覆盖率、失业保险覆盖率、城镇低保平均支出水平、农村低保平均支出水平和人均民政事业费支出 5 个指标；社会互助包括人均社会捐赠款数和万人社会组织数 2 个指标；福利服务包括千人医疗机构床位数、社区服务设施覆盖率和城市每万人公共厕所数 3 个指标。表 4 是 2006～2010 年社会福祉各指标的指数走势。从中可以看出，对社会福祉增长拉动最大的指标是人均社会捐赠款数，2008 年和 2010 年的人均社会捐赠款数分别为 2006 年的 13.4 倍和 4.6 倍。2006～2010 年，我国数度面临重大自然灾害，2006 年 8 月 10 日超强台风“桑美”在浙江省苍南县马站镇沿海登陆。这是 50 多年来登陆我国内地的最强台风，给福建、浙江等地造成重大人员伤亡和财产损失。2008 年 5 月 12 日四川汶川、北川发生里氏 8.0 级地震，“汶川大地震”

表 4　2006～2010 年中国社会福祉各指标指数

	2006 年	2007 年	2008 年	2009 年	2010 年
基本社会保险覆盖率	100.00	143.03	166.41	178.82	190.47
失业保险覆盖率	100.00	102.52	108.48	110.50	119.13
城镇低保平均支出水平	100.00	122.57	169.57	204.79	218.47
农村低保平均支出水平	100.00	111.85	193.69	273.22	310.27
人均民政事业费支出	100.00	132.10	232.10	234.75	288.89
人均社会捐赠款数	100.00	113.64	1343.03	173.97	405.79
万人社会组织数	100.00	108.61	115.53	119.79	123.27
千人医疗机构床位数	100.00	104.81	112.96	113.33	131.85
社区服务设施覆盖率	100.00	105.08	110.73	120.90	126.55
城市每万人公共厕所数	100.00	105.56	107.99	109.38	104.86

是新中国成立以来国内破坏性最强、波及范围最广、总伤亡人数最多的地震之一。2010 年 4 月 14 日青海玉树藏族自治州玉树县发生的 7.1 级地震、8 月 7 日甘南藏族自治州舟曲县突发的特大泥石流，都给当地人民群众生命财产造成严重损失。大灾来临，中国政府积极组织抗灾，社会各方纷纷伸出援手，展现了中华民族“一方有难，八方支援”的传统美德。在较大灾害出现的 2008 年和 2010 年，全国人均社会捐赠款数均出现激增态势。保障救济维度的 5 项指标，除失业保险覆盖率发放外，均有较大幅度的提升。这表明“十一五”期间中国政府在社会救助特别是社会保障方面加大了政策投入，取得了较为明显的成效。

环境福祉的评价维度包括资源与环境质量、环境污染与治理两个方面，包含了 8 项指标。从检测的结果看，拉动环境福祉提升的关键指标是单位 GDP 能耗、城市生活垃圾处理率、城市人均绿化覆盖面积、环境污染治理投资占 GDP 的比重（见表 5）。与 2006 年相比，2010 年这 4 项指标的指数均提升了 35% 以上。这表明“十一五”期间，特别是十七大以后，中国政府在污染治理和环境整治方面加大了投入力度，取得了较为明显的成效。但与此同时也检测到，工业废气排放总量在五年间增长较快，2010 年工业废气排放总量比 2006 年增加了 56.9%。工业废气排放是 PM2.5 的主要来源之一，与近年来严重影响我国大部分地区的雾霾天气存在着密切的关联，已经严重影响到居民的环境福祉。

表 5　2006～2010 年中国环境福祉各指标指数

	2006 年	2007 年	2008 年	2009 年	2010 年
单位 GDP 能耗	100.00	113.21	129.03	133.33	148.15
城市空气质量达标率	100.00	102.23	102.99	104.45	104.49
城市人均绿化覆盖面积	100.00	125.68	125.76	139.96	139.00
工业废气排放总量	100.00	85.27	81.96	75.90	63.75
工业废水排放达标率	100.00	101.06	101.93	103.90	105.09
工业固体废物综合利用率	100.00	102.78	106.28	110.88	109.87
环境污染治理投资占 GDP 的比重	100.00	111.48	122.13	109.02	136.07
城市生活垃圾处理率	100.00	118.77	127.97	136.78	149.23

文化福祉的评价维度包括教育和文化休闲两个方面，共8项指标。2006～2010年中国文化福祉稳步提升，文化福祉指数年均增长8%。其中，万人接入互联网的用户数，人均文化事业费，万人拥有图书、报纸、期刊数目三项指标增幅最大（见表6）。网络首先是一种文化现象，而今已经成为人们的一种生活方式。2008年我国互联网宽带接入用户跃升全球第一，2010年万人接入互联网户数是2006年的2.84倍。“十一五”期间，中国政府持续加大对文化事业的投入力度，2010年人均文化事业费是2006年的两倍。2010年我国万人拥有图书、报纸、期刊数目比2006年增长了35.8%。需要说明的是，后两项指标尽管增长幅度较大，但基点较低，在总量上仍然明显不足。值得注意的是，文教娱乐消费占总消费性支出的比重五年来却有明显下降，2010年较2006年下降了15.5%。政府在加大公共文化事业投入的同时，还需注意民众的消费能力与消费观念等因素对提升文化福祉的影响。

表6　2006～2010年中国文化福祉各指标指数

	2006年	2007年	2008年	2009年	2010年
初、中、高等教育生师比	100.00	102.06	104.21	106.46	107.89
成人识字率	100.00	101.00	101.70	102.44	105.77
6岁及以上人口人均受教育年限	100.00	101.82	102.79	103.76	104.73
文教娱乐消费占总消费性支出比重	100.00	92.66	84.42	84.01	84.50
人均文化事业费	100.00	126.45	156.84	183.88	202.43
万人接入互联网的用户数	100.00	130.97	166.18	210.10	283.84
万人拥有图书、报纸、期刊数目	100.00	105.35	114.97	125.67	135.83
彩色电视机普及率	100.00	103.24	103.91	110.06	112.54

经济福祉的评价维度包括收入、消费和劳动就业三个方面，共8项指标。2006～2010年间中国经济福祉稳步提升，经济福祉指数年均增长7.8%。其中居民人均收入和城乡居民人均生活消费支出两项指标增幅最大（见表7）。“十一五”期间，中央和各级政府始终把推动经济发展和提高居民收入作为工作重点，制定和出台了各种提高居民收入的政策，收到了较为明显的效果。在居民消费价格指数基本保持稳定的条件下，2010年居民人均收入指数比

2006年提升了73.46%。尽管城乡居民收入差距仍然十分突出，但“十一五”期间这种差距没有进一步扩大。拉动经济福祉提升的另一个关键指标是城乡居民人均生活消费支出。“十一五”以来，城乡居民的消费能力和水平快速提高，2010年城乡居民人均生活消费支出比2006年提升了64.3%，消费结构有所改善。

表7　2006～2010年中国经济福祉各指标指数

	2006年	2007年	2008年	2009年	2010年
居民人均收入	100.00	118.81	137.84	152.06	173.46
基尼系数	100.00	97.83	97.83	97.83	102.27
城乡居民人均生活消费支出	100.00	116.60	133.01	147.15	164.28
居民消费价格指数	100.00	96.85	95.85	102.22	98.26
城乡居民家庭恩格尔系数	100.00	99.57	97.17	102.55	103.67
城镇登记失业率	100.00	102.50	97.62	95.35	100.00
第三产业增加值占GDP比重	100.00	102.32	102.15	106.08	105.37
工资收入占GDP比重	100.00	98.84	100.18	105.35	104.99

健康与基本生存福祉的评价维度包括健康质量和基本生存质量两个方面，共10项指标。2006～2010年间中国健康与基本生存福祉也有一定的提升，健康与基本生存福祉指数年均增长7%。其中，万车车祸死亡率、千人民用载客汽车拥有量、围产儿死亡率、5岁以下儿童平均死亡率、农村卫生厕所普及率5项指标改善明显（见表8）。千人民用载客汽车拥有量和万车车祸死亡率均是反映居民交通出行情况的指标，其中千人民用载客汽车拥有量体现了人们出行的基本条件满足情况，而万车车祸死亡率反映的是居民道路交通出行的安全状况。根据国际汽车发展趋势分析，目前世界上人均GDP在3000美元左右的国家，民用载客汽车拥有量达到了60辆/千人，而我国2010年的平均水平是45.67辆/千人。由于国家采取了一系列政策加强道路安全监管，“十一五”期间车祸死亡人口逐年下降。2006～2010年，5岁以下儿童平均死亡率及围产儿死亡率的显著降低，体现了我国儿童健康指标的改善，这得益于国家采取的一系列有关妇幼保健方面的政策措施。

表8　2006～2010年中国健康与基本生存福祉各指标指数

	2006年	2007年	2008年	2009年	2010年
千人拥有医生数	100.00	99.39	102.45	107.36	109.82
5岁以下儿童平均死亡率	100.00	113.81	111.35	119.77	125.61
围产儿死亡率	100.00	111.14	110.76	125.71	137.89
平均预期寿命	100.00	100.15	100.30	100.45	100.60
农村自来水普及率	100.00	102.62	107.20	111.95	116.53
人均住房使用面积	100.00	102.99	105.61	109.09	110.60
城市燃气普及率	100.00	110.49	113.27	115.55	116.31
农村卫生厕所普及率	100.00	103.64	108.55	114.91	122.55
千人民用载客汽车拥有量	100.00	121.37	145.06	182.19	229.15
万车车祸死亡率	100.00	129.15	167.87	224.19	289.35

三　2006～2010年中国客观福祉省际比较

采用中国客观福祉评价函数，分别对2006～2010年历年31个省（市、区）的客观福祉进行核算，表9是五年间各省客观福祉总体评价结果①。根据2006～2010年的客观福祉综合评价数据，采用聚类分析的方法，可以将全国31个省区划分为以下四类。第一类包括4个省市：北京、上海、天津、浙江；第二类包括6个省份：江苏、广东、辽宁、山东、福建、吉林；第三类包括17个省（区、市）：海南、黑龙江、内蒙古、山西、重庆、湖北、河北、新疆、湖南、宁夏、江西、四川、陕西、广西、安徽、河南、青海；第四类包括4个省（区）：甘肃、贵州、云南、西藏。第一类、第二类和第四类省份相对位次比较稳定，第三类省份稳定性稍差。五年间客观福祉位次进步最快的是海南，位次下降幅度最大的是广西，其他波动较大的省份有江西、河南、广西、四川、新疆、河北、内蒙古、黑龙江、湖北等。

① 由于省际比较采用年度数据去量纲化处理后作为数据加和的基础，因此这里所得到的评价结果仅仅作为考察年度排名变化的依据，并不能反映各省区客观福祉的绝对变化趋势。

表 9 2006~2010 年 31 个省（区、市）客观福祉评价结果

	2006 年	排序	2007 年	排序	2008 年	排序	2009 年	排序	2010 年	排序
北　京	0.2691	1	0.2595	1	0.2568	1	0.2654	1	0.2675	1
天　津	0.2007	3	0.1971	3	0.1973	3	0.1953	3	0.1971	3
河　北	0.1152	14	0.1094	17	0.1130	18	0.1136	17	0.1166	17
山　西	0.1199	13	0.1142	14	0.1191	12	0.1185	13	0.1224	15
内蒙古	0.1151	15	0.1097	16	0.1133	16	0.1213	12	0.1268	12
辽　宁	0.1438	8	0.1365	8	0.1394	8	0.1380	8	0.1454	8
吉　林	0.1369	9	0.1324	9	0.1311	10	0.1264	11	0.1321	11
黑龙江	0.1236	11	0.1247	11	0.1179	13	0.1180	15	0.1259	13
上　海	0.2443	2	0.2460	2	0.2428	2	0.2466	2	0.2470	2
江　苏	0.1685	5	0.1651	5	0.1668	5	0.1651	5	0.1720	5
浙　江	0.1852	4	0.1809	4	0.1789	4	0.1834	4	0.1922	4
安　徽	0.1000	24	0.0886	26	0.0938	26	0.0989	25	0.1059	25
福　建	0.1361	10	0.1298	10	0.1343	9	0.1361	9	0.1407	9
江　西	0.1082	22	0.1068	18	0.1132	17	0.1071	19	0.1141	19
山　东	0.1518	7	0.1451	7	0.1418	7	0.1422	7	0.1513	7
河　南	0.1069	23	0.1019	21	0.1036	21	0.1057	21	0.1056	26
湖　北	0.1219	12	0.1145	13	0.1151	15	0.1144	16	0.1196	16
湖　南	0.1103	19	0.1049	19	0.1116	19	0.1112	18	0.1158	18
广　东	0.1608	6	0.1596	6	0.1609	6	0.1598	6	0.1621	6
广　西	0.1108	18	0.0957	23	0.0993	23	0.1057	22	0.1106	23
海　南	0.1140	16	0.1198	12	0.1226	11	0.1268	10	0.1337	10
重　庆	0.1116	17	0.1117	15	0.1166	14	0.1181	14	0.1247	14
四　川	0.0914	26	0.0918	24	0.1015	22	0.1007	24	0.1122	21
贵　州	0.0681	30	0.0595	30	0.0602	30	0.0630	30	0.0838	28
云　南	0.0698	29	0.0716	29	0.0749	29	0.0732	29	0.0805	30
西　藏	0.0563	31	0.0534	31	0.0554	31	0.0578	31	0.0648	31
陕　西	0.0935	25	0.0915	25	0.0963	24	0.1023	23	0.1096	24
甘　肃	0.0775	28	0.0738	28	0.0756	28	0.0747	28	0.0822	29
青　海	0.0909	27	0.0836	27	0.0846	27	0.0854	27	0.0931	27
宁　夏	0.1095	20	0.1030	20	0.1110	20	0.1063	20	0.1130	20
新　疆	0.1083	21	0.0978	22	0.0940	25	0.0983	26	0.1106	22

采用中国健康与基本生存福祉评价函数，分别对 2006~2010 年 31 个省（区、市）的健康与基本生存福祉进行核算，可以得到五年间各省健康与基本生存福祉评价结果（见表 10）。根据 2006~2010 年的健康与基本生存福祉综

合评价数据，运用聚类分析的方法，可以将全国31个省份划分为以下五类：第一类包括北京、上海2个直辖市；第二类包括天津、浙江、江苏、广东、山东5个省份；第三类包括辽宁、福建、湖北、河北、吉林、湖南、山西、重庆、四川、广西、黑龙江、江西、河南、海南、安徽、陕西、内蒙古、宁夏18个省份；第四类包括新疆、甘肃、青海、贵州、云南5个省份；第五类是西藏自治区。五年间排名波动较大的有内蒙古、吉林、安徽、广西、四川、山西、福建、江西、河南等省份。

表10　2006～2010年31个省（区、市）健康与基本生存福祉评价结果

	2006年	排序	2007年	排序	2008年	排序	2009年	排序	2010年	排序
北　京	0.2621	1	0.2662	1	0.2669	1	0.2664	1	0.2690	1
天　津	0.2153	3	0.2148	3	0.2085	3	0.2066	3	0.2164	3
河　北	0.1337	13	0.1380	12	0.1414	12	0.1422	12	0.1474	11
山　西	0.1363	11	0.1327	15	0.1380	14	0.1435	11	0.1451	14
内蒙古	0.1090	21	0.1094	22	0.1130	23	0.1228	19	0.1203	24
辽　宁	0.1511	8	0.1521	9	0.1546	8	0.1543	8	0.1576	9
吉　林	0.1524	7	0.1530	8	0.1483	9	0.1391	14	0.1472	12
黑龙江	0.1194	18	0.1206	18	0.1232	17	0.1235	18	0.1297	18
上　海	0.2556	2	0.2609	2	0.2595	2	0.2570	2	0.2552	2
江　苏	0.1689	5	0.1811	5	0.1831	5	0.1849	5	0.1902	5
浙　江	0.1854	4	0.1935	4	0.1939	4	0.1956	4	0.2151	4
安　徽	0.1052	22	0.1001	26	0.1142	21	0.1148	23	0.1223	22
福　建	0.1343	12	0.1423	11	0.1472	10	0.1538	9	0.1610	8
江　西	0.1142	20	0.1231	17	0.1320	16	0.1176	22	0.1290	19
山　东	0.1600	6	0.1662	7	0.1721	6	0.1730	7	0.1782	6
河　南	0.1206	17	0.1241	16	0.1232	17	0.1309	16	0.1282	20
湖　北	0.1421	10	0.1483	10	0.1434	11	0.1441	10	0.1492	10
湖　南	0.1274	14	0.1353	13	0.1390	13	0.1396	13	0.1453	13
广　东	0.1464	9	0.1670	6	0.1719	7	0.1740	6	0.1769	7
广　西	0.1251	16	0.1142	20	0.1200	19	0.1278	17	0.1379	15
海　南	0.1149	19	0.1156	19	0.1157	20	0.1180	21	0.1251	21
重　庆	0.1270	15	0.1348	14	0.1357	15	0.1366	15	0.1375	16
四　川	0.0996	23	0.1118	21	0.1136	22	0.1135	24	0.1358	17
贵　州	0.0527	30	0.0552	30	0.0518	30	0.0536	30	0.0929	29
云　南	0.0689	29	0.0752	29	0.0779	29	0.0779	29	0.0834	30
西　藏	0.0205	31	0.0210	31	0.0255	31	0.0252	31	0.0360	31
陕　西	0.0912	26	0.1015	25	0.1038	25	0.1183	20	0.1214	23

续表

	2006 年	排序	2007 年	排序	2008 年	排序	2009 年	排序	2010 年	排序
甘 肃	0.0772	28	0.0817	28	0.0875	28	0.0927	28	0.1044	27
青 海	0.0811	27	0.0845	27	0.0961	26	0.0946	27	0.1004	28
宁 夏	0.0988	24	0.1026	24	0.1128	24	0.1095	25	0.1175	25
新 疆	0.0931	25	0.1028	23	0.0912	27	0.0951	26	0.1138	26

采用中国经济福祉评价函数，分别对 2006～2010 年历年 31 个省（区、市）的经济福祉进行核算，可以得到五年间各省经济福祉评价结果（见表 11）。根据 2006～2010 年的经济福祉综合评价数据，运用聚类分析的方法，可以将全国 31 个省份划分为以下三类：第一类包括北京、上海 2 个直辖市；第二类包括天津、浙江、广东、江苏 4 个省份；第三类包括余下的 25 个省份。除第一类省份非常稳定外，其他两类省份均出现不同程度的波动，但波动面要小于健康与基本生存福祉。五年间经济福祉波动最大的省份是重庆，其次是山西、广西、四川、宁夏；安徽、西藏、青海、河南、新疆、江西等省份也出现了较大的波动。

表 11　2006～2010 年 31 个省（区、市）经济福祉评价结果

	2006 年	排序	2007 年	排序	2008 年	排序	2009 年	排序	2010 年	排序
北 京	0.4448	1	0.4372	1	0.4345	1	0.4323	1	0.4335	1
天 津	0.2590	4	0.2507	3	0.2698	3	0.2638	3	0.2653	3
河 北	0.1342	16	0.1190	13	0.1289	16	0.1243	15	0.1205	19
山 西	0.1534	9	0.1443	8	0.1464	12	0.1239	16	0.1353	13
内蒙古	0.1414	12	0.1173	14	0.1335	15	0.1265	14	0.1358	12
辽 宁	0.1428	11	0.1310	11	0.1746	7	0.1510	8	0.1650	7
吉 林	0.1508	10	0.1343	10	0.1587	10	0.1345	11	0.1337	14
黑龙江	0.1396	14	0.1204	12	0.1520	11	0.1365	10	0.1395	10
上 海	0.3319	2	0.3270	2	0.3375	2	0.3300	2	0.3306	2
江 苏	0.1929	6	0.1819	6	0.2025	6	0.1899	6	0.1953	6
浙 江	0.2634	3	0.2414	4	0.2527	4	0.2506	4	0.2477	4
安 徽	0.1184	22	0.0915	23	0.1200	20	0.1122	19	0.1221	17
福 建	0.1824	7	0.1427	9	0.1682	8	0.1589	7	0.1587	9
江 西	0.1407	13	0.1173	15	0.1366	14	0.1309	13	0.1386	11
山 东	0.1811	8	0.1564	7	0.1599	9	0.1505	9	0.1618	8
河 南	0.1361	15	0.1152	17	0.1270	17	0.1192	18	0.1201	20

续表

	2006年	排序	2007年	排序	2008年	排序	2009年	排序	2010年	排序
湖　北	0.1292	19	0.1061	18	0.1234	18	0.1114	20	0.1214	18
湖　南	0.1187	21	0.0870	24	0.1150	21	0.1060	21	0.1072	22
广　东	0.2220	5	0.2199	5	0.2241	5	0.2217	5	0.2202	5
广　西	0.1018	27	0.0703	29	0.0870	28	0.1031	22	0.0953	25
海　南	0.1308	17	0.1026	19	0.1204	19	0.1237	17	0.1240	16
重　庆	0.1178	23	0.1158	16	0.1431	13	0.1320	12	0.1252	15
四　川	0.0840	29	0.0720	27	0.1119	22	0.0919	25	0.0999	24
贵　州	0.0802	30	0.0498	30	0.0654	31	0.0755	29	0.0793	29
云　南	0.0581	31	0.0406	31	0.0677	30	0.0507	31	0.0580	31
西　藏	0.1040	26	0.0989	22	0.0980	25	0.0791	28	0.1053	23
陕　西	0.0998	28	0.0776	26	0.0969	26	0.0856	26	0.0888	26
甘　肃	0.1090	25	0.0798	25	0.0900	27	0.0792	27	0.0809	28
青　海	0.1115	24	0.0712	28	0.0711	29	0.0699	30	0.0735	30
宁　夏	0.1198	20	0.0991	21	0.0986	24	0.0939	24	0.0882	27
新　疆	0.1301	18	0.1014	20	0.1070	23	0.1022	23	0.1144	21

采用中国文化福祉评价函数，分别对2006～2010年历年31个省（区、市）的文化福祉进行核算，可以得到五年间各省文化福祉评价结果（见表12）。根据2006～2010年的文化福祉综合评价数据，运用聚类分析的方法，可以将全国31个省份划分为以下三类：第一类包括北京、上海、天津3个直辖市；第二类包括吉林、辽宁、江苏、内蒙古、浙江、福建、黑龙江、山西、广东、新疆、陕西、山东、海南、重庆、河北、湖北、湖南17个省份；第三类包括余下的11个省份。除第一类省份排名非常稳定外，大部分省份比较稳定。五年间文化福祉波动最大的省份是福建和山东。内蒙古、河南、海南、浙江、湖南、甘肃等省份也出现了较大的波动。

表12　2006～2010年31个省（区、市）文化福祉评价结果

	2006年	排序	2007年	排序	2008年	排序	2009年	排序	2010年	排序
北　京	0.2991	1	0.3008	1	0.2937	1	0.3274	1	0.3207	1
天　津	0.2271	3	0.2324	3	0.2269	3	0.2320	3	0.2351	3
河　北	0.1558	15	0.154	17	0.1523	15	0.1379	16	0.1295	18
山　西	0.1729	11	0.1774	10	0.1694	11	0.1688	10	0.1641	11
内蒙古	0.1696	12	0.1748	11	0.1713	9	0.1731	8	0.1835	7

续表

	2006年	排序	2007年	排序	2008年	排序	2009年	排序	2010年	排序
辽　宁	0.1772	8	0.182	8	0.1770	7	0.1783	6	0.1935	5
吉　林	0.1873	5	0.197	5	0.1873	5	0.1840	4	0.1968	4
黑龙江	0.1760	9	0.1867	7	0.1740	8	0.1705	9	0.1710	10
上　海	0.2710	2	0.2740	2	0.2696	2	0.2737	2	0.3124	2
江　苏	0.1863	6	0.1987	4	0.1930	4	0.1829	5	0.1916	6
浙　江	0.1885	4	0.1876	6	0.1805	6	0.1768	7	0.1831	8
安　徽	0.0938	28	0.0981	28	0.0924	28	0.0892	26	0.0901	27
福　建	0.1545	17	0.1595	16	0.1521	16	0.1652	11	0.1752	9
江　西	0.1268	20	0.1277	20	0.1162	22	0.1108	22	0.1065	22
山　东	0.1801	7	0.1719	12	0.1631	12	0.1433	15	0.1481	15
河　南	0.1215	22	0.1214	22	0.1160	23	0.0981	24	0.0901	27
湖　北	0.1470	18	0.1444	18	0.1336	18	0.1187	20	0.1235	19
湖　南	0.1546	16	0.1612	15	0.1486	17	0.1288	19	0.1199	20
广　东	0.1755	10	0.1782	9	0.1712	10	0.1501	13	0.1545	12
广　西	0.1203	23	0.1194	23	0.1120	24	0.1027	23	0.0951	25
海　南	0.1244	21	0.1277	20	0.1334	19	0.1350	17	0.1451	16
重　庆	0.1356	19	0.1345	19	0.1326	20	0.1293	18	0.1388	17
四　川	0.106	26	0.1013	26	0.0928	27	0.0872	27	0.0939	26
贵　州	0.0641	30	0.0674	30	0.0607	30	0.0481	31	0.0511	31
云　南	0.0881	29	0.0808	29	0.0750	29	0.0695	29	0.0759	29
西　藏	0.0346	31	0.0433	31	0.0457	31	0.0496	30	0.0659	30
陕　西	0.1627	13	0.1639	14	0.1590	14	0.1480	14	0.1513	14
甘　肃	0.0949	27	0.0985	27	0.0965	26	0.0822	28	0.0984	23
青　海	0.1134	25	0.1113	25	0.0998	25	0.0916	25	0.0976	24
宁　夏	0.1147	24	0.1129	24	0.1185	21	0.1114	21	0.1101	21
新　疆	0.1598	14	0.1675	13	0.1595	13	0.1502	12	0.1516	13

采用中国社会福祉评价函数，分别对2006～2010年历年31个省（区、市）的社会福祉进行核算，可以得到五年间各省社会福祉评价结果（见表13）。根据2006～2010年的社会福祉综合评价数据，运用聚类分析的方法，可以将全国31个省份划分为以下三类：第一类包括上海、北京、浙江、天津4个省份；第二类包括江苏、内蒙古、辽宁、青海、山东、黑龙江、新疆、宁夏、吉林、广东10个省份；第三类包括余下的17个省份。五年间社会福祉位次波动最大的省份是陕西；西藏、海南、四川、福建、重庆、山西、广东等省

均出现较大波动；山东、云南、青海、内蒙古、黑龙江、安徽、河南、湖南、宁夏等省份也出现了一定的波动。

表13　2006～2010年31个省（区、市）社会福祉评价结果

	2006年	排序	2007年	排序	2008年	排序	2009年	排序	2010年	排序
北京	0.2241	2	0.2133	2	0.1932	2	0.2120	1	0.2214	1
天津	0.1600	4	0.1541	4	0.1563	3	0.1604	3	0.1380	4
河北	0.0549	25	0.0446	24	0.0421	24	0.0425	25	0.0527	24
山西	0.0789	16	0.0641	16	0.0660	14	0.0681	17	0.0657	20
内蒙古	0.0946	11	0.0882	10	0.0827	8	0.1008	6	0.1150	6
辽宁	0.1325	5	0.1182	5	0.0959	6	0.0988	7	0.1048	7
吉林	0.0868	14	0.0790	13	0.0654	15	0.0828	13	0.0875	15
黑龙江	0.1013	8	0.0841	11	0.0746	12	0.0832	11	0.1030	10
上海	0.2403	1	0.2443	1	0.2225	1	0.2039	2	0.2005	2
江苏	0.1233	6	0.1154	6	0.1014	5	0.1043	5	0.1282	5
浙江	0.1669	3	0.1572	3	0.1373	4	0.1432	4	0.1524	3
安徽	0.0412	30	0.0403	27	0.0353	26	0.0367	28	0.0506	27
福建	0.0820	15	0.0644	15	0.0547	18	0.0533	23	0.0616	21
江西	0.0505	26	0.0431	26	0.0454	23	0.0432	24	0.0514	26
山东	0.1092	7	0.0978	7	0.0754	10	0.0830	12	0.1038	9
河南	0.0440	27	0.0346	29	0.0292	29	0.0298	29	0.0353	31
湖北	0.0759	17	0.0613	17	0.0528	20	0.0597	19	0.0708	19
湖南	0.0559	24	0.0385	28	0.0327	27	0.0399	26	0.0493	28
广东	0.0924	12	0.0749	14	0.0716	13	0.0646	18	0.0746	17
广西	0.0415	29	0.0296	30	0.0235	30	0.0215	31	0.0368	30
海南	0.0644	20	0.0451	23	0.0411	25	0.0557	21	0.0752	16
重庆	0.0682	19	0.0546	20	0.0504	21	0.0591	20	0.0892	14
四川	0.0603	23	0.0524	21	0.0640	16	0.0746	14	0.0745	18
贵州	0.0363	31	0.0247	31	0.0234	31	0.0252	30	0.0435	29
云南	0.0429	28	0.0432	25	0.0304	28	0.0379	27	0.0530	23
西藏	0.0750	18	0.0520	22	0.0497	22	0.0720	15	0.0517	25
陕西	0.0622	22	0.0591	18	0.0611	17	0.0697	16	0.0952	13
甘肃	0.0632	21	0.0553	19	0.0535	19	0.0536	22	0.0578	22
青海	0.0918	13	0.0889	9	0.0797	9	0.0940	8	0.1042	8
宁夏	0.0960	10	0.0913	8	0.0925	7	0.0924	10	0.0971	12
新疆	0.1011	9	0.0806	12	0.0747	11	0.0926	9	0.1019	11

采用中国环境福祉评价函数，分别对 2006～2010 年历年 31 个省（区、市）的环境福祉进行核算，可以得到五年间各省环境福祉评价结果（见表 14）。根据 2010 年的环境福祉综合评价数据，运用聚类分析的方法，可以将全国 31 个省份划分为四类：第一类是海南省；第四类是甘肃省；第二类包括上海、广东、宁夏、江苏、广西、福建 6 个省份；第三类包括余下的 23 个省份。五年间环境福祉波动面非常宽，波动幅度也非常大。除广东、江苏、广西、河北、山西、陕西、青海、甘肃 8 个省份外，其他省份排名均曾出现较大幅度的波动。

表 14　2006～2010 年 31 个省（区、市）环境福祉评价结果

	2006 年	排序	2007 年	排序	2008 年	排序	2009 年	排序	2010 年	排序
北　京	0.1454	4	0.0966	19	0.1044	14	0.1248	8	0.1231	11
天　津	0.1362	8	0.1279	7	0.1263	7	0.1186	12	0.1245	10
河　北	0.0925	27	0.0740	28	0.0806	26	0.0921	26	0.0946	26
山　西	0.0637	30	0.0610	30	0.0762	29	0.0791	29	0.0913	28
内蒙古	0.1006	21	0.0953	21	0.0988	20	0.1096	18	0.1206	14
辽　宁	0.1231	13	0.1013	16	0.0940	22	0.1064	22	0.1151	18
吉　林	0.1122	16	0.1042	15	0.1019	17	0.1050	23	0.1087	22
黑龙江	0.1172	15	0.1514	3	0.0894	24	0.0977	24	0.1056	24
上　海	0.1230	14	0.1193	8	0.1173	9	0.1693	2	0.1622	2
江　苏	0.1804	2	0.1437	4	0.1445	3	0.1445	4	0.1392	5
浙　江	0.1248	12	0.1113	12	0.1104	11	0.1301	7	0.1249	8
安　徽	0.1299	10	0.1009	17	0.0767	28	0.1124	15	0.1116	20
福　建	0.1405	5	0.1378	5	0.1401	4	0.1392	5	0.1361	7
江　西	0.1102	17	0.1104	14	0.1097	12	0.1196	11	0.1190	16
山　东	0.1324	9	0.1168	9	0.1058	13	0.1162	14	0.1231	11
河　南	0.1003	22	0.0924	23	0.1008	19	0.1091	20	0.1121	19
湖　北	0.0996	24	0.0793	26	0.0911	23	0.0963	25	0.0917	27
湖　南	0.0939	25	0.0886	24	0.1026	15	0.1093	19	0.1159	17
广　东	0.1970	1	0.1577	2	0.1556	2	0.1627	3	0.1585	3
广　西	0.1488	3	0.1301	6	0.1294	6	0.1383	6	0.1380	6
海　南	0.1399	6	0.2173	1	0.2176	1	0.2178	1	0.2171	1
重　庆	0.0998	23	0.0972	18	0.1019	17	0.1122	16	0.1213	13
四　川	0.1030	19	0.0966	20	0.1023	16	0.1099	17	0.1116	20
贵　州	0.1272	11	0.1104	13	0.1118	10	0.1179	13	0.1200	15

续表

	2006年	排序	2007年	排序	2008年	排序	2009年	排序	2010年	排序
云　南	0.1020	20	0.1168	10	0.1183	8	0.1203	10	0.1248	9
西　藏	0.0887	28	0.0939	22	0.0970	21	0.1068	21	0.1081	23
陕　西	0.0934	26	0.0804	25	0.0843	25	0.0913	27	0.0970	25
甘　肃	0.0540	31	0.0561	31	0.0450	31	0.0434	31	0.0460	31
青　海	0.0839	29	0.0763	27	0.0680	30	0.0665	30	0.0813	30
宁　夏	0.1367	7	0.1149	11	0.1337	5	0.1221	9	0.1433	4
新　疆	0.1083	18	0.0679	29	0.0781	27	0.0849	28	0.0893	29

通过表9～表14不难发现，中国客观福祉的省际差距十分明显。五年期间，各年份客观福祉总分最高的省份与总分最低省份之间的差距在3.5～4.5倍。客观福祉的这种省际差异在各个分领域表现得更为突出，以2010年的数据为例，北京在健康与基本生存福祉、经济福祉、文化福祉、社会福祉得分都是最高，分别是得分最低的西藏的7.5倍、云南的7.5倍、贵州的6.3倍、河南的6.3倍；环境福祉的省际差距相对小一些，但得分最高的海南仍然是得分最低甘肃的4.7倍。

四　2006～2010年中国客观福祉的地区差异

为进一步考察中国客观福祉的地区差异，根据我国地区间经济发展水平差异，我们将31个省（区、市）划分为四大区域：东部地区包括北京、天津、河北、上海、江苏、浙江、福建、山东、广东和海南共10省份；东北地区包括辽宁、吉林和黑龙江共3省；中部地区包括山西、安徽、江西、河南、湖北和湖南6个省份；西部地区包括内蒙古、广西、重庆、四川、贵州、云南、西藏、陕西、甘肃、青海、宁夏和新疆共12个省份。

从各区域客观福祉评价结果来看，各年度均呈现出东部、东北、中部、西部依次递减的趋势（见表15）。通过图3可以发现，东部地区和西部地区的差距最大，其次是东部地区与中部地区的差距，东北地区与西部地区、东部地区与东北地区也存在一定的差距，东北地区与中部地区、中部地区与西部地区的差距较小；五年期间，西部地区与其他地区之间的差距呈缩小的趋势。“十一五”末的 2010 年东部地区与东北地区、中部地区有扩大的趋势。

表 15　2006 ~2010 年不同地区的客观福祉

	2006 年	2007 年	2008 年	2009 年	2010 年
东部地区	0. 1746	0. 1712	0. 1715	0. 1734	0. 1780
东北地区	0. 1348	0. 1312	0. 1295	0. 1275	0. 1344
中部地区	0. 1112	0. 1052	0. 1094	0. 1093	0. 1139
西部地区	0. 0919	0. 0869	0. 0902	0. 0922	0. 1010

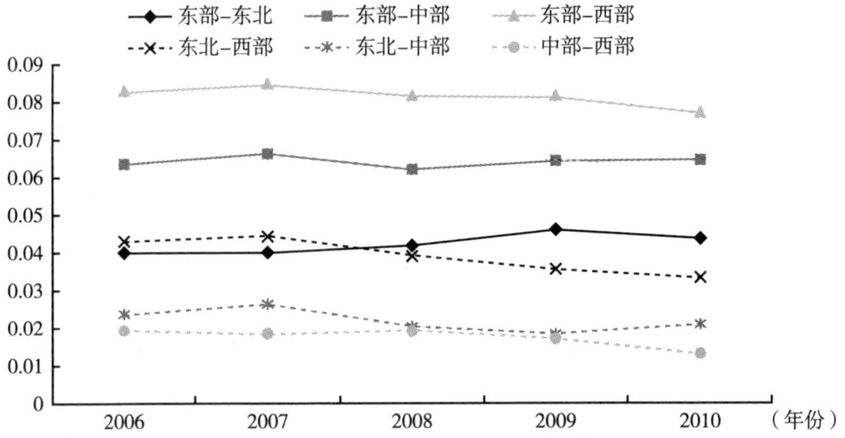

图 3　2006 ~2010 年不同地区客观福祉差距及趋势

从各区域健康与基本生存福祉评价结果来看，各年度也呈现出东部、东北、中部、西部依次递减的趋势（见表 16）。通过图 4 可以发现，东部地区与西部地区的差距最大，其次是东部地区与中部地区、东部地区与东北地区、东北地区与西部地区、中部地区与西部地区的差距，东北地区和中部地区极小。五年期间，西部地区与其他地区之间的差距呈明显减小的趋势。东部地区与中部地区的差距比较稳定，东部地区与东北地区的差距明显有扩大的趋势。

表 16　2006～2010 年不同地区健康与基本生存福祉

	2006 年	2007 年	2008 年	2009 年	2010 年
东部地区	0.1777	0.1846	0.1860	0.1872	0.1935
东北地区	0.1410	0.1419	0.1421	0.1390	0.1448
中部地区	0.1243	0.1273	0.1316	0.1318	0.1365
西部地区	0.0870	0.0912	0.0941	0.0973	0.1084

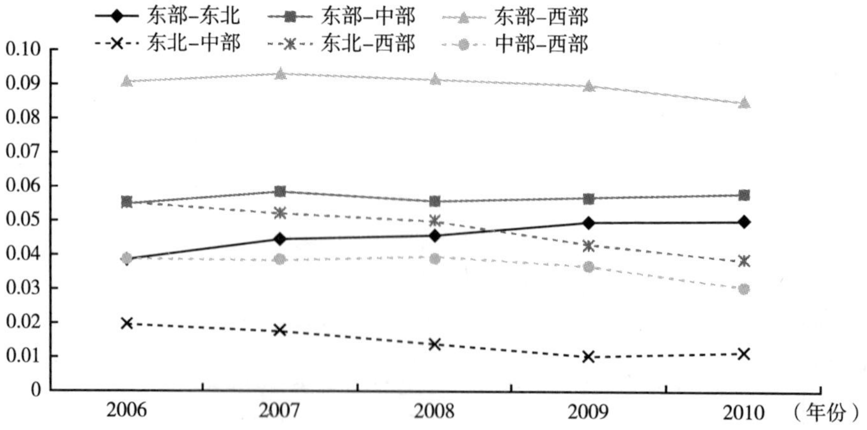

图 4　2006～2010 年不同地区健康与基本生存福祉差距及走势

从各区域经济福祉评价结果来看，各年度均呈现出东部、东北、中部、西部依次递减的趋势（见表 17）。通过图 5 可以发现，东部地区与西部地区的差距最大，与其他地区的差距也较大；东北地区与中部、西部地区，以及中部地区与西部地区的差距极小。五年期间，东部地区与其他地区之间的差距呈现扩大的趋势。其他地区之间的差距比较稳定。

表 17　2006～2010 年不同地区经济福祉

	2006 年	2007 年	2008 年	2009 年	2010 年
东部地区	0.2216	0.2327	0.2349	0.2396	0.2354
东北地区	0.1547	0.1467	0.1528	0.1635	0.1448
中部地区	0.1429	0.1265	0.1325	0.1378	0.1334
西部地区	0.1217	0.1127	0.1164	0.1268	0.1062

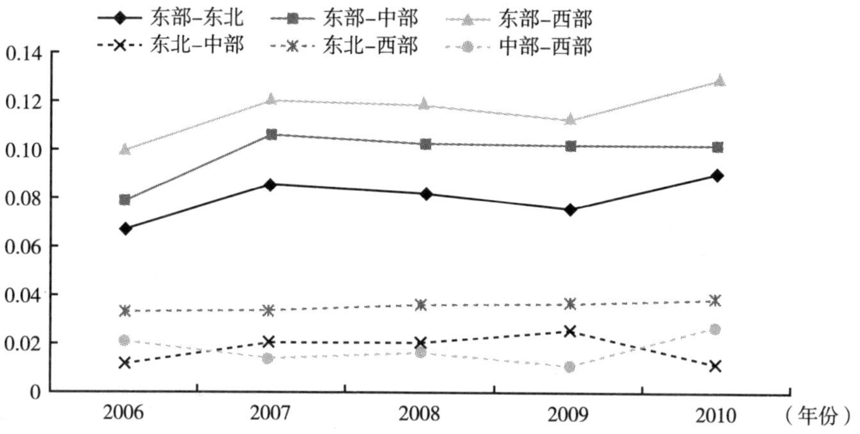

图 5　2006 ~2010 年不同地区经济福祉差距及走势

从各区域文化福祉评价结果来看，各年度均呈现出东部、东北、中部、西部依次递减的趋势（见表 18）。通过图 6 可以发现，东部地区与西部地区的差距最大；其次依次是东北地区与西部地区、东部地区与中部地区、东北地区与中部、西部地区；中部地区与西部地区、东部地区与东北地区的差距极小。五年期间，中部地区与东部地区、东北地区之间的差距呈明显扩大的趋势；东部地区、东北地区与西部地区的差距稳中有增。

表 18　2006 ~2010 年不同地区文化福祉

	2006 年	2007 年	2008 年	2009 年	2010 年
东部地区	0. 1962	0. 1985	0. 1936	0. 1924	0. 1995
东北地区	0. 1802	0. 1886	0. 1794	0. 1776	0. 1871
中部地区	0. 1361	0. 1384	0. 1294	0. 1191	0. 1157
西部地区	0. 1137	0. 1146	0. 1103	0. 1036	0. 1094

从各区域社会福祉评价结果来看，各年度均呈现出东部、东北、西部、中部依次递减的趋势（见表 19）。通过图 7 可以发现，东部地区与中部地区的差距最大；东部地区与西部地区、东北地区与中部地区的差距也较大；“十一五”期间东部地区与西部地区、中部地区的差距总体呈逐渐缩小的趋势，特别是与西部的差距缩小明显。东北地区与中部地区的差距呈现先降后升的态

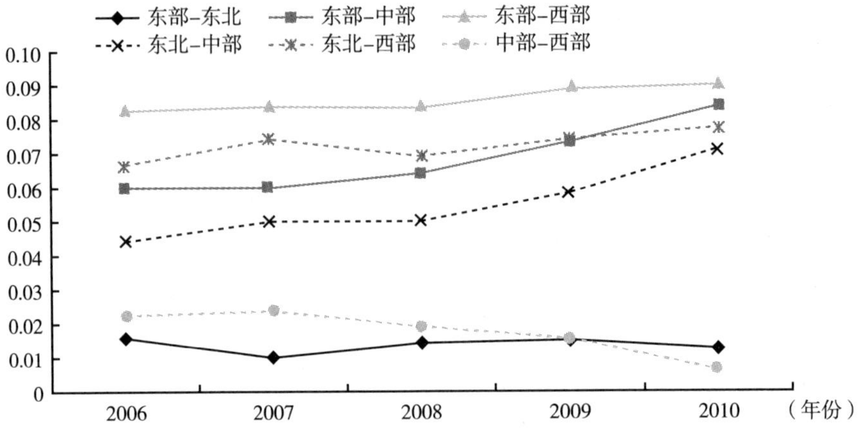

图6　2006～2010年不同地区文化福祉差距及走势

势。东北地区与西部地区原本差距较大，但五年期间持续减小。西部与中部地区原本差距较小，但存在扩大的趋势。

表19　2006～2010年不同地区社会福祉

	2006年	2007年	2008年	2009年	2010年
东部地区	0.1317	0.1211	0.1095	0.1123	0.1208
东北地区	0.1069	0.0938	0.0787	0.0883	0.0984
中部地区	0.0577	0.0470	0.0436	0.0462	0.0539
西部地区	0.0694	0.0600	0.0571	0.0661	0.0767

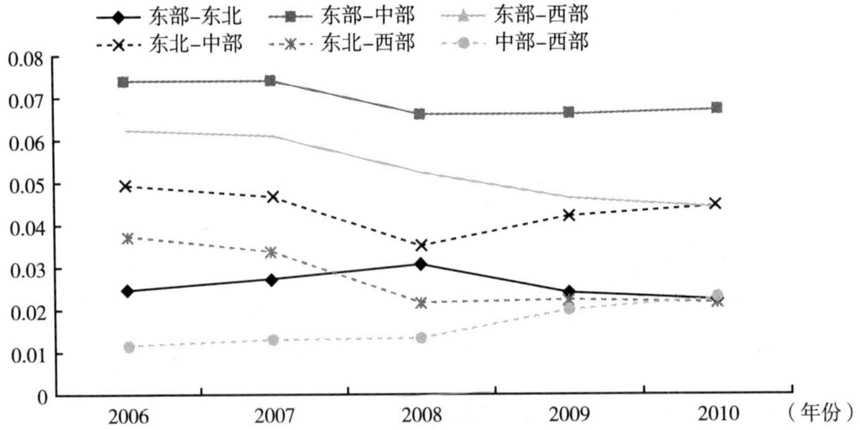

图7　2006～2010年不同地区社会福祉差距及走势

从各区域环境福祉评价结果来看，东部地区各年度均优于其他地区，但优势不太明显，其他各地区之间差距总的看来不大（见表 20）。通过图 8 可以发现，东部地区与中部和西部地区在环境福祉方面的差距原本较大，但在“十一五”期间在逐渐缩小。东部地区与东北地区的差距一度呈现扩大的趋势，但在“十一五”末趋于平稳。

表 20　2006 ~2010 年不同地区环境福祉

	2006 年	2007 年	2008 年	2009 年	2010 年
东部地区	0. 1412	0. 1302	0. 1303	0. 1415	0. 1403
东北地区	0. 1175	0. 1190	0. 0951	0. 1030	0. 1098
中部地区	0. 0996	0. 0888	0. 0929	0. 1043	0. 1069
西部地区	0. 1039	0. 0947	0. 0974	0. 1019	0. 1084

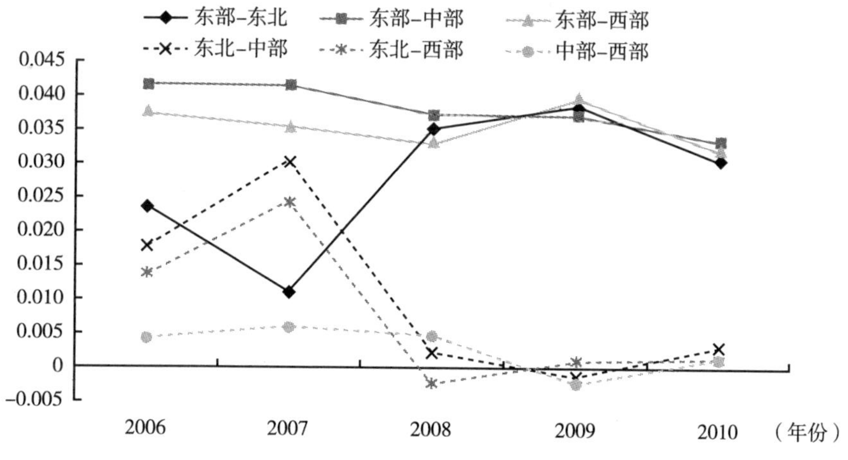

图 8　2006 ~2010 年不同地区环境福祉差距及走势

（执笔人：邢占军　褚雷　张泉）

中国健康与基本生存福祉报告

目前已有的生活质量指标体系，大多包含了与居民生活密切相关的一些领域，如经济、政治、社会、环境等，而在生活质量中处于最为基础地位的健康领域以及衣食住行等基本的生存状况，却常常被作为某个领域（如社会生活质量）的组成部分，或者干脆分散在相关的领域中，这是与其在生活质量结构中的基础性地位不相符的。为了解决以上问题，我们引入了基本需要（basic needs）的研究范畴，这一范畴重点聚焦于与人类“存在”（being）直接相关的基础需要的满足程度①。以此范畴为基础，我们构建了包含健康和衣食住行这些生活质量基础性要素的健康与基本生存福祉指标体系，这一指标体系旨在反映我国城乡居民的健康与基本生存质量，是人们正常的经济、社会、政治和文化生活的基础和前提。本报告首先对健康与基本生存福祉体系的构建加以说明，然后采用这一指标体系对 2006～2010 年中国省级层面健康与基本生存福祉的走势加以评价，并提出增进我国居民健康与基本生存福祉的对策建议。

一 中国健康与基本生存福祉指标体系的构建

（一）健康与基本生存福祉指标体系构建的核心理念

在梳理有关基本需要范畴界定的文献后，我们认为，衣食住行方面的需要是界定基本需要范畴的重点，是人类开展更高层次活动的基础。但是对于健康这个部分的隶属，国内外各种生活质量评价体系有着不同的划分，且大致分为

① 褚雷、邢占军：《基本需要范畴下的生活质量评价研究》，《中共天津市委党校学报》2011 年第 4 期，第 86～89 页。

两大类：一类将健康归属在例如社会生活质量等的子维度中，考量居民健康相关的投入与产出，如英国环境、食品与农村事务局制定的国家生活质量水平指标体系就将其纳入社会因素中，最终形成经济、社会和环境三者统一的可持续性生活质量评价指标体系①；另一类将健康独立构建为生活质量总评价体系下的子维度，如由阿特金森慈善基金会（Atkinson Charitable Foundation）主持构建的包含 8 大领域的加拿大幸福指数指标体系②和德国曼海姆调查研究与方法中心构建的包含 14 大领域的生活质量评价体系③都将健康单独进行考量。这两种划分都有其依据，究其原因，就是健康的基础性内涵使得其独立存在，但又与其他生活领域有着千丝万缕的联系。借鉴以上两种对健康评价体系的划分方法，并考虑华人社会文化因素④、中国国情以及研究可行性⑤的需要，本研究将健康与衣食住行一同纳入基本需要范畴中，由此而将“基本需要”界定为人类生存与发展的最基础性的条件，具体来说就是健康的需要和衣食住行的需要。这些需要的满足是人们从事正常的经济、政治、社会、文化等活动所必需的最基本前提。在满足水平上必须是最基本的，而不是多多益善，更不是奢靡。

根据以上分析，综合有关“基本需要”范畴的理论内容和相关的生活质量指标体系构建实践，我们提出“健康与基本生存质量”的概念，作为与经济生活质量、政治生活质量、文化生活质量、社会生活质量和生存环境质量平行的概念。健康与基本生存质量可以界定为：为社会所提供的、能够满足居民健康和衣食住行等基本生存需要的条件，以及居民对这类基本生存条件的满足

① 吕庆喆、褚雷：《可持续发展视野下的生活质量指标体系研究》，《山东社会科学》2011 年第 1 期，第 36～40 页。

② 邢占军、赵晏：《以公共政策为导向的加拿大生活质量指标体系研究》，《山东社会科学》2011 年第 1 期，第 30～35 页。

③ 李莎：《德国生活质量指标体系研究及启示》，《调研世界》2011 年第 1 期，第 60～64 页。

④ 有研究者认为，香港地区的中国人将基本需要认知为健康和衣食住行等生存需要（详见周健林、王卓祺《关于中国人对需要及其先决条件的观念的实证研究》，《中国社会科学季刊》1999 年第 25 期）。

⑤ 国外对于基本需要的界定除了衣食住行和健康以外还有很多其他内容，比如对于性的需要，这是一种很难操作化的评价维度，原因有两点：第一，不同的文化对于性需要的衡量不同，如在一种文化中被视为正常的性行为放到另外的文化中就变得不正常；第二，即使定下正常的标准后实际考量也很复杂，难以找到比较客观的能够比较的量化方法。基于以上因素，我们在构建中国健康与基本生存评价体系时，仅考虑最核心的健康与衣食住行等基本生存需要。

程度和评价状况，体现的是居民所享有的健康和基本生存福祉。在具体的指标体系构建中，我们可以将这一部分具体操作化为健康质量和基本生存质量两个部分。其中，健康质量反映的是居民可以获得的健康医疗条件和所达到的健康水平，以及居民对健康状况的满意程度；基本生存质量反映的是社会所提供的、能够满足居民衣食住行等基本生存需要的条件，以及居民对这些基本生存条件的满足程度和评价状况。

（二）中国居民健康与基本生存福祉指标体系的形成

采用对83位专家的问卷调查数据以及搜集到的有关统计数据，对初步遴选出的27个指标进行了内容效度比检验和鉴别力分析，我们最终确定了由10项指标组成的中国居民健康与基本生存福祉指标体系（见表1）。

表1　中国居民健康与基本生存福祉评价指标体系

评价因素	评价指标编号与名称	单位	数据来源
健康质量	a1 千人拥有医生数	人	《中国统计年鉴》
	a2 5岁以下儿童平均死亡率	%	国家卫生部全国妇幼卫生监健康测网数据质量
	a3 围产儿死亡率	%	《中国卫生统计年鉴》
	a4 平均预期寿命	岁	根据国家统计局人口统计年报资料推算
基本生存质量	a5 农村自来水普及率	%	《中国卫生统计年鉴》
	a6 人均住房使用面积	平方米	《中国统计年鉴》
	a7 城市燃气普及率	%	《中国统计年鉴》
	a8 农村卫生厕所普及率	%	《中国卫生统计年鉴》
	a9 千人民用载客汽车拥有量	辆	《中国统计年鉴》
	a10 万车车祸死亡率	%	《中国统计年鉴》

（三）中国居民健康与基本生存福祉评价函数

本研究采用层次—主成分分析法来构建健康与基本生存福祉评价函数。在层次分析阶段，从专家库中抽取25名相关领域的专家进行问卷调查，实际回收22份进入数据分析，得到健康与基本生存福祉各个指标所对应的首轮权重W_i（见表2）。

表 2　健康与基本生存福祉指标体系的权重

评价指标标号与名称		权重 Wi	评价指标标号与名称		权重 Wi
a1	千人拥有医生数	$W_1=0.1553$	a6	人均住房使用面积	$W_6=0.0646$
a2	5 岁以下儿童平均死亡率	$W_2=0.1515$	a7	城市燃气普及率	$W_7=0.0734$
a3	围产儿死亡率	$W_3=0.1288$	a8	农村卫生厕所普及率	$W_8=0.0847$
a4	平均预期寿命	$W_4=0.1388$	a9	千人民用载客汽车拥有量	$W_9=0.0495$
a5	农村自来水普及率	$W_5=0.0880$	a10	万车车祸死亡率	$W_{10}=0.0653$

选取相关指标 2004 ~ 2008 年的公开统计数据，无量纲化处理后使用表 2 中的首轮权重 W_i 进行加权转换，再采用探索性因素分析方法，按照特征值大于 0.5 以及累积贡献率大于 85% 的原则对构成健康与基本生存质量福祉的两个部分分别提取主成分因子。

因素分析显示，健康质量可得特征根大于 0.5 的因子 2 个，能够解释整体的 88.39%，从而得到健康质量部分各个主成分的载荷矩阵，如表 3 所示。

表 3　健康质量旋转后的因素负荷矩阵

	成分			成分	
	1	2		1	2
1(a1)	0.676	0.703	3(a3)	0.809	-0.486
2(a2)	0.876	-0.261	4(a4)	0.911	0.161

使用表 3 中的数据除以主成分相对应的特征值开平方根便得到健康质量两个主成分每个指标所对应的系数，即可得到特征向量，再将特征向量与使用首轮权重 W_i 加权转换后的指标数据相乘，得到健康质量两个主成分的表达式：

$$F_1 = 0.4106W_1X_1 + 0.5321W_2X_2 + 0.4914W_3X_3 + 0.5534W_4X_4$$
$$F_2 = 0.7740W_1X_1 - 0.2874W_2X_2 - 0.5351W_3X_3 + 0.1773W_4X_4$$

为了得到较好的综合评价，以每个成分对应的方差贡献率为系数，加权求和后得到健康质量评价函数：

$$Y_1 = 0.4379W_1X_1 + 0.3012W_2X_2 + 0.2225W_3X_3 + 0.4115W_4X_4$$

根据同样的计算方法，可以得到基本生存质量评价函数：

$$Y_2 = 0.1859W_5X_5 + 0.3328W_6X_6 + 0.1999W_7X_7 + 0.2326W_8X_8 + 0.0885W_9X_9 + 0.2588W_{10}X_{10}$$

将以上健康质量评价函数和基本生存质量评价函数相加，可以得到健康与基本生存福祉评价函数：

$$Y = 0.4379W_1X_1 + 0.3012W_2X_2 + 0.2225W_3X_3 + 0.4115W_4X_4 + 0.1859W_5X_5 + 0.3328W_6X_6 + 0.1999W_7X_7 + 0.2326W_8X_8 + 0.0885W_9X_9 + 0.2588W_{10}X_{10}$$

二　2006～2010年中国健康与基本生存福祉分析

根据健康与基本生存福祉评价函数，选取2006～2010年的公开统计数据，对我国31个省（区、市）的健康与基本生存福祉进行综合评价。

（一）2006～2010年我国居民健康质量的走势

1. 2006～2010年我国居民健康质量的走势

根据本研究所构建的中国居民健康与基本生存福祉指标体系，健康质量部分共有4个指标，分别为千人拥有医生数、5岁以下儿童平均死亡率、围产儿死亡率和平均预期寿命。2006～2010年我国居民健康质量部分各评价指标的趋势变化如图1和图2所示。

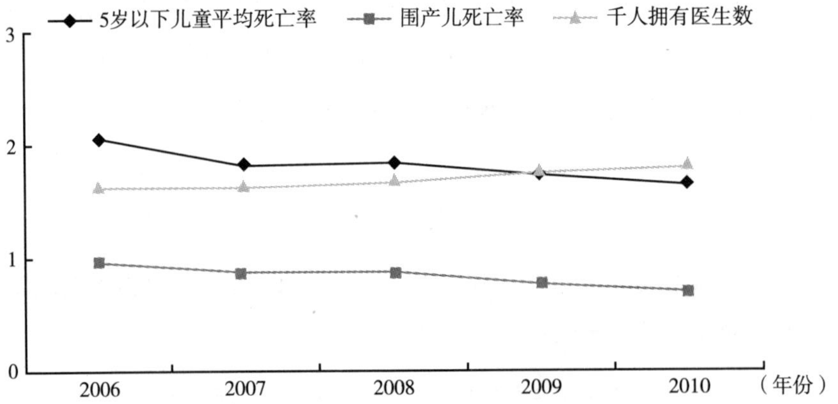

图1　2006～2010年健康部分评价指数趋势

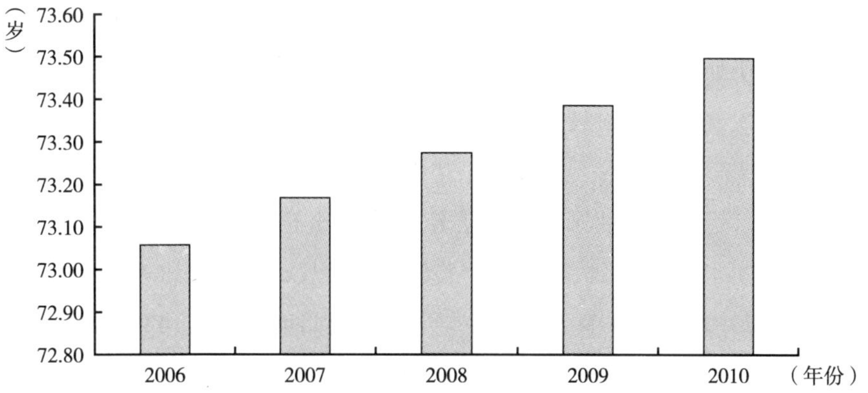

图 2　2006～2010 年居民平均预期寿命趋势

以时间为轴分析，2006～2010 年我国居民的健康质量指数呈增长趋势，具体到各个分指标：千人拥有医生数明显增加，由 2006 年的 1.63 人增长为 1.79 人；5 岁以下儿童平均死亡率明显降低，由 2006 年的 2.06% 降低为 2010 年的 1.64%，降低了近 0.5 个百分点；而平均预期寿命也由 2006 年的 73.06 岁增长为 2010 年的 73.50 岁，增长了近 0.5 岁，虽然低于发达国家（76.94 岁）3.44 岁，却高出世界平均预期寿命（67.88 岁）5.62 岁；围产儿死亡率由 2006 年的 0.968% 降低为 2010 年的 0.702%，下降了 0.266 个百分点。由上所见，随着我国医疗卫生事业的发展，“十一五”期间我国居民的健康质量指数不断提高。

我国居民健康质量指数的稳定增长，得益于社会医疗卫生条件的改善，这与国家大力加强基层医疗卫生服务能力、贯彻实施各项医疗保障政策是分不开的。从宏观的政策来看，主要体现在医疗保障制度、公共服务医疗和基层医疗人才培养三个方面。

医疗保障制度方面：近年来国家积极稳妥推进医疗卫生体制改革，全面建立城镇居民基本医疗保险制度、新型农村合作医疗制度。在财政支持方面，“十一五”期间中央累计安排专项资金 603.7 亿元支持近 5 万个医疗卫生机构项目建设，累计安排贫困地区卫生专项资金 1754 亿元①。仅 2009 年一年政府

① 《卫生事业发展“十二五”规划》，http：//www.gov.cn/zwgk/2012－10/19/content_ 2246908.htm。

卫生支出486.3亿元，占GDP百分比为5.15%。公共服务医疗方面：加强重大疾病防控工作，对于艾滋病实行“四免一关怀”政策，举办爱国卫生运动，推行新生儿疾病筛查和开展儿童营养和健康干预。卫生医疗技术人员特别是基层卫生医务人员的培养是提高公共卫生服务能力、保障医疗卫生事业有序进行的重要条件。近年来，我国致力于培养能够服务于人民群众的医疗卫生人员。“十一五”期间，我国医学院毕业生人数快速增长，为国家培养了大批医疗人才。2006～2010年医疗卫生机构执业（助理）医师数由142.6万人增长为204.8万人，2010年末，全国卫生人员总数达820.8万人，每千人口执业（助理）医师达到1.79人。针对我国农村基层医疗人员相对匮乏的情况，近几年来国家出台相关政策，投入了大量资金建立有效的农村医疗卫生人才的保障和培养机制，加强农村卫生人员的在职培训并鼓励医疗卫生人才进入基层。2005年卫生部、财政部和国家中医药管理局联合启动了“万名医生支援农村卫生工程”，2009年卫生部办公厅下发《中西部地区二级以上医疗卫生机构对口支援乡镇卫生院项目管理方案》通知，规定每所乡镇卫生院由二级以上医疗卫生机构组派3人医疗队进行对口支援，中央财政按照每所乡镇卫生院派驻3人、每名支援队员每年1.8万元的标准给予补助。卫生人才队伍的建设对于提高基层卫生服务能力提供了保障，我国基层医疗队伍的发展壮大极大地缓解了医务人员匮乏的困境，整体上促进了我国医疗队伍建设。

2006～2010年，5岁以下儿童平均死亡率及围产儿死亡率的显著降低，体现了我国儿童健康指标的改善，这得益于国家采取的一系列妇幼保健方面的政策措施。2006年，卫生部下发《关于进一步加强妇幼卫生工作的指导意见》，对今后妇幼工作的指导方针、工作目标、公益性质和功能定位提出了明确说明，特别强调要落实妇幼卫生事业发展的财政补助政策，加强妇幼卫生人才培养和队伍建设。2009年卫生部、财政部下发《关于进一步加强农村孕产妇住院分娩工作的指导意见》，意见中指出各级财政对全国农村孕产妇住院分娩按照人均500元的标准进行补助①，其中中央财政对各地区按

① 《卫生部妇幼重大公共卫生项目进展情况新闻发布会实录》，http://www.moh.gov.cn/mohbgt/s3582/201204/54488.shtml。

照不同比例予以补助，其余部分由地方财政配套。2010 年，孕产妇住院分娩率为 97.8%[①]，其中市 99.2%，县 96.7%，妇女儿童主要健康指标持续改善，城乡间差距进一步缩小。2009 年中国卫生部与雅培公司合作“中国围产儿营养项目”，为期 3 年，在全国 31 个省（区、市）46 家医疗保健机构建立围产营养门诊、规范服务流程、开展围产营养健康教育，减少出生缺陷、提高出生人口素质。这些措施效果明显，农村住院分娩率从 2008 年的 92.3% 提高到 2011 年的 98.1%，接近 2011 年 99.56% 的城市住院分娩率。同时，2011 年，全国孕产妇死亡率为 26.1/10 万，婴儿死亡率为 12.1‰，分别比 2008 年降低了 23.7% 和 18.8%。

“十一五”期间我国居民平均预期寿命保持稳定提升，从 2006 年的 73.06 岁提高到 2010 年的 73.5 岁。平均预期寿命反映的是当前的死亡水平，它是衡量一个国家或地区现阶段经济社会发展水平及医疗卫生服务水平的综合指标。仅从医疗方面考量，尤其是从占我国大量人口的农村地区医疗条件的改善角度分析，早在 2002 年，中共中央、国务院即颁布《关于进一步加强农村卫生工作的决定》，确立了“到 2010 年，在全国农村基本建立起适应社会主义市场经济体制要求和农村经济社会发展水平的农村卫生服务体系和农村合作医疗制度”的总目标，由此拉开了我国建立新型农村合作医疗制度的序幕。2006～2007 年卫生部、财政部下发《关于做好新型农村合作医疗工作的通知》《关于巩固和发展新型农村合作医疗制度的意见》，明确目标为将全国新型农村合作医疗由试点阶段进入全面推进阶段，覆盖全国 80% 以上的县（市、区）。中央财政对中西部地区参合农民的补助标准由每人每年 20 元上升到每人每年 80 元，全国新农合筹资水平由每人每年 100 元上升为每人每年 150 元。截至 2010 年底，全国有 2678 个县（市、区）开展了新型农村合作医疗，参合人口数达 8.36 亿人，参合率为 96%。2010 年度筹资总额达 1308.3 亿元，人均筹资 156.6 元。全国新农合基金支出 1187.8 亿元；补偿支出受益 10.87 亿人次。新型农村合作医疗政策的健全和完善为农村人口看病就医构建了安全屏障，在一

① 《2010 年我国卫生事业发展统计公报》，http：//www.moh.gov.cn/zwgkzt/pgb/201104/51512.shtml。

定程度上缓解了我国长期存在的农民“看病难、看病贵”的问题。农村居民平均预期寿命的提高，对于全国居民平均预期寿命指数的提升起了重要的拉动作用。

然而，在看到我国医疗卫生条件不断改善、居民健康状况不断进步的同时，我们还应看到现存的许多问题。如医疗人员区域分配不合理，医疗人力资源浪费现象严重，农村地区医务人员奇缺；医疗基础设施发展仍旧不足，县医院、农村地区卫生室发展缓慢，医疗技术条件较差；城镇和农村地区医疗保险事业发展依旧缓慢。这些问题集中反映了公共医疗卫生领域城乡资源的分配不合理，这一问题已经成为制约我国医疗事业进步和人民健康水平不断提高的瓶颈。

2. 2006 ~ 2010 年我国居民的健康质量区域分析

按照我国目前地区间社会经济发展水平，可以将所考察的 31 个省（区、市）划分为四大区域：东部地区包括北京、天津、河北、上海、江苏、浙江、福建、山东、广东和海南 10 省（市）；东北地区包括辽宁、吉林和黑龙江 3 省；中部地区包括山西、安徽、江西、河南、湖北和湖南 6 省；西部地区包括内蒙古、广西、重庆、四川、贵州、云南、陕西、甘肃、青海、宁夏、新疆和西藏等 12 省（区、市）。这四大区域在 2006 ~ 2010 年的健康质量指数如表 4 所示。

表 4　2006 ~ 2010 年不同地区健康质量指数

	2006 年	2007 年	2008 年	2009 年	2010 年
东部地区	0.1199	0.1215	0.1218	0.1217	0.1244
东北地区	0.1018	0.1007	0.1009	0.0972	0.0995
中部地区	0.0823	0.0836	0.0876	0.0867	0.0873
西部地区	0.0616	0.0653	0.0680	0.0701	0.0753

由表 4 得出，2006 ~ 2010 年，按健康质量指数高低排序，依次为东部地区、东北地区、中部地区、西部地区。2006 ~ 2010 年四大区域的健康质量指数在增长中存在波动。东部和中部地区健康质量指数平稳增长，波动不大；西部地区健康质量指数增长幅度较大，与其他三大区域的差异明显缩小，居民健

康质量地区平衡成效显著。其根本原因在于实施西部大开发战略之后，中央政府加大了对西部地区的资金投入和政策倾斜力度，努力提高西部地区医疗卫生水平，改善西部居民的健康状况。这些政策和措施主要包括以下几个方面。

第一，重点项目的投入方向向西部倾斜。在中央重点支持的项目中，西部地区是建设重点。2004 年卫生部与美国强生儿科研究所启动新生儿窒息复苏项目，项目共覆盖 20 个省（自治区、直辖市），周期 5 年，目标是确保 600 个城市每个分娩现场至少有一名经过新生儿窒息复苏培训并掌握复苏技术的医护人员①，至 2010 年共有 9 万多名新生儿因此而免于死亡或致残。2008 年 3 月，卫生部、财政部共同印发《关于做好 2008 年新型农村合作医疗工作的通知》，提出要“各级卫生、财政部门要加大对尚未开展新型农村合作医疗地区的指导和支持力度，特别对老、少、边、穷县（市、区）要在政策和资金上给予重点扶持，确保这些县（市、区）新型农村合作医疗制度顺利启动”。卫生部也于同年发起“走进西部”万名医院医师培训项目。同年 2 月，全国爱卫会印发《关于进一步把工作重点放到农村深入开展爱国卫生运动的决定》后，政府重点项目投入的加大，西部农村地区卫生条件有了相当大的改观：2009 年，农村三级卫生服务网络建设取得重大进展，建成乡镇卫生院 16440 个，村卫生室近 18 万个②；同时西部地区新型农村合作医疗制度基本形成，参合率达到 85%，城乡医疗救助制度全面建立，累计救助困难群众 5696 万人次③。

第二，建设资金投入和补助额度向西部倾斜。2001～2009 年，中央财政共安排西部地区卫生专项资金 863.3 亿元，占全国的（1847.8 亿元）46.7%④。其中用于卫生服务体系建设资金约 245.5 亿元，用于重大疾病预防控制和新型农村合作医疗的资金约 617.8 亿元。在中央安排建设项目的投资中，西部地区平均 80% 以上为中央资金，《农村卫生服务体系建设与发展规

① 《新生儿窒息复苏培训项目介绍》，http：//nrp. chinawch. org. cn/xmjs/。

② 《西部大开发十年》，http：//news. sohu. com/20091228/n269258064. shtml。

③ 《十年崛起新西部：西部大开发 10 年成就综述》，http：//cugonline. cug. edu. cn/Article/ShowArticle. asp？ArticleID＝1505。

④ 《西部地区实现新农合全覆盖 参加人口达 2.64 亿》，《人民日报》2010 年 8 月 10 日。

划》中中央专项安排169亿元，中央补助资金按东部30%、中部70%、西部80%的标准确定。《健全基层医疗卫生服务体系建设方案》中县级医院建设按照中央对东部、中部、西部地区补助比例20%、55%、70%进行测算，社区卫生服务中心建设项目按照中央对东部、中部、西部地区补助比例30%、65%、75%测算。这些都有利于西部地区改善基本医疗卫生条件。

第三，向西部输送并培养大量卫生服务人员。2005年国务院下发《关于实施万名医师支援农村卫生工程》的通知，中央财政按照每名派驻医生每年2.4万元对中西部地区给予补助；2007年，卫生部联合拜耳医药保健公司启动了“走进西部——万名医院医师培训项目”，计划在5年内，为中西部地区甘肃、陕西、江西、四川、云南、贵州、新疆、西藏、宁夏、青海和海南等11个省区332个贫困县培训1万名县级医院医师，提高中西部地区县级医院医师的专业技术，改善医院整体医疗水平。2009年卫生部发布《关于东西部地区医院省级对口支援工作的有关问题的通知》，由东部省份对口支援西部省份，城市医院对口支援农村医疗卫生工作，发达地区对口支援贫困和少数民族地区。2009～2010年，东部共派出了1722名医务人员，共接诊病人21万人次，开展手术1.68万台，教学查房1.7万余次，开展新技术近1800项，培训医务人员近9万人次，帮助受援医院建立特色专科400个，支援医院免费接收1300多人进修培训①。2005～2010年，中央财政投入4.21亿元，由卫生部重点对中西部地区256.2万人次的乡村医生开展了岗位培训，鼓励地方开展乡村医生学历教育等工作，促进乡村医生向执业（助理）医师转化。

综上，近几年来国家对于西部地区卫生事业的扶持力度明显加大。为从根本上缩小地区差距，国家在人力、物力、财力和政策方面都在很大程度上向西部地区倾斜。但是由于长期以来受制于社会历史及环境原因，西部地区基础医疗卫生设施仍然较为匮乏，医疗卫生服务人员仍然短缺、从业人员专业素质较低并且存在流失现象。与之相比，东部地区地理环境优越，经济社会发展程度

① 《陈竺、马晓伟在2012年“万名医师支援农村卫生工程”电视电话会议上的讲话》，《卫生政务通报》2012年第28期。

较高，拥有更为丰富的卫生医疗资源和更为完善的医疗卫生基础设施。值得关注的是，我国东北地区的健康质量，2007 年出现较为明显的下滑，虽此后有缓慢上升和波动，但仍然未达到 2006 年的水平。我国居民健康质量水平的地区差异，尤其是东西部之间的差异在未来较长一段时间内仍会存在，政府需要持续加大政策干预的力度。

3. 2006～2010 年我国居民的健康质量省际分析

运用健康质量评价函数，得到我国各省（区、市）居民健康质量指数的年度得分及排名结果，如表 5 所示。

表 5　2006～2010 年各省（区、市）健康质量指数年度评价

	2006 年	排序	2007 年	排序	2008 年	排序	2009 年	排序	2010 年	排序
北　京	0.1894	1	0.1926	1	0.1923	1	0.1903	1	0.1910	1
天　津	0.1449	3	0.1426	3	0.1384	3	0.1355	3	0.1412	3
河　北	0.0818	16	0.0821	18	0.0856	19	0.0863	18	0.0892	17
山　西	0.0948	10	0.0911	11	0.0967	10	0.1024	9	0.1008	10
内蒙古	0.0858	13	0.0864	15	0.0915	12	0.1020	10	0.0957	11
辽　宁	0.1090	7	0.1074	8	0.1095	7	0.1088	7	0.1090	7
吉　林	0.1146	5	0.1116	6	0.1075	8	0.0981	11	0.1010	9
黑龙江	0.0817	17	0.0830	17	0.0857	18	0.0847	20	0.0886	18
上　海	0.1777	2	0.1803	2	0.1795	2	0.1783	2	0.1753	2
江　苏	0.1119	6	0.1149	5	0.1147	5	0.1146	5	0.1153	5
浙　江	0.1198	4	0.1191	4	0.1191	4	0.1196	4	0.1358	4
安　徽	0.0720	22	0.0683	26	0.0803	23	0.0820	21	0.0816	24
福　建	0.0881	12	0.0871	14	0.0890	16	0.0932	12	0.0943	12
江　西	0.0719	23	0.0767	23	0.0845	20	0.0677	28	0.0738	26
山　东	0.1015	9	0.1025	9	0.1067	9	0.1053	8	0.1069	8
河　南	0.0779	20	0.0810	20	0.0814	22	0.0871	17	0.0836	22
湖　北	0.0922	11	0.0953	10	0.0904	13	0.0903	14	0.0916	16
湖　南	0.0847	15	0.0890	12	0.0921	11	0.0909	13	0.0929	14
广　东	0.1072	8	0.1104	7	0.1110	6	0.1122	6	0.1122	6
广　西	0.0798	18	0.0821	18	0.0869	17	0.0895	15	0.0927	15
海　南	0.0759	21	0.0835	16	0.0816	21	0.0814	22	0.0830	23
重　庆	0.0855	14	0.0889	13	0.0893	15	0.0894	16	0.0847	20
四　川	0.0670	25	0.0776	22	0.0801	24	0.0765	25	0.0940	13
贵　州	0.0281	30	0.0330	30	0.0302	30	0.0331	30	0.0691	28

续表

	2006年	排序	2007年	排序	2008年	排序	2009年	排序	2010年	排序
云　南	0.0396	29	0.0410	29	0.0459	29	0.0471	29	0.0514	30
西　藏	0.0113	31	0.0091	31	0.0113	31	0.0094	31	0.0199	31
陕　西	0.0673	24	0.0726	24	0.0720	26	0.0862	19	0.0858	19
甘　肃	0.0588	27	0.0649	27	0.0734	25	0.0782	24	0.0841	21
青　海	0.0552	28	0.0578	28	0.0671	27	0.0688	27	0.0671	29
宁　夏	0.0793	19	0.0804	21	0.0894	14	0.0796	23	0.0799	25
新　疆	0.0667	26	0.0715	25	0.0656	28	0.0695	26	0.0719	27

由表5可以看出，2006～2010年，全国31省（区、市）健康质量指数最高的均是北京市，最低的均是西藏自治区。按照健康质量指数高低排序，排在前4位的是北京、上海、天津、浙江，均为东部地区；排在末4位的是青海、云南、贵州、西藏，均为西部地区。

从地区横向比较来看，2006～2010年全国31个省（区、市）健康质量指数的差异较大。以2010年的数据为例，居民健康质量指数在0.1以上的省市有10个，即北京、上海、天津、浙江、江苏、广东、吉林、山东、辽宁和山西，其余21个省区得分均分布在0.1以下。此外，排名前两位的北京和上海的居民健康质量指数均在0.15以上，远远高于全国其他省区的得分，而排名最后的西藏自治区居民健康质量指数仅为0.02，这说明我国居民健康质量水平的省际差距较大。按照健康质量指数高低排序，排名前9的省（区、市）全部来自东部地区和东北地区，而排名后7位的除江西外都是西部地区的省份。这进一步说明我国西部地区居民健康质量明显低于东部地区。

纵向分析来看，2006～2010年全国31省（区、市）健康质量指数整体排名较为稳定，但有个别省份波动较大，如四川和甘肃近几年来排名上升较快，四川由2006年的25位变为2010年的13位，上升了12位；甘肃省由2006年的27位变为2010年的21位，上升了6位。这两个省都是西部省份，在此仅以甘肃为例，分析出现这种变化的政策动因。甘肃2006～2010年居民健康质量排名上升较快，2010年位居全国第21位以及西部地区的第3位。甘肃居民健康发展的四个指标均呈显著性的增长，其中5岁以下儿童平均死亡率低于全国平均水平、平均预期寿命高于全国平均水平，5岁以下儿童平均死亡率由

2006 年的 2. 15% 下降为 2010 年的 1. 13%，降低了 1 个百分点；2010 年平均预期寿命为 74. 72 岁，比 2006 年增长了 3 岁。作为西部省份，近几年来甘肃省得到了国家在医疗卫生事业上的支持，同时甘肃省委、省政府高度重医疗卫生体制的改革工作，在探索卫生管理体制和运行机制、强化医疗卫生和公共卫生体系建设、完善医疗服务等方面形成许多值得借鉴的做法。2005 年甘肃省人民政府办公厅下发了《甘肃省卫生资源配置标准》和《甘肃省区域卫生规划》，将 14 个市州划分为 5 个区域类型，确立了建设以“省会兰州为中心，以河西的酒泉、张掖和河东的天水、平凉为两翼”的医疗卫生资源布局，优化资源配置，保证了人民群众可以在半径 300 公里的区域内享受较高水平的医疗服务。2007 年甘肃省人民政府下发的《关于进一步加强农村卫生工作的意见》中提出，“十一五”期间省财政每年投入 4000 万元用于乡镇卫生院和村卫生室设备配备，投入 850 万元用于农村卫生人员培养，对于乡村医生按人均每月 100 元标准实行定额劳务补助。2008 年省政府出台《甘肃省城镇居民基本医疗保险实施方案》，将城镇居民基本医疗保险工作纳入政府目标责任考核体系，参保人数达到 240. 33 万人。除了发布相关的政策之外，甘肃省定期开展健康教育巡讲和农村健康生活书画展等健康教育，广泛深入地开展爱国卫生运动，提高居民防病意识和保健水平。大量结合实际且行之有效的政策措施，推动了甘肃省医疗卫生事业的进步，居民健康状况得到了较大的改善。

（二）2006 ~2010 年我国居民基本生存质量综合分析

1. 2006 ~2010 年我国居民基本生存质量走势

根据我们所构建的中国居民健康与基本生存福祉指标体系，基本生存质量部分共有 6 个指标，分别为农村自来水普及率、人均住房面积、城市燃气普及率、农村卫生厕所普及率、千人民用载客汽车拥有量和万车车祸死亡率。2006 ~2010 年我国居民基本生存质量部分各评价指标的趋势变化如图 3 所示。

以时间为轴分析，2006 ~2010 年全国 31 省（区、市）居民的基本生存质量整体水平呈增长趋势，具体到各个分指标，农村自来水普及率和农村卫生厕所普及率分别由 2006 年的 61. 1% 、55. 0% 上升为 2010 年的 71. 2% 、67. 4% ,

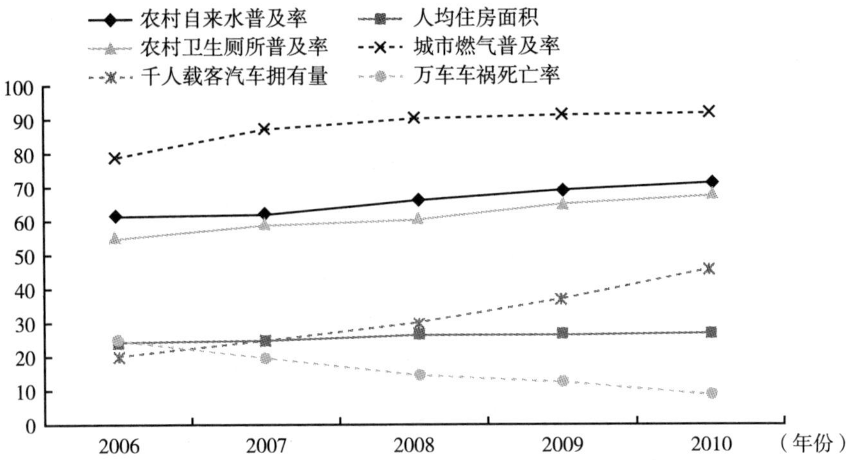

图3　2006～2010年基本生存质量评价指数趋势

其中北京、上海的农村自来水普及率已达到100%；人均住房面积由2006年的24.43平方米增长为2010年的27.02平方米；城市燃气普及率也由2006年的79.1%上升为2010年的92%，提高了近13个百分点，其中上海、北京和天津的城市燃气普及率均达到了100%；千人民用载客汽车量由2006年的19.93辆增长为2010年的45.67辆；万车车祸死亡率由2006年的0.241%降低至0.084%。综上，“十一五”期间我国居民的基本生存质量不断得到改善。

农村改水改厕项目属于医疗改革中的推进公共卫生服务部分，卫生厕所的修建和普及体现了农村公共卫生状况的改善，有利于居民的身体健康；而自来水的普及率关系到居民是否能够获得安全、便利和廉价的饮用水，是广大居民尤其是农村居民基本生存福祉的重要保障。2008年全国爱卫会印发《关于进一步把工作重点放到农村深入开展爱国卫生运动的决定》，提出要加快改水改厕步伐，改善农村公共卫生基础设施。2009年全国爱卫办和卫生部下发了《农村改厕管理办法》和《农村改厕技术规范》，大力普及无害化卫生厕所，加强粪便的无害化处理，对已建成的卫生厕所加强监管，2009～2010年度农村改厕项目共投入中央财政资金28.65亿元，在全国31个省（区、市）建设758万户农村无害化卫生厕所。截至2010年底，全国农村已建成各类卫生厕所1.44亿座，约占农村总户数的56.97%；共完成783万户无害化卫生厕所建设，实现了“十一五”规划全国农村卫生厕所普及率达到65%的目标[①]。2008年4月在北京召开“中国水与卫生高级圆桌会议”，会议将2008年作为国家环境卫生年。此后，国家制订了《全国农村饮水安全工程“十一五”规划》，“十一五”期间共投资650亿元，规划建设15万处集中式供水工程和58万处分散式供水工程。这些措施产生了非常好的效果，截至2010年，全国农村自来水普及率达到75%。

城市燃气普及率最早是作为一个城市规划设计的指标出现的[②]。从基本生存质量福祉考虑，燃气是居民生活的最基本条件，与衣食住行中的食密切相关。居民生活用气的发展是城市居民基本生活需要得到满足的重要体现，同时对建设资源节约型和环境友好型社会意义重大。2006年建设部下发《建设事业“十一五”规划纲要》，提出要大力发展以燃气为主的清洁能源，建立安全、稳定、高效的城镇能源供应体系，坚持以天然气、液化石油气为城市用气主气源，实现增加天然气供应150亿~200亿立方米，天然气在城市能源结构中的比例提高到15%~20%。我国自2000年开始实施西气东输工程，2004年全部建成投产，年供气量120亿平方米。2008年西气东输二期工程开工，2010年建成通气，年供气量300亿立方米天然气，确保了4亿居民可以使用上安全、清洁的天然气。预计到2015年我国天然气消费量为2300亿立方米左右，用气普及率将进一步提高，供应能力将超过2600亿立方米[③]。

千人民用载客汽车拥有量和万车车祸死亡率均是反映居民交通出行情况的指标，其中千人民用载客汽车拥有量体现了人们出行的基本条件满足情况，而万车车祸死亡率反映的是居民道路交通出行的安全状况。根据国际汽车发展趋势分析，目前世界上人均GDP在3000美元左右的国家，民用载客汽车拥有量达到了60辆/千人，而我国2010年的平均水平已达到45.67辆/千人，其中北京和天津均超过了100辆/千人的水平，说明近年来随着社会经济的发展，私人汽车拥有量明显增长，城市公共交通迅速发展。同时近几年来由于国家采取

① 《中央投入28.65亿改造农村厕所6省市超额完成任务》，http://www.china.com.cn/news/2010-12/10/content_21516753.htm。

② 赵志楠：《我国城市燃气率的研究》，《燃气技术》2011年第2期，第8~13页。

③ 《中国天然气产业国际峰会2013》，http://gaschina.shinemediaworld.com/ch/。

了一系列的政策加强对道路安全的监管，使得车祸死亡人口逐年下降，由2006年的84805人下降为2010年的62380人。2010年公安部和中国保险监督管理委员会联合发布《关于实行酒后驾驶与机动车交强险费率联系浮动制度的通知》，决定从2010年3月1日起逐步实行酒后驾驶与机动车交强险费率联系浮动制度，其中饮酒后驾驶违法行为上浮在10%～15%，醉酒后驾驶违法行为上浮在20%～30%。这些举措对于进一步降低交通事故发生率起到了明显的作用。

住房问题是社会问题，居住是居民生活最基本的组成部分之一，在我国的文化、传统中历来有“居者有其屋”的社会追求，而人口众多、城镇化压力、市场投机、相关领域的腐败等因素对普通居民住房需求的满足带来了巨大的挑战。因此，住房居住水平也被视为衡量我国居民基本生存质量的重要指标。而居民住房水平最直接的体现就是人均住房面积，这一指标反映了居民拥有住房和住房拥挤程度的两方面状况。鉴于住房对于居民和社会的重要性，我国政府的住房政策主要是在考虑保障居民基本住房需要的基础上对居住和投资功能的住房采取不同的政策，将消费性住房和投资性住房区别对待，“十一五”期间我国政府大力推动经济适用房、廉租房和公共租赁房等保障性住房政策。

首先在资金投入方面，2007年全国安排廉租住房资金77亿元，2008年中央财政安排保障性安居工程支出181.9亿元①，2009年达到550.56亿元，同年在住房和城乡建设部、发展改革委、财政部联合下发的《关于印发2009～2011年廉租住房保障规划的通知》中加大对财政困难地区廉租住房保障补助力度，补助标准为：西部地区400元/平方米，中部地区300元/平方米，辽宁、山东、福建等财政困难地区200元/平方米，2010年安排住房保障支出达到992.58亿元②。

在保障人群方面，2007年国务院下发的《关于解决城市低收入家庭住房

---

① 《大力推进保障住房建设实现“住有所居”目标》，http://news.xinhuanet.com/2011－01/06/c_ 12949974.htm。

② 《“十一五”期间我国住房保障驶向“快车道”》，http://www.gov.cn/jrzg/2010－10/19/content_ 1725320.htm。

困难的若干意见》中明确规定“经济适用房的供应对象为城市低收入住房困难家庭”，指出要对城市低收入家庭的住房需求进行分析，在此基础上供应住房和租赁住房补贴，并且提出在“十一五”末，全国廉租住房制度的保障范围由城市最低收入住房困难家庭（低保家庭）扩大到低收入住房困难家庭。住建部下发的《廉租住房保障办法》和《经济适用住房管理办法》分别明确了廉租住房和经济适用房的适用对象、保障方式和监督管理等。同时《关于改善农民工的居住场所和居住条件的指导意见》中提出要妥善安排农民工居住，多渠道提供农民工居住场所，逐步改善农民工居住条件。在2009年住房和城乡建设部下发的《2009～2011年廉租住房保障规划》中则明确了廉租房保障对象为城市低收入住房困难家庭。随着廉租住房、经济适用住房的建设，城市低收入家庭的住房条件得到较大改善，但随之显现的是中等偏下收入家庭的住房困难问题，主要表现为其无力通过市场租赁或购买住房。针对这部分群体，2010年国务院发布《关于加快发展公共租赁住房的指导意见》，明确公租房的针对群体为城市中等偏下收入住房困难家庭、新就业职工和有稳定职业并在城市居住一定年限的外来务工人员，将城镇中等偏下收入困难家庭及“夹心层”群体纳入住房保障体系，提出加大公共租赁房的建设力度。

在制度保障方面，2006年，国务院常务会议提出了促进房地产市场健康发展的六项措施（俗称“国六条”），这六条措施包括：切实调整住房供应结构，进一步发挥税收、信贷、土地政策的调节作用，合理控制城市房屋拆迁规模和进度，进一步整顿和规范房地产市场秩序，加快城镇廉租住房和经济适用房的发展建造，完善房地产统计和信息披露制度。2007～2010年国土资源部连发12份文件落实保障性住房供地，这些政策的实施最终带来实际供地量创历史性新高。2010年共安排廉租房和经济适用房用地1.59万公顷，棚户区改造区域8722.06公顷的建设用地，保障性住房用地的全年实际供应总量为2.47万公顷，占住房用地总量的19.7%。同时，国务院要求的“三类住房”（廉租住房、经济适用住房和中低价位中小套型普通商品住房）用地不得少于70%的要求也已按期完成，实际达到70.29%。

国家一系列相关政策的实施取得了明显的效果。2010年底，全国1140万户城镇低收入家庭和360万户中等偏下收入家庭住房困难问题基本得到解决，我国城镇保障性住房覆盖率达到了7%～8%，城镇居民人均住房面积超过30平方米，农村居民人均住房面积超过33平方米①，居民的居住水平得到一定程度的改善。然而我们还要看到的是，在居民基本生存质量的各个指标中人均住房面积是发展最为缓慢的指数。在住房领域中我国仍然有许多突出的问题亟待解决：人均住房面积偏低、房价过高、保障性住房体系发展缓慢等。可以说，住房问题是我国目前面临的最为棘手的社会问题之一，并且有着很深刻的社会、历史和人口背景，政府在解决住房问题、保障居民住房需要上仍然面临着极为严峻的挑战。

2. 2006～2010年我国居民基本生存质量区域分析

从表6可以看出，2006～2010年，按基本生存质量指数高低排序，依次为东部地区、中部地区、东北地区、西部地区。2006～2010年四大区域的基本生存质量指数持续增长，2006～2009年四大区域基本生存质量增长较为平稳，2010年四大区域的基本生存质量指数涨幅较为明显。东部地区居民的基本生存质量明显高于其他三个地区，2010年中部地区、西部地区和东北地区居民基本生存质量还不及东部地区2006年的水平，区域间不平衡十分突出。

表6　2006～2010年不同地区基本生存质量综合评价

	2006年	2007年	2008年	2009年	2010年
东部地区	0.0578	0.0631	0.0642	0.0655	0.0690
东北地区	0.0391	0.0412	0.0411	0.0418	0.0453
中部地区	0.0420	0.0437	0.0441	0.0450	0.0492
西部地区	0.0267	0.0275	0.0272	0.0282	0.0337

随着西部大开放、中部崛起和振兴东北老工业基地等国家战略的实施，东北、中部和西部地区的居民基本生存质量均有显著提高。“十一五”期间为了加快社会主义新农村建设的步伐，国家在西部农村实施了十大工程，其中就包括节水示范工程、农村饮水安全工程和农村公路建设工程，具体内容是改

① 《“十二五”末我国城镇保障性住房覆盖率将达20%以上》，http：//www.caijing.com.cn/2011－02－28/110652525.html。

造完成11万公里的农村公路，解决西部地区3700万农村居民饮水困难问题。同时通过新建、改建等方式筹集廉租住房81万套，新建经济适用住房37万套，支持近60万户农村贫困户家庭开展农村危房改造。东北地区是我国的老工业基地，从2005年起在东北三省拉开了棚户区改造的序幕。2007年国务院下发《关于促进资源型城市可持续发展的若干意见》，提出支持东北地区加快完成棚户区改造，同时研究解决其他地区资源型城市棚户区改造问题。截至2011年，东北地区累计完成棚户区改造8700万平方米，近200户居民乔迁新居。

改革开放后相当长的一段时期，我国实行的是一种非均衡发展战略。经济发展的模式是先富带后富，通过一部分地区先发展起来再反哺落后地区，由于基础、区位等方面的优势，东部地区享受了更多的政策“红利”。优先发展东部地区导致国家的每项制度基本上是先在东部试点，然后再向中西部推广。比如交通出行方面，西部地区近几年农村道路、饮水安全问题等有了明显改善，但是仍然存在不少问题。中国西部地区农村公路网密度普遍偏低，“十一五”期间国家共投入1000亿元用于农村公路建设，但面对迫切需要修路的村庄100万个，每个村庄修建2~4公里硬化路面的现状，资金缺口仍然巨大。道路的安全状况问题，导致其交通事故率远远高于东部地区。饮水安全方面，在西部农村，由于受自然条件、社会经济发展状况以及城乡分割的社会体制等多种因素制约，饮水问题成为阻碍西部农村经济发展的重要因素，影响农民的生活用水和农业生产活动。虽然在农村地区开展了“自来水村村通”工程，但西部地区农村的自来水普及率仍然不高，与此同时，普遍存在缺水和水质污染严重等问题。这主要是由于农村地区的自来水处理技术落后、供水质量得不到保障，生活垃圾随意堆放造成污染，地区企业大量排放未经处理的超标污水等所致。现存的许多问题都需要政府在未来加以有效应对与解决。

3. 2006~2010年我国居民基本生存质量省际分析

由基本生存质量评价函数，可以得到各省基本生存质量部分综合得分及排名结果，如表7所示。

表7　2006～2010年各省（区、市）基本生存质量评价

	2006年	排序	2007年	排序	2008年	排序	2009年	排序	2010年	排序
北　京	0.0728	2	0.0736	3	0.0746	3	0.0761	2	0.0780	3
天　津	0.0704	3	0.0723	4	0.0702	4	0.0711	4	0.0752	4
河　北	0.0520	7	0.0559	8	0.0558	9	0.0558	9	0.0582	9
山　西	0.0415	15	0.0417	16	0.0412	16	0.0411	16	0.0443	18
内蒙古	0.0232	28	0.0230	27	0.0215	29	0.0207	28	0.0246	28
辽　宁	0.0420	14	0.0447	14	0.0451	14	0.0455	14	0.0486	14
吉　林	0.0377	19	0.0414	17	0.0408	17	0.0410	17	0.0462	15
黑龙江	0.0377	19	0.0376	18	0.0375	18	0.0388	18	0.0411	22
上　海	0.0779	1	0.0805	1	0.0799	1	0.0786	1	0.0799	1
江　苏	0.0570	6	0.0662	5	0.0685	5	0.0703	5	0.0749	5
浙　江	0.0656	4	0.0744	2	0.0748	2	0.0760	3	0.0793	2
安　徽	0.0332	21	0.0318	23	0.0339	20	0.0327	22	0.0407	23
福　建	0.0462	9	0.0553	9	0.0582	8	0.0607	8	0.0666	7
江　西	0.0423	13	0.0465	11	0.0475	11	0.0499	11	0.0552	11
山　东	0.0584	5	0.0637	6	0.0654	6	0.0678	6	0.0713	6
河　南	0.0427	11	0.0431	15	0.0418	15	0.0438	15	0.0447	17
湖　北	0.0499	8	0.0530	10	0.0530	10	0.0538	10	0.0576	10
湖　南	0.0426	12	0.0463	12	0.0469	12	0.0487	12	0.0525	13
广　东	0.0392	17	0.0566	7	0.0609	7	0.0617	7	0.0647	8
广　西	0.0453	10	0.0321	21	0.0331	22	0.0383	19	0.0451	16
海　南	0.0389	18	0.0321	21	0.0341	19	0.0366	21	0.0422	19
重　庆	0.0415	15	0.0459	13	0.0464	13	0.0472	13	0.0527	12
四　川	0.0326	22	0.0342	19	0.0335	21	0.0371	20	0.0418	21
贵　州	0.0247	26	0.0222	28	0.0216	28	0.0205	29	0.0238	29
云　南	0.0294	23	0.0342	19	0.0320	23	0.0308	24	0.0320	27
西　藏	0.0092	31	0.0119	31	0.0142	30	0.0158	30	0.0160	31
陕　西	0.0239	27	0.0289	25	0.0318	24	0.0321	23	0.0356	25
甘　肃	0.0184	30	0.0168	30	0.0141	31	0.0145	31	0.0202	30
青　海	0.0259	25	0.0267	26	0.029	25	0.0258	26	0.0333	26
宁　夏	0.0195	29	0.0222	28	0.0234	27	0.0299	25	0.0375	24
新　疆	0.0265	24	0.0313	24	0.0256	26	0.0256	27	0.0420	20

由表7可以看出，2006～2010年，全国31个省（区、市）基本生存质量指数最高的均是上海市，最低的均是西藏自治区。按照基本生存质量指数高低排序，排在前7名的均为东部地区，说明东部地区基本生存质量高；排在末7位的均为西部地区，说明西部地区基本生存质量差。2010年居民基本生存质

量指数前十名的依次是上海、浙江、北京、天津、江苏、山东、福建、广东、河北和湖北，后十名分别为黑龙江、安徽、宁夏、陕西、青海、云南、内蒙古、贵州、甘肃、西藏。

从地区横向比较来看，2006～2010 年全国 31 省（区、市）基本生存质量指数的分布不均匀。以 2010 年数据为例，各省市居民基本生存质量指数最高为上海 0.0799，最低为西藏 0.016，说明各省市总体上存在较大差距。

纵向分析来看，2006～2010 年全国 31 省（区、市）健康质量指数整体排名较稳定，但有个别省份波动较大，如吉林省和新疆维吾尔自治区近几年来排名上升较快，新疆维吾尔自治区由 2006 年的 24 位变为 2010 年的 20 位，上升了 4 位；吉林省由 2006 年的 19 位变为 2010 年的 15 位，上升了 4 位。

2010 年新疆维吾尔自治区在全国排名第 20 位，位于西部地区第 3 位，并且在 2006～2010 年度上升幅度较大，有关居民基本生存质量的 6 个指标均有变化，其中农村自来水普及率为 78%、城市燃气普及率为 96%，均高于全国平均水平。新疆位于我国西北地区，是典型的内陆干旱地区，自然条件恶劣，缺水问题严峻，当地的居民由于喝不到安全的饮用水导致传染病和地方病，严重影响人们的身体健康和基本生存质量。2005 年新疆水利规划总站结合新疆自然资源情况，制订了《新疆“十一五”农村饮水安全工程规划》，要求本着“先急后缓、先重后轻”的原则，将全疆分为三大区六大片，共建立集中式供水工程 1171 处，分散式供水工程 1711 处，规划总投资 16.09 亿元，并且将农村饮水工作的重点由基本解决农村饮水困难向解决农村饮水安全转变。截至 2010 年，新疆地区 1115.71 万农村人口中，已经有 604 万人实现饮水安全。这些举措在保障当地居民基本生存质量方面发挥了重要的作用。

（三）2006～2010 年我国居民的健康与基本生存福祉

1. 2006～2010 年我国居民健康与基本生存福祉省际分析

由健康与基本生存福祉综合评价函数，得到各省最终的健康与基本生存福祉综合得分以及排序，结果如表 8 所示。

表8　2006～2010年各省（区、市）健康与基本生存福祉综合评价

	2006年	排序	2007年	排序	2008年	排序	2009年	排序	2010年	排序
北　京	0.2621	1	0.2662	1	0.2669	1	0.2664	1	0.2690	1
天　津	0.2153	3	0.2148	3	0.2085	3	0.2066	3	0.2164	3
河　北	0.1337	13	0.1380	12	0.1414	12	0.1422	12	0.1474	11
山　西	0.1363	11	0.1327	15	0.1380	14	0.1435	11	0.1451	14
内蒙古	0.1090	21	0.1094	22	0.1130	23	0.1228	19	0.1203	24
辽　宁	0.1511	8	0.1521	9	0.1546	8	0.1543	8	0.1576	9
吉　林	0.1524	7	0.1530	8	0.1483	9	0.1391	14	0.1472	12
黑龙江	0.1194	18	0.1206	18	0.1232	17	0.1235	18	0.1297	18
上　海	0.2556	2	0.2609	2	0.2595	2	0.2570	2	0.2552	2
江　苏	0.1689	5	0.1811	5	0.1831	5	0.1849	5	0.1902	5
浙　江	0.1854	4	0.1935	4	0.1939	4	0.1956	4	0.2151	4
安　徽	0.1052	22	0.1001	26	0.1142	21	0.1148	23	0.1223	22
福　建	0.1343	12	0.1423	11	0.1472	10	0.1538	9	0.1610	8
江　西	0.1142	20	0.1231	17	0.1320	16	0.1176	22	0.1290	19
山　东	0.1600	6	0.1662	7	0.1721	6	0.1730	7	0.1782	6
河　南	0.1206	17	0.1241	16	0.1232	17	0.1309	16	0.1282	20
湖　北	0.1421	10	0.1483	10	0.1434	11	0.1441	10	0.1492	10
湖　南	0.1274	14	0.1353	13	0.1390	13	0.1396	13	0.1453	13
广　东	0.1464	9	0.1670	6	0.1719	7	0.1740	6	0.1769	7
广　西	0.1251	16	0.1142	20	0.1200	19	0.1278	17	0.1379	15
海　南	0.1149	19	0.1156	19	0.1157	20	0.1180	21	0.1251	21
重　庆	0.1270	15	0.1348	14	0.1357	15	0.1366	15	0.1375	16
四　川	0.0996	23	0.1118	21	0.1136	22	0.1135	24	0.1358	17
贵　州	0.0527	30	0.0552	30	0.0518	30	0.0536	30	0.0929	29
云　南	0.0689	29	0.0752	29	0.0779	29	0.0779	29	0.0834	30
西　藏	0.0205	31	0.0210	31	0.0255	31	0.0252	31	0.0360	31
陕　西	0.0912	26	0.1015	25	0.1038	25	0.1183	20	0.1214	23
甘　肃	0.0772	28	0.0817	28	0.0875	28	0.0927	28	0.1044	27
青　海	0.0811	27	0.0845	27	0.0961	26	0.0946	27	0.1004	28
宁　夏	0.0988	24	0.1026	24	0.1128	24	0.1095	25	0.1175	25
新　疆	0.0931	25	0.1028	23	0.0912	27	0.0951	26	0.1138	26

从地区横向比较来看，2006～2010年全国31省（市、区）的居民健康和基本生存质量指数的分布比较均匀。以2010年的数据为例，居民健康和基本

生存质量指数在0.2以上的省市有4个，即北京、上海、天津、浙江，居民健康与基本生存福祉指数在0.1以下的有3个，即贵州、云南和西藏，其余25个省市得分均分布在0.1~0.2。

按照健康与基本生存福祉指数高低排序，排名前5的省份大多来自东部地区，而排名后5位的都是西部地区的省份。这说明我国居民健康与基本生存福祉总体看存在明显的地区差异。2006~2010年排名第一的北京市的居民健康与基本生存福祉指数均超过了0.26，而其他30个省（市、区）2010年的居民健康与基本生存福祉指数均达不到2006年北京市的水平，排名最后一位的西藏自治区居民健康与基本生存福祉指数仅为0.036。

纵向分析来看，2006~2010年全国31个省份健康与基本生存福祉指数整体排名较稳定，但有个别省份波动较大，如四川省近几年来排名上升较快，由2006年的23位变为2010年的17位，上升了6位。

四川省位于我国西部，是西南、西北和中部地区的重要结合部，是我国的资源大省、经济大省，也是我国西部的第一人口大省。2006~2010年，四川省的总体排名由23位跃至17位，健康指标排名与基本生存质量排名分别上升了12位与1位，由此看出，近几年来由于国家对西部省份的大力扶持以及四川省政府实施的各项措施，使得四川省居民的健康与基本生存福祉有了明显的提高。从相关资料分析，四川省紧紧抓住西部大开发的历史机遇，大力推进卫生医疗事业发展，取得了明显的效果。2008年汶川大地震对当地居民的健康与基本生存条件带来了巨大的破坏。震后，中央政府接连下发了《关于做好四川地震灾区部分伤员转出和接收工作的紧急通知》《汶川地震现场检伤方法和分类标准》《汶川地震抗震救灾现场医疗点参考配置》《国务院办公厅关于进一步做好地震灾区医疗卫生工作的意见》等文件，有关部门从中国疾病预防控制中心及各省抽调人员组织救援队深入灾区进行救援工作。在灾后恢复阶段，积极进行恢复重建和对口支援工作，根据国务院发布的《汶川地震后重建总体规划要求》，截至2010年，“三年任务两年完成”的重建目标基本实现，纳入国家灾后恢复重建总体规划的29692个项目已完工92.4%，完成投资7871亿元，占总投资8658亿元的91%；未纳入国家灾后恢复重建总体规划属于省定灾区县需恢复重建的13647个项目，已完工81.6%，完成投资1052

亿元①。同时公共卫生服务实现了全面覆盖，免疫规划疫苗接种率达到98%以上，法定传染病发病率下降30%。从2008年开始，四川省启动实施“十项民生工程”，截至2010年共投资2083亿元，实现城镇居民医保覆盖965万人，新型农村社会养老保险试点参保人数超过625.9万人，新型农村合作医疗参合农民6285.1万人，参合率95%。新改建农村公路2万公里，建设农村电网1.7万公里，新建沼气池48万口，解决447万人的饮水安全问题。新增解决低收入家庭住房困难房源13.55万套，实施廉租住房租赁补贴户数达到23万户，棚户区改造12.2万户②。四川省还在藏区实施三大民生工程（包括牧民帐篷新生活计划、“9+3”免费教育计划、卫生事业发展计划），改善人民生活条件和居住环境等。四川省的灾区重建措施具有重要的借鉴作用，这些政策和相关措施的实施，保证了四川省在遭受重大灾害后能够快速地恢复过来。

2. 2006～2010年我国居民健康与基本生存福祉地区分析

表9是2006～2010年各类不同地区的健康与基本生存福祉状况，图4更为直观地展现了其走势。

表9　2006～2010年不同地区健康与基本生存福祉综合评价

	2006年	2007年	2008年	2009年	2010年
东部地区	0.1777	0.1846	0.1860	0.1872	0.1935
东北地区	0.1410	0.1419	0.1420	0.1340	0.1448
中部地区	0.1243	0.1273	0.1316	0.1318	0.1365
西部地区	0.0870	0.0912	0.0941	0.0973	0.1084

由表9可以看出，不同地区间居民健康与基本生存福祉存在明显的差距。东部、东北地区的健康与基本生存福祉指数集中在0.13～0.27，而中西部地区的健康与基本生存福祉指数在0.08～0.13，东部地区与西部地区之间差距

① 《关于“5·12”汶川特大地震灾后恢复重建情况的通报》，http://www.sc.xinhuanet.com/content/2011-10/14/content_23893332.htm。

② 《关于四川省2010年国民经济和社会发展计划执行情况及2011年计划草案的报告》，http://news.china.com.cn/rollnews/2011-01/30/content_6274336.htm。

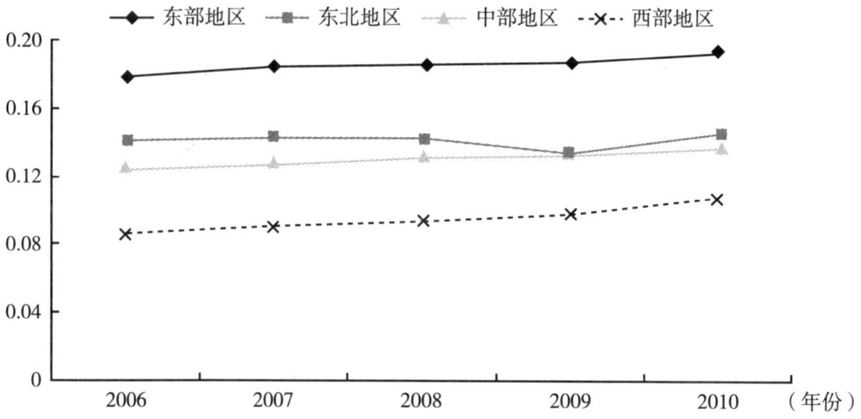

图 4　2006～2010 年各地区健康与基本生存福祉趋势

巨大。以 2010 年为例，全国 31 个省份健康与基本生存福祉指数最高的是北京，达 0.269，最低的是西藏，为 0.036，极差为 0.233。按健康与基本生存福祉高低排序，排在前十位的是：北京、上海、天津、浙江、江苏、山东、广东、福建、辽宁、湖北，除辽宁、湖北外，其余 8 个均为东部地区，说明东部地区健康与基本生存福祉高，排在末十位的是：安徽、陕西、内蒙古、宁夏、新疆、甘肃、青海、贵州、云南、西藏，除安徽外，其余 9 个均为西部地区。这表明西部地区健康与基本生存福祉普遍较差。

2006～2010 年间我国各省（区、市）的居民健康与基本生存福祉指数总体呈增长趋势。特别是新疆、甘肃和青海三省区突破了 0.1，浙江省突破 0.2。西部地区增长速度较快，东部、中部地区次之，东北部地区几乎没有增长，地区间的差异有一定程度的缩小。五年间西部地区增长了 2%，东部地区增长了 1.6%，中部地区增长了 1.2%，而东北地区仅仅增长了 0.3%。

从各区域居民健康与基本生存福祉指数来看，呈现出东部、东北、中部、西部依次递减的规律。东部地区的得分明显高于其他地区。其次是东北地区和中部地区，这两个地区的居民健康与基本生存福祉虽然落后于东部地区，但与西部地区相比领先的优势也比较明显，而且在所有四个区域中，只有这两个地区差距比较小。从地域上看，健康与基本生存福祉指数与我国的经济发达程度呈现出较高的相关性，这种差距主要是由区域发展的不均衡造成的。

综上所述，“十一五”的五年间，尽管面临许多重大的挑战，但中央和地方政府还是通过推出各项政策和采取各种措施改善了卫生医疗、基础设施、交通出行和住房保障等方面的条件。卫生医疗方面主要实行新医改、新型农村合作医疗和城镇居民医疗保险制度；基础设施方面投入大量资金建设疾病控制中心、进行改水改厕项目；交通出行方面主要通过发布道路交通安全法则以及加强对酒驾的惩罚力度来降低车祸率；住房保障方面大力发展经济适用房、廉租房和公共租赁房保障制度，实现中低收入阶层的基本居住权。诸多政策和措施对于增进我国居民健康与基本生存福祉具有十分积极的作用。但是由于历史和现实原因，我国居民与基本生存福祉还存在一些突出的问题。

（四）我国居民健康与基本生存福祉存在的主要问题

1. 健康与基本生存福祉提升相对缓慢，健康质量与基本生存质量发展不平衡

“十一五”期间，我国健康与基本生存福祉有了一定程度的提高，但相对于其他客观生活质量指标，健康与基本生存福祉的提升速度较为缓慢，反映出我国在该领域发展的滞后。我国居民健康与基本生存福祉的滞后集中体现在以下两个方面。第一，我国医疗人员区域分配不合理，医疗人力资源浪费现象严重，农村地区医务人员缺口较大。截至2010年，我国千人拥有医生数接近2人，已经高于美国社会学家英克尔斯所提出的社会现代化标准中的1.25人。我国在该指标上与美国（2.4人）的差距也相对较小，这得益于新中国成立以来我国发展医疗事业所做的努力。然而一个不容忽略的事实是：中国各级医学院每年招录的60万学生中最终只有约10万人能够成为医生，这造成大量的人才浪费。与此同时，在中国广大的农村地区医生匮乏，大量的医疗卫生人力资源无法进入农村地区，解决农村医务人员奇缺问题[①]。按照理想比例，中国至少应配备60万名全科医生，但目前只有7.8万名，且素质不容乐观[②]。第二，我国医疗基础设施发展仍旧滞后，集中反映为县医院、农村地区卫生室发展缓慢，医疗技术条件较差。农村地区基础设施薄弱，设备缺失，乡镇卫生院

① 张玲：《农村医疗卫生人才流失问题探讨》，《安徽农学通报》2011年第17期，第17～18页。

② 资料来源：《中国青年报》，转引自 http://hebei.sina.com.cn/health/hangye/2012-08-13/33005.html。

25%未配备“新五件”，87%未配备“新六件”，难以基本满足农村基本医疗服务的要求。另一方面，农村医疗卫生服务水平偏低，管理不尽如人意，出现了城市大医院人满为患，基层医疗机构门庭冷落的局面①。提升我国基层医疗卫生条件、改善基层医疗服务水平，促进医疗资源合理分配与利用，为广大居民提供更加便利、廉价和高水平的医疗卫生服务，成为我国政府需要解决的突出问题。

通过对表4、表6和图4综合分析不难发现，我国居民健康质量的地区差距在不断缩小，而基本生存质量的地区差距却有拉大的趋势。基本生存质量通过农村自来水普及率、人均住房使用面积、城市燃气普及率、农村卫生厕所普及率、千人民用载客汽车拥有量和万人车祸死亡率来反映。以2010年为例，农村自来水普及率和改厕率达到90%的均为东部省（区、市），而中西部部分地区未达到50%；东部地区万车车祸死亡率均控制在0.15%以下，而西部地区最高则达到0.25%以上。因此，相对于健康质量，我国居民在基本生存质量方面的地区差异更加明显，并且有不断拉大的趋势。这对于实现我国地区层面上的公共服务均等化极为不利。因此，如何提高中西部落后地区基本公共服务设施，保障居民基本生存需要，成为摆在各级决策者面前的一道难题。

2. 东西部地区居民健康发展水平不均衡，平均预期寿命差距明显

2010年上海市平均预期寿命突破82岁，超过80岁的省份有上海市、北京市和天津市，均为东部地区，已经超过发达国家水平；而平均预期寿命最低的为云南省，仅为68岁，平均预期寿命不到70岁的省份还包括西藏和云南，均为西部地区；上海市与云南省人均预期寿命相差14岁。在2012年中国卫生论坛上，卫生部发布的《“健康中国2020”战略研究报告》显示，东西部省份人均预期寿命相差多达15岁。

人均预期寿命主要受到生物学和社会经济因素的影响。从社会经济因素来分析，主要由生活水平、人口受教育水平和医疗卫生服务水平等因素影响。医疗卫生服务水平又包含医疗卫生技术水平和医疗保障水平两方面。城乡之间、地区之间卫生人力资源配置存在很严重的不公平，以每千人拥有的卫生技术人

① 廖思红：《加强农村医疗卫生服务体系建设刻不容缓》，《政策瞭望》2011年第3期。

员为例，城市明显高于农村地区，东部发达地区明显高于西部落后地区。以2010年为例，东部地区千人拥有医生数为2.13，其中城市为3.29，农村为1.48；中部地区千人拥有医生数为1.63，城市为2.82，农村为1.24；西部地区千人拥有医生数为1.56，城市为2.56，农村为1.22。只有东部地区的指标达到了全国平均水平，中西部均低于全国平均水平，且农村地区的卫生服务技术人员数量明显低于城市地区，医疗资源分布不均显而易见。

西部农村地区基层医疗机构普遍存在可及性不高、医疗卫生设施较为简陋、药品后备不足、群众对服务的满意度较低等问题，无法满足群众基本健康需求[①]。因此如何促进医疗资源特别是医疗人力资源向西部偏远地区和农村地区流动，是我国政府需要思考和解决的问题。

3. 保障性住房发展迟缓，民众基本居住需求难以得到满足

从图3可以看出，相对于其他指标，人均住房面积几乎没有实现增长。如上所述，相对于其他客观福祉指标，我国居民健康与基本生存福祉的发展严重滞后，然而在这个指标内部，人均住房面积这个指标尤为落后。住房问题是一个重要的民生问题，保障性住房是为了解决城镇低收入家庭住房需求，由政府主导建设分配租售的住房项目，主要由廉租房、经济适用房、限价商品住房和公共租赁房等构成。我国在探索解决城镇中低收入人群住房问题过程中，逐步形成了适合中国国情、具有中国特色的住房保障政策体系。但是在保障性住房实施过程中仍然存在很多问题，我国居民的住房形式仍然严峻。

第一个主要问题是城乡、区域之间人均住房面积差距扩大，住房保障对象不明确。根据《中国民生发展报告2010》数据显示，2010年全国人均住房面积为36平方米，与其他国家相比，中国人均住房面积也达到了中高发达国家水平。但是不能忽视的是，中国住房的城乡、地区差距十分突出。截至2011年，全国城镇住房总面积为155亿平方米，人均住房面积为23.29平方米；农村住房总面积为327.3亿平方米，人均住房面积为48.56平方米，农村人均住房面积为城镇人均住房面积的两倍。在地区差异方面，以2010年为例，人均住房面积最大的省份为浙江省，人均住房面积达到38.77平方米，而最小的省

① 崔红志：《我国中西部地区农村医疗卫生现状与问题》，《调研世界》2012年第6期。

份为西藏自治区，仅为12.66平方米，二者相差超过26平方米。超过平均水平的省份有16个，排名前5的分别为浙江、湖南、福建、江西和江苏，而北京的人均住房面积未达到全国平均水平。东、西部地区的经济发展水平不同，导致了居民收入水平存在差异。而我国现有的住房保障制度对于保障对象没有进行区分，忽视了中等收入、中低收入和低收入的划分标准在经济发达的东部沿海地区、经济欠发达的中部和经济不发达的西部地区不一致的事实。

第二个问题是保障性住房资金占住宅投资比重明显下降，销售量占普通住宅的比重下降。自2007年国务院出台《国务院关于解决城市低收入家庭住房困难的若干意见》以来，经济适用房的投资额不断增长，年增长率保持在15%以上，但是投资额占住宅投资总额的比重则逐年下降，2009年仅为4.4%。根据中国指数研究院发布的《2009年中国土地出让金年终大盘点》数据，2009年中国保障房投资总额仅占土地出让金额的5.59%。而且保障房的投入不能实现盈利，导致地方政府投入资金的积极性不高，实际资金投入较少或不能足额到位。比较2000年和2009年：2000年我国经济适用房销售面积占普通住宅销售面积的23%，到了2009年，我国经济适用房销售面积占普通销售面积的4%，下降了19个百分点。

4. 公共交通条件有待改善， 交通安全状况仍然十分突出

“十一五”以来，我国交通事故率稳步下降，交通运输行业安全性显著增强。2009年我国共发生公路运输事故238351起，死亡人数67759人，受伤人数275125人①，和“十五”期末（2005年）相比，万车车祸死亡率由24.1下降为10.8，净减少13.3，从数字上来看是相对平稳的。但是公路交通领域交通事故致死、致伤量占全社会交通伤亡比重逐年提高，2008年公路交通事故死亡73484人，占全社会交通事故死亡总量的96.36%。2010年我国高速公路里程年均增长率达33.2%，死亡人数年均增长率达19.9%，受伤人数年均增长率达到10.9%，死伤人数十年内分别增加了2.8倍与2.0倍。交通事故每死亡11人，就有1人死于高速公路，伤亡人数占公路交通事故比例逐年提高，

① 《公安部交管局发布2009全国道路交通事故情况》，http：//www.gov.cn/gzdt/2010－01/09/content_ 1506597.htm。

高速公路致死率与死伤比要比国道分别高出15.4%和22.2%。截至2010年底，我国道路交通死亡人数仅次于印度，位居世界第二①。万车车祸死亡率体现的是交通事故死亡人数和机动车拥有量之比。以2010年为例，万车车祸死亡率最高的是西藏自治区，达到24.61，但是西藏的交通事故死亡人数全国最低；广东省的交通事故死亡人数最高，其次为江苏、浙江、山东，均为东部省份，说明东部地区交通事故发生率仍然很高。公共交通出行条件是居民基本生活工作的保障性因素，同时还直接影响到经济社会发展、休闲旅游等其他方面，因此，必须引起高度关注并加强投入与管理。

三　增进居民健康与基本生存福祉的政策建议

本研究所构建的健康与基本生存福祉评价体系，体现的是最基础的民生保障内容，与居民的日常生活息息相关，是从事其他经济、政治、文化和社会活动的前提，是人的生存与发展的基础。从2006～2010年五年的评价结果，我们可以发现，我国居民健康与生存福祉有了显著的提升，其中重要的推动因素就是中央和地方政府在保障居民健康与基本生存方面的政策投入。当然，我们也应看到，在居民健康与基本生存福祉方面，还存在着城乡及地区健康水平间的较大差异、基本医疗和住房需要未能得到较好的满足、交通出行条件亟待改善等突出问题。从宏观政策层面看，不断增进我国居民的健康与基本生存福祉，应当特别注意以下几个方面。

（一）完善发展成果考核评价体系，更加重视居民健康与基本生存福祉

完善政府发展成果考核评价体系是《中共中央关于全面深化改革若干重大问题的决定》（以下简称《决定》）提出的加快转变政府职能，健全宏观调控体系的重要内容。单纯以经济增长速度评定政绩的做法必须扭转，应考虑更

---

① 《我国高速公路交通事故逐年上升居世界第二》，转引自 http://auto.qq.com/a/20110720/000106.htm。

加全面、丰富和多元化的考核体系。由于其基础性，体现健康与基本生存福祉方面的指标，不能像经济类指标那样在短期内取得明显的提升，但这是民众生存的基础性保障，必须在政府绩效评价中加以强化，发挥好政府绩效评价的导向作用。

第一，要更加重视发展与居民衣食住行密切相关的产业，如健康保障、福利住房、公共交通等，另一方面则要推进公共服务的均等化水平，也就是将“蛋糕”做大的同时还要重视公平分配。有关基本公共资源与服务的分配问题我们将在下文继续展开讨论。

第二，在转变政府施政导向、完善政绩考核过程中，需要注意适当引入第三方评价、居民评价等多元化的评价方式，同时加强基本社会统计数据的科学收集，提升政绩考核中使用的统计数据的真实客观性水平、提高数据利用效率，从而更加有利于公共政策向居民基本生存福利上倾斜。总之，要着力构建包括基本健康与生存福祉在内的科学政绩考核体系，并将其作为评价发展成果的重要内容。

（二）转变政府职能，加强基本公共服务投入与监管

十八届三中全会《决定》中有关全面正确履行政府职能的内容，要求政府“加强各类公共服务提供”“加强地方政府公共服务、市场监管、社会管理、环境保护等职责”，同时“推广政府购买服务，凡属事务性管理服务，原则上要引入竞争机制，通过合同、委托等方式向社会购买”。这些纲领性的内容对政府做好基本公共服务的职责范围和形式做了明确的表述，为我们研究提出提升我国居民健康与基本生存福祉的政策建议指明了方向。

1. 完善公共财政体系，加大基本公共服务的投入

我国政府的财政支出中用于社会福利支出的比重占较低的比例，城乡之间政府投入的比重差距明显，中西部地区由于财力不足，导致居民难以享受相应的基本公共服务。所以促进居民均等化的首要措施是财政上给予保障。建议从以下三个方面着手：第一，加快建立多元化投资体系，坚持“多予、少取、放活”的方针，加大国家用于中西部地区公共基础设施建设的资金投入。实行多种融资方式，政府积极引导社会资金的流入，形成政府出资为主、市场化

投资为补充的新体制。第二，在公共财政支出方面，扩大财政预算的覆盖范围，将地方政府的公共资源收入纳入预算管理，重点用于公共服务的供给。将公共服务投入资金与同 GDP 和财政收入增幅按一定比例挂钩，以财政收入的年度增幅为比率，形成稳定的物质保障机制。第三，根据《决定》要求，即“完善一般性转移支付增长机制”“重点增加对革命老区、民族地区、边疆地区、贫困地区的转移支付”，从而促进公共服务，尤其是医疗卫生、保障性住房、公共交通等基本公共产品和服务的均等化。

2. 明确食品药品安全监管，保障居民基本健康权利

食品安全和营养改善是全面建设小康社会的重要民生工程，全面建设小康生活的一个重要指标就是膳食营养水平的持续提升，同时，食品安全和营养改善是增强人民健康的重要物质保障。随着国家经济的不断发展，我国居民的温饱问题基本解决，但是营养过剩引发的慢性疾病人数不断增多，而在农村贫困人群中，由于营养不足而导致的贫血发病率仍较高。所以，针对不同地区和群体，采取有效的改善营养结构的方式，对于提高我国居民平均预期寿命和健康水平起着重要的作用。

第一，明确责任，构建监管体系。针对当前突出的食品安全问题，应该从整个产业链的角度构建完善有力的监督体系，其中重点是进一步明确监管部门，改善多头管理、责任不清的现状。

第二，加强监管制度的科学构建。有关监管制度的构建，可以科学借鉴发达国家在食品安全领域比较成熟的制度。如建立问题食品召回制度，即在流通环节给每份食品建立档案，以杜绝责任不清的情况；再如惩罚力度的加大，韩国的《食品安全法》就规定销售劣质食品的人员会被判刑，并且 10 年内禁止在所管辖的领域从事经营活动①。当然，在制度的构建当中一定要坚持依法行政的原则，同时加强民主公开。

第三，充分发挥政策的导向性作用。如在居民营养改善方面，国家近几年已经颁布了一些措施：“十二五”规划将改善儿童营养与健康列入公共卫生重大专项；给贫困地区农村义务教育学生提供免费午餐；2010 年卫生部正式出

① 齐政：《韩国如何治理食品安全问题》，《工会博览》2012 年 7 月中旬刊。

台《营养改善工作管理办法》，明确规定卫生部应“根据公共卫生问题、人群营养状况和社会经济发展水平，制定营养标准和指南，并定期发布我国居民营养状况报告”。国家政策发挥导向性作用，引导居民通过营养改善和健康膳食形成健康的生活方式，能够有效提高我国居民的健康水平。

3. 深入改革住房保障制度，满足居民基本住房需求

我国住房保障制度在建立和改革过程中，构建了包括住房公积金制度、廉租住房制度、经济适用房制度、限价商品房制度的多层次住房保障体系。各级政府要在深化改革过程中对这些制度进一步加以完善，从而更好地满足居民基本住房需求。

第一，要充分发挥住房公积金制度在住房保障中的作用。逐步将进城务工常住人口纳入住房公积金制度中，将住房公积金发展为惠及全社会的政策性住房金融；用足、用好、用活住房公积金，充分发挥其在支持缴存人，尤其是低收入缴存人提高居住支付能力方面的重要作用，在制度设计中体现差别化、人性化。同时创新住房公积金的使用范围，重点加强其改善居住条件的功能。

第二，建立健全城市廉租房制度。确保廉租住房资金来源，通过多元化方式加大资金筹集力度，包括增加年度财政预算、廉租住房租金收入、土地出让净收益以及社会捐赠等；完善保障方式，实行货币补贴和实物配租相结合的方式，增强低收入住房困难家庭承租住房的能力；多渠道增加廉租住房来源，包括政府新建和收购的住房、腾退的公有住房、社会捐赠住房等①。

第三，改进和规范经济适用房制度。首先是要明确经济适用房（以下简称经适房）的定位和发展方向，即经适房应由具有保障性质的政策性商品住房逐步过渡到保障性住房，有一定支付能力的低收入家庭可以购买，应严格控制建设标准，并完善共有产权制度和购房人退出机制；其次是明确低收入家庭的划分标准，防止出现“享受不到廉租住房也买不起经适房”和“不符合经适房供应对象条件也买（租）不起普通商品房”的“断层”现象。总之应做到，对于有一定经济能力的中低收入家庭提供社会保障性商品房，向最低生活保障线上而又无经济能力购房的低收入家庭提供租赁房，向最低生活保障线以

① 肖晋：《我国加快发展廉租住房的政策导向和发展对策》，《城市开关》2008 年 1 月。

下的住房困难户提供廉租房；再次，严格贯彻落实现行的经适房管理制度，加强供应对象资格审查、完善举报制度、规范分配管理、增加透明度；最后，还要建立并完善经适房退出机制，一方面严格执行经适房上市交易的规定，积极引导购房人在有支付能力的前提下补齐费用，获得完全产权，另一方面则要在持有人购买了普通商品房后，及时回购住房，使其再次进入经适房分配认购中，提高资源使用率。

第四，优先保证中小户型限价商品住房的供应。这一点可借鉴法国的保障性住房政策的法律。法国政府明确规定，任何开发商在开发住宅项目时，其中必须有20%的面积用于保障性住房建设。在我国的限价商品房开发中，要根据地价、成本、利润等各种因素，科学测算控制性售价，并采取公开竞价的方式确定开发建设单位，保证品质良好的中小户型限价商品房的供应。另外，对于有条件的单位，还可通过政府合法限价、单位合法自建住房供应本单位员工等方式缓解住房需求。

4. 大力发展公共交通，改善居民交通出行便利程度

交通出行是居民扩展自身生活范围的基本保障，不仅是生存需要，而且还是发展性需要得以满足的重要条件。实施我国道路交通安全战略，需要自上而下地在体制、机制和政策层面上实施一系列重要的改革，提高管理效能，培养良好的社会意识，增强政策的针对性与有效性，鼓励安全技术的研究开发与推广应用。

首先，建立高速公路智能交通系统和高速公路信息管理系统。近年来，各发达国家都在发展本国的智能交通系统（ITS），智能车辆的主要功能包括自主导航和安全保障两方面①。通过大力推进国家ITS的建设，利用现代信息和通信技术手段，可实现交通管理的智能化、信息化和实时化。法国应对交通安全的对策主要有：高速公路增设电子警察拍下超速驾驶的车辆，再检索车牌号对车主实行罚款；加大对违章超速行驶车辆的惩罚力度，从扣分罚款、吊销驾驶证，直到没收车辆、对违章者实施监禁。我国可借鉴法国经验，完

---

① 王荣本：《世界智能车辆行驶安全保障技术的研究进展》，《公路交通科技》2002年第2期，第80～83页。

善道路监控系统功能，积极推广电子警察系统，通过实施电子抓拍和电视监控等科技手段，严格交通执法。

其次，完善高速公路紧急救援系统，减轻交通事故的人员伤害。紧急救助系统的完善，有助于降低事故致死率，防止交通事故发生后更多人员的伤亡。可通过以下几方面进行完善：第一，完善道路交通事故发生后的施救体系，建立交通事故快速反应系统、紧急救援与急救预案系统、紧急救援与急救“绿色通道”；推进交通事故救援的专业化，提高及时抢救伤员和快速处置事故现场的能力，逐步形成覆盖全国的道路交通事故紧急救援网络。第二，加大急救系统建设的投入力度，增加急救车辆和急救设施的财政投入，增加急救医护人员的建制和预算；建立“交通事故紧急救助基金”，制定实施细则；加强急救组织建设，增强交通事故应急服务能力；制定支持政策，调动社会力量参与交通事故急救体系建设的积极性。

对于中西部地区、农村地区公路建设，则应通过政策倾斜和基础设施投入来逐步改善。如适度提高对这些地区建制村公路建设的中央补助标准、加大对农村客运站点的投入、促进客运网络和城市公交网络的合理衔接等，提高居民出行便利度。

（三）以健全城乡发展一体化体制机制为契机，推进基本公共资源与服务的均等化配置

“健全城乡发展一体化体制机制”是十八届三中全会《决定》16 个方面内容之一，是构建新型工农城乡关系，让广大农民共享改革发展成果的努力方向。针对当前我国居民健康与基本生存福祉差距显著的现状，加快推进城乡及东西部地区间基本公共资源的均等化配置。以基本医疗卫生服务为例，就是要以制度构建与政策引导、设施改善与人才建设为重点（有关社会医疗保险制度以及筹资等相关内容还将在社会福祉中做进一步的阐述），进一步建立农村以及西部地区医疗卫生服务体系，提升这些地区居民的健康质量。

1. 加强制度设计与政策引导

在农村基本医疗服务领域的制度建设与政策引导中，最关键的几个方面

有基本医疗支付制度、基本药物制度以及新农合信息系统建设与管理服务改善等。

第一，加快推进支付制度改革，控制医药费用不合理增长，保证农村居民“看得起病”。一方面，积极推行门诊总额付费制度、推进按病种付费方式，同时提高以上制度的覆盖范围，增强农村居民的医疗保障力度。另一方面，各医疗机构也要配合支付方式改革，完善各项内部管理制度，建立自我约束机制，使各项资金真正落实到群众身上。

第二，实施好国家基本药物制度，促进农村基层医疗卫生机构运行机制改革。是要完善新农合制度，使其在农村居民医药费用支付中发挥真正的主导作用，从而促进国家基本药物制度的实施并完善基层医疗机构补偿机制。按照《国务院办公厅关于建立健全基层医疗卫生机构补偿机制的意见》（国办发〔2010〕62号）的要求，在已实施基本药物零差率销售及开展新农合门诊统筹的地区，将乡、村医疗卫生机构现有的挂号费、诊查费、注射费（含静脉输液费，不含药品费）以及药事服务成本合并为一般诊疗费，不再单设药事服务费。根据文件要求，各地应将国家基本药物全部纳入新农合报销药物目录，报销比例明显高于非基本药物，更有效地引导基层使用基本药物，进一步消除农村居民“看病贵”“看不起病”的后顾之忧。

第三，加快新农合信息系统建设，提升管理水平与服务质量。此项内容与社会福祉的内容密切相关，这里不具体展开。

2. 加大公共基础设施投入与防范机制建设

基础设施的建设是居民获取基本公共服务的基础，对于农村地区、中西部偏远地区的居民更是至关重要。在提升这类地区居民健康质量的过程中，除了加强基层医疗服务设施的建设，还需要在饮用水安全、疾病防控等领域重点投入。

国家“十二五”规划中提出了争取到2015年基本实现农村人口安全饮水目标，而目前我国饮水不达标的人口主要分布在中西部地区，因此加快农村饮水安全工程建设已经刻不容缓。因地制宜，加大水源地建设投入，同时提高水质净化和水循环技术的研究与应用投入，保证水源安全。

在健康与基本生存福祉地区发展不平衡中一个值得注意的问题是，2006～2010年期间东北地区居民健康水平不升反降，基本生存质量则几乎零增长，特别是人均预期寿命的降低、围产儿死亡率的居高不下。东北地区由于气候寒冷，居民的健康质量与疾病预防有着密切的关系，2009 年的甲型 H1N1 流感重症和死亡病例主要分布在东北地区和西北地区，所以加强东北地区的疾病预防能力尤为重要。这需要国家继续坚持振兴东北老工业基地的政策方向，加大对东北地区的财政投入，支持东北地区的疾病预防控制项目和营养改善项目，提高居民健康水平。

3. 着重做好医疗人力资源的引进与建设

东西部地区之间、城乡之间医疗卫生服务公平性以及可及性存在较大差距，主要体现在卫生技术人员质和量上的巨大差距。近几年来国家和卫生部发布了相关政策加强对西部和农村地区卫生技术人员的输送以及本土医疗卫生人员的培训，但是人才匮乏仍然是许多西部和农村卫生机构普遍存在的问题，这些地区的卫生院中本科生的比例极小，高校医学院毕业生不愿意到边远的地区工作，医疗卫生技术人员普遍存在老龄化，专业水平低的状况。这些因素成为阻碍农村新型合作医疗制度长期安全运行的重要隐患，也影响了西部和农村地区的医疗保障状况，所以建立稳定、持久的农村和西部人才建设的长效机制，是维护新型合作医疗制度长期安全运行的重要任务。

着重做好中西部、农村基层地区医疗人才队伍的引进与建设工作，是未来很长时间内各级政府需要考虑的问题。第一，努力吸引人才。注意使用经济手段，在工资待遇、住房、职称晋升等方面建立一些优惠政策，提高他们的福利待遇。借鉴公务员系统的选调经验，实行医疗卫生系统的选调，规定医学院毕业生必须有一到两年的基层卫生院工作经验，才准予到城市医院工作。第二，建立卫生人才培养机制，全力留住人才。可借鉴国家“免费教育师范生”的做法，教育行政部门和卫生部门在政府统一指导下从西部农村地区选拔优秀高中毕业生，进入医学类专业高校学习，这些学生学习期间费用可由政府和学生本人按一定比例共同承担，毕业后返回生源所在地的基层卫生院工作，实现本地化培养。第三，建立卫生人员培训机制，为人才更好地发展提供平台。根据地区卫生服务需要，加强现有卫生人员的培训，把卫生人员培训工作列入政府年度考核目标；对在岗卫生技术人员参加学历教育或若脱产培训期间，保留其工作岗位并享受原待遇。

附录

本部分主要指标解释

1. 千人拥有医生数即医生数/人口数×1000，人口数系公安部门户籍人口。医生数指执业医师和执业助理医师数量。

2. 5岁以下儿童平均死亡率指每千名活产婴儿从出生到满5岁时的死亡概率。

3. 围产儿死亡率指孕满28周或出生体重≥1000克的胎儿（含死胎、死产）至产后7天内新生儿死亡数与活产数（孕产妇）之比。

4. 平均预期寿命指一个人口群体从出生起平均能存活的年龄（岁）。

5. 农村自来水普及率指农村中以自来水厂或手压井形式取得饮用水的人口占农村总人口的百分比。

6. 人均住房使用面积根据城镇人均住房使用面积和农村人均钢筋砖木结构住房面积的加权平均计算而得。城镇人均住房建筑面积，指城镇居民按人平均的现有住房的建筑面积。农村人均钢筋、砖木结构住房面积，指农村居民按人平均的钢筋混凝土结构和砖木结构住房的室内面积。

$$\text{人均住房使用面积} = \text{城镇人均使用面积} \times \text{城镇人口比重} + \text{农村钢筋砖木结构人均住房面积} \times (1 - \text{城镇人口比重})$$

7. 城市燃气普及率指统计期末使用燃气的城市人口数与城市人口总数的比率。

城市燃气普及率=城市用气人口数/城市人口总数×100%。

8. 农村卫生厕所普及率指符合农村户厕卫生标准的累计卫生厕所数占农村总户数的百分比。

9. 千人民用载客汽车拥有量指每千人口中拥有民用载客汽车（含私人汽车、城市公交汽车、出租汽车和公路客运汽车）的数量。

10. 万车车祸死亡率指一个地区平均每万辆机动车（不包括自行车折算）的年交通事故死亡人数。运用机动车拥有量及交通事故死亡人数进行计算。指标计算公式为：$RN = D/N \times 10^4$。式中 RN 表示万车死亡率，D 表示交通事故的死亡人数，N 表示机动车的拥有量。由于《中国统计年鉴》缺少机动车拥有量的数据，因而本报告用民用汽车拥有量来代替，这样不可避免会导致数值偏高。

（执笔人：褚雷　丁吟青）

中国经济福祉报告

自工业革命以来，人们将满足基本生活需求当作经济社会发展的主要目标，对纯经济财富增长的追求持续了两个多世纪；这一时期的研究者们普遍认为，对美好生活的追求就是对物质财富增长方面的追求。随着社会经济的发展，居民的基本生活需求得到满足之后，人们开始意识到经济增长本身不是目的，而是为创造更加美好的生活提供条件。价值观念的转变使得人们将目光转向如何提高生活质量和增进民生福祉，研究的视角也从物质领域转向环境、健康、公平等非物质领域，研究者也在不断地尝试采用更加科学、准确的方法来反映居民的生活质量。

居民经济福祉指标体系体现的是居民的经济生活质量。尽管经济生活质量不再占据着居民生活质量指标体系的大部分甚至全部内容，但是不可否认的是，它仍然是影响居民生活质量的一个非常重要的因素。尤其是对于那些生产力水平发展不高的国家和地区的居民而言，改善经济福祉是提高居民生活质量的必要条件和基础，因此评估居民的生活质量必须要考虑评价居民的经济生活质量。需要指出的是，对居民经济福祉的测量不能仅局限于传统的经济指标测量领域，西方国家的经验显示，单纯的经济增长并不必然带来预期的社会全面发展和人民生活质量的提高；相反，一些发达国家在经济增长达到一定程度后，民众生活质量却出现了下降的趋势。因此，研究者应当深入把握经济因素与生活质量之间的关系，对经济福祉加以科学的评价。

一　中国经济福祉指标体系的构建

（一）中国经济福祉指标体系的设计与指标筛选

国外关于居民经济生活质量的研究起步较早，发展也比较成熟，国外学者测量经济生活质量所使用的指标体系对我们具有很大的启发意义。20 世纪 50 年代，美国密歇根大学调查研究中心提出的“消费者信心指数”将宏观经济、收入、消费支出和就业状况等经济生活质量指标作为测量居民经济状况的重要维度①。20 世纪 90 年代，美国伊萨卡大学的经济学家卡卡普（Kacapyr）教授建立的“福祉指数”由消费者态度、收入与就业机会、社会和物质环境、休闲、生产力和技术 5 个领域的指标构成，这些指标都属于经济生活质量指标范畴。1998 年加拿大学者拉尔斯·奥斯伯格（Lars Osberg）和安德鲁·夏普（Andrew Sharpe）共同编制了一套“经济生活质量指数”的评价指标，其中，贫困与不公维度和经济不安全维度中涉及的经济指标包括贫困人口率、基尼系数、失业率等。与国外相比，国内关于居民经济生活质量的研究起步较晚，但发展非常迅速，学者们在研究中能够充分考虑我国的现实国情和社会发展阶段，对居民经济生活质量的测量也偏重于客观指标方面。赵彦云、李静萍在《中国生活质量评价、分析和预测》一文中认为全面生活质量应包括就业收入、收入分配、消费、城市化、贫困等众多经济领域的测量指标②。国家统计局统计科学研究所全面建设小康社会统计监测课题组发布的中国全面建设小康社会进程统计监测报告，将经济发展作为首选类指标列入，其中包括了人均 GDP、居民消费占 GDP 比重、基尼系数等 12 个三级经济指标③。

在综合国内外已有的经济生活质量指标评价体系的基础上，结合我国社会经济发展的实际情况，我们初步构建的中国经济福祉指标体系包括四个部分，分别为收入类指标、消费类指标、就业类指标和分配类指标，并按照指标选取的原则进行具体指标的筛选，经过课题组专家内部多轮研究讨论后初步遴选出 15 个经济福祉指标，如表 1 所示。

在初步设想的指标体系中，收入类指标包括人均 GDP、城镇居民人均可支配收入、农民人均纯收入和基尼系数四个指标。收入类指标主要是反映居民的收入水平和收入的公平性。消费类指标包括城乡居民人均生活消费支出、城乡居民

① Hagerty MR. , Cummins RA. , AL. Ferriss, etc. Quality of Life Indexes for National Policy: Review and Agenda for Research, *Social Indicators Research* , 2001, Vol. 55 (1), pp 1 – 96.

② 赵彦云、李静萍：《中国生活质量评价、分析和预测》，《管理世界》2000 第 3 期，第 18 页。

③ 李强等：《2007 年中国全面建设小康社会进程统计监测报告》，《统计研究》2009 第 1 期，第 33 页。

表 1　经济福祉评价体系第一轮评价指标

评价因素	评价指标编号*与名称	单位	数据来源
收入	b1 人均 GDP	元	《中国统计年鉴》
	b2 城镇居民人均可支配收入	元	《中国统计年鉴》
	b3 农民人均纯收入	元	《中国统计年鉴》
	b4 基尼系数	%	《中国统计年鉴》
消费	b5 城乡居民人均生活消费支出	元	《中国统计年鉴》
	b6 城乡居民家庭恩格尔系数	%	《中国统计年鉴》
	b7 居民消费价格指数	%	《中国统计年鉴》
	b8 家庭消费占 GDP 的比重	%	《中国统计年鉴》
就业	b9 城镇调查失业率	%	《中国统计年鉴》
	b10 劳动力参与率	%	《中国统计年鉴》
	b11 农村富余劳动力占农村劳动力比重	%	《中国统计年鉴》
分配	b12 城市化率	%	《中国统计年鉴》
	b13 第三产业增加值占 GDP 比重	%	《中国统计年鉴》
	b14 贫困人口比例	%	《中国统计年鉴》
	B15 工资收入占 GDP 比重	%	《中国统计年鉴》

* 为方便对初选指标的统计和筛选，将各初选指标以 b_i 形式进行编号。

家庭恩格尔系数、居民消费价格指数和家庭消费占 GDP 的比重 4 个指标，消费类指标主要是通过城乡居民的实际消费支出和城乡居民的恩格尔系数测量居民的消费档次和经济支出能力，同时又引入居民家庭消费占国内生产总值的比重来反映整个国家或地区的消费状况和经济发展水平。就业类指标包括城镇调查失业率、劳动力参与率和农村富余劳动力占农村劳动力比重 3 个指标。这三个指标分别从宏观就业形势、城镇失业状况和农村劳动力剩余三个角度全面测量整个国家的就业状况，进而反映居民的经济福祉。分配类指标有城市化率、第三产业增加值占 GDP 比重、工资收入占 GDP 比重和贫困人口比例 4 个指标。分配类指标有效弥补了前面的人均类指标所掩盖的社会分配不公等现象，可以更加全面地反映整个国家或地区经济福祉的真实状况。

为了验证初步设计的中国经济福祉指标体系 4 个维度 15 个指标的科学性、代表性和可操作性，我们对相关领域的专家和学者进行了调查，并进行了指标的相关性分析，以此来考察各个指标测量学特性。经过专家效度评价和相关分析的综合筛选，最终确定了一套由 3 个维度和 8 个指标构成的中国经济福祉指标体系（见表2）。在最终确定的经济福祉指标体系中，我们将原来的就业类指标和分配类指标合并成为劳动就业类指标，该指标包括城镇居民登记失业率、第三产业增加值占 GDP 比重、工资收入占 GDP 比例 3 个指标。

表 2　中国经济福祉指标体系

评价因素	评价指标编号与名称	单位	数据来源
收入	b1 居民人均收入	元	《中国统计年鉴》
	b2 基尼系数	%	《中国统计年鉴》
消费	b3 居民人均生活消费支出	元	《中国统计年鉴》
	b4 居民消费价格指数	%	《中国统计年鉴》
	b5 居民家庭恩格尔系数	%	《中国统计年鉴》
劳动就业	b6 城镇居民登记失业率	%	《中国统计年鉴》
	b7 第三产业增加值占 GDP 比重	%	《中国统计年鉴》
	b8 工资收入占 GDP 比例	%	《中国统计年鉴》

（二）指标权重的确定与综合评价指数的形成

本研究采用层次—主成分分析法来确定指标权重，得到经济福祉综合评价函数。在层次分析阶段，从专家库中抽取 25 名相关领域的专家进行问卷调查，实际回收 19 份进入数据分析，得到经济福祉各个评价指标的对应权重（见表3）。

表 3　经济福祉评价指标对应的权重

评价指标标号与名称	权重 W_i	评价指标标号与名称	权重 W_i
B1 居民人均收入	W_1 =0.2833	B5 城乡居民家庭恩格尔系数	W_5 =0.0731
B2 基尼系数	W_2 =0.1266	B6 城镇登记失业率	W_6 =0.1388
B3 城乡居民人均生活消费支出	W_3 =0.0727	B7 第三产业增加值占 GDP 比重	W_7 =0.0584
B4 居民消费价格指数	W_4 =0.0542	B8 工资收入占 GDP 比重	W_8 =0.1929

选取相关指标 2006～2010 年的公开统计数据，无量纲化处理后进行加权转换，采用探索性因素分析方法，按照特征值大于 0.5 以及累积贡献率大于 85% 的加权原则对经济福祉的三个部分收入状况、消费状况和劳动就业分别提

取主成分因子，经过整合之后，分别得到了收入状况、消费状况和劳动就业三个评价函数：

$$Y_1 = 0.6103W_1X_1 + 0.6103W_2X_2$$
$$Y_2 = 0.2211W_3X_3 + 0.5535W_4X_4 + 0.2905W_5X_5$$
$$Y_3 = 0.5037W_6X_6 + 0.3487W_7X_7 + 0.2774W_8X_8$$

将以上三个评价函数相加，便得到了最终的经济福祉综合评价指数：

$$Y = 0.6103W_1X_1 + 0.6103W_2X_2 + 0.2211W_3X_3 + 0.5535W_4X_4 + 0.2905W_5X_5 + 0.5037W_6X_6 + 0.3487W_7X_7 + 0.2774W_8X_8$$

二　2006～2010 年中国经济福祉分析

根据以上得出的中国经济福祉评价函数，结合 2006～2010 年官方统计数据，我们对有关省份经济福祉进行了具体的测试和分析。

（一）2006～2010 年中国经济福祉三类指标分析评价

1. 2006～2010 年我国居民收入状况综合评价

选取 2006～2010 年公开统计数据，应用收入状况评价函数，对我国 31 个省（区、市）居民收入状况进行综合评价，得到有关省份收入状况综合得分及排名结果（见表 4）。以下试对 2006～2010 年各地区居民收入状况综合评价结果加以分析。

表 4　2006～2010 年各省（区、市）居民收入状况综合评价

地　区	2006 年	排序	2007 年	排序	2008 年	排序	2009 年	排序	2010 年	排序
北　京	0.2364	2	0.2297	2	0.2296	2	0.2293	2	0.2274	2
天　津	0.1642	3	0.1684	3	0.1781	3	0.1815	3	0.1869	3
河　北	0.0721	12	0.0705	12	0.0699	14	0.0668	15	0.0614	16
山　西	0.0596	18	0.0563	19	0.0578	19	0.0510	22	0.0535	21
内蒙古	0.0701	14	0.0647	15	0.0698	15	0.0709	12	0.0747	11
辽　宁	0.0888	9	0.0896	8	0.0968	7	0.0914	8	0.0927	8
吉　林	0.0787	10	0.0777	10	0.0844	10	0.0773	10	0.0743	13

续表

地 区	2006 年	排序	2007 年	排序	2008 年	排序	2009 年	排序	2010 年	排序
黑龙江	0.0750	11	0.0713	11	0.0791	11	0.0760	11	0.0856	10
上 海	0.2396	1	0.2406	1	0.2440	1	0.2423	1	0.2420	1
江 苏	0.1182	6	0.1124	6	0.1196	5	0.1176	5	0.1251	5
浙 江	0.1599	4	0.1537	4	0.1542	4	0.1525	4	0.1570	4
安 徽	0.0560	21	0.0526	20	0.0576	21	0.0546	19	0.0604	18
福 建	0.0966	7	0.0927	7	0.0909	8	0.0922	7	0.0953	7
江 西	0.0702	13	0.0659	14	0.0694	16	0.0700	14	0.0745	12
山 东	0.0908	8	0.0854	9	0.0852	9	0.0842	9	0.0872	9
河 南	0.0583	20	0.0566	18	0.0550	22	0.0520	21	0.0543	20
湖 北	0.0676	15	0.0676	13	0.0710	13	0.0658	16	0.0686	14
湖 南	0.0598	17	0.0578	17	0.0627	18	0.0597	18	0.0604	19
广 东	0.1216	5	0.1155	5	0.1166	6	0.1171	6	0.1206	6
广 西	0.0426	23	0.0349	25	0.0379	24	0.0388	24	0.0382	24
海 南	0.0591	19	0.0461	22	0.0577	20	0.0605	17	0.0608	17
重 庆	0.0616	16	0.0638	16	0.0743	12	0.0709	13	0.0668	15
四 川	0.0490	22	0.0469	21	0.0667	17	0.0525	20	0.0522	22
贵 州	0.0105	30	0.0041	31	0.0052	31	0.0028	31	0.0036	31
云 南	0.0077	31	0.0071	30	0.0103	30	0.0101	29	0.0115	29
西 藏	0.0282	27	0.0097	28	0.0160	27	0.0119	28	0.0203	28
陕 西	0.0224	28	0.0199	26	0.0229	26	0.0238	26	0.0290	26
甘 肃	0.0174	29	0.0081	29	0.0107	29	0.0082	30	0.0107	30
青 海	0.0290	26	0.0192	27	0.0155	28	0.0170	27	0.0251	27
宁 夏	0.0388	25	0.0391	23	0.0402	23	0.0417	23	0.0358	25
新 疆	0.0407	24	0.0383	24	0.0356	25	0.0355	25	0.0386	23

（1）2006～2010 年我国居民收入的整体走势

从整体上看，2006～2010 年我国各地区居民收入状况综合评价结果基本上呈稳中上升的趋势。通过表 4 可以看出，各省（区、市）间存在明显的差异，地区间的差值波动不明显，各省（区、市）居民收入排名总体变化不大。这与“十一五”期间，中央和各级政府始终把推动经济发展和提高居民收入作为工作的重要内容，不断制定和出台各种提高居民收入的政策有着十分密切的关系。党的十七大报告中没有用发展中存在的问题来否认发展的成绩，更没有因此否认发展的意义和必要性，而是“坚持把发展作为党执政兴国的第一要务”，坚持要“牢牢扭住经济建设这个中心，坚持聚精会神搞建设，一心一意谋发展，不断解放和发展社会生产力”。这就为“十一五”期间我国居民经济福祉的提高奠定了坚实的基础。中央在注重发展经济的同时，还提出要提高劳动报酬在初次分配中的比重，主要着眼于扭转收入差距不断拉大的趋势，解决普通劳动者（包括城市产业工人和农民工）收入偏低的问题。

2006～2010年连续出台的中央一号文件，都强调要促进农民持续增收、加快改善农村民生；中央还出台了一系列指向明确、含金量高、操作性强的政策举措，有力推动了农民收入的较快增长，有效推进了农村民生的较大改善。在党中央、国务院相关政策的指导下，各地区也陆续出台提高居民收入的文件，并采取相应措施。例如，2007年河南省政府下发《关于进一步扩大城乡居民消费的意见》，对提高居民收入水平和消费能力等多项工作做出总体部署；2009年吉林省出台《关于进一步提高城乡居民（低收入群体）收入的政策措施》，通过十项措施来进一步提高城乡居民特别是低收入群体收入，不断改善民生。

居民收入状况综合评价指标由居民人均收入和基尼系数两个指标构成。在城乡居民收入方面有两个特点：一是在居民家庭人均纯收入增速方面，农村快于城镇；二是城乡居民人均纯收入仍存在较大差距。根据《中国统计年鉴（2011）》公布的数据，截至2010年底，我国各地区农村居民家庭人均纯收入为5919.01元，同比增长14.9个百分点。其中工资收入和农业收入这两项收入来源在农村居民家庭收入中占据约70%的比重，分别为2431.05元和1723.49元，说明工资收入和农产品价格的快速增长对农民纯收入增长具有举足轻重的作用。与农村居民家庭人均纯收入相比，城镇居民人均可支配收入的增长要相对缓慢一些。截至2010年底，我国各地区城镇居民家庭人均纯收入为19109.44元，同比增长11.27个百分点。在城镇居民家庭收入主要来源中，工资性收入和转移性收入①占据较大比重，分别为13707.68元和5091.90元。

① 转移性收入就是指国家、单位、社会团体对居民家庭的各种转移支付和居民家庭间的收入转移，包括政府对个人收入转移的离退休金、失业救济金、赔偿等；单位对个人收入转移的辞退金、保险索赔、住房公积金、家庭间的赠送和赡养等。

城乡居民人均纯收入存在较大差距的主要原因在于，我国存在典型的二元经济结构。城乡二元结构严重妨碍着城乡之间在物质、信息、技术、生产要素等方面的合理流动。此外，农村地区居民受教育水平比较低、社会保障制度不健全等因素也是居民收入在城乡之间存在差距的原因。

基尼系数是考察居民内部收入分配差异状况的一个重要分析指标。为了解决我国居民收入差距过大的局面，早在1999年，国务院就通过271号令《城市居民最低生活保障条例》，制定居民最低生活标准。然而截至2006年，各省最低工资均低于国家标准①。2007年国务院办公厅印发《关于进一步加强城市居民最低生活保障工作的通知》，从指导思路、管理原则、资金保障、法规建设等方面做出了明确规定。同年，国务院颁布《关于在全国建立城市居民最低生活保障制度》。之后，我国最低工资制度不断完善，最低工资标准大幅提高②。各省也纷纷出台各自的城市居民生活保障条例。到2010年11月，全国城市居民最低生活保障人数达到2307.8万人，城市居民最低生活保障户数达到1140.6万户。农村居民最低生活保障人数达到5179.6万人，农村居民最低生活保障户数达到2498.1万户③。

与此同时，我们也应注意到：2006～2010年我国基尼系数平均值已经超过0.4的警戒线。这表明我国社会财富分配不均问题仍然十分严重，基尼系数远高于世界大部分国家④。从最低生活保障方面看，投入资源过少、保障水平过低、保障面过窄等问题是各级政府需要着力解决的重要问题。

（2）2006～2010年我国居民收入的地区差异

为进一步考察我国居民收入状况的地区差异，根据我国地区间社会经济发展水平差异，我们将31个省（区、市）划分为四大区域：东部地区包括北京、天津、河北、上海、江苏、浙江、福建、山东、广东和海南共

① 资料来源：《中国经济周刊》，转引自 http：//www. ndrc. gov. cn/xxfw/qyyb/t20060508_ 68164. htm。

② 资料来源：北大法律信息网，转引自 http：//www. ndrc. gov. cn/xxfw/qyyb/t20060508_ 68164. htm。

③ 资料来源：国家发改委网站，http：//www. sdpc. gov. cn/jyysr/zhdt/t20101231_ 389167. htm。

④ 资料来源：世界银行网站，http：//www. stats. gov. cn/was40/gjtjj_ detail. jsp？ searchword =% BE% D3% C3% F1% CA% D5% C8% EB&channelid = 6697&record = 253。

10省份；东北地区包括辽宁、吉林和黑龙江共3省；中部地区包括山西、安徽、江西、河南、湖北和湖南6个省份；西部地区包括内蒙古、广西、重庆、四川、贵州、云南、西藏、陕西、甘肃、青海、宁夏和新疆共12个省份。这四大区域在2006～2010年期间的居民收入状况综合评价得分见表5。

表5　2006～2010年各区域居民收入状况综合评价

地区	2006年	2007年	2008年	2009年	2010年
东部	0.1359	0.1315	0.1346	0.1344	0.1364
东北	0.0808	0.0795	0.0868	0.0816	0.0842
中部	0.0619	0.0595	0.0623	0.0589	0.0620
西部	0.0348	0.0297	0.0338	0.0320	0.0339

由于我国东西部地区经济发展水平存在较大差距，我国居民收入状况也呈现明显的地域性特征。表5表明，在2006～2010年各省（区、市）居民收入状况综合排名中，东部地区各省份的排名总体上领先其他三个地区。截至2010年底，东部地区、东北地区、中部地区和西部地区城镇居民人均年收入分别是25773.29元、17688.18元、17302.96元和17309.03元，农村居民人均纯收入分别是8142.81元、6434.50元、5509.62元和4417.94元。2006～2010年在居民收入状况综合评价方面排名前十的省份大多数都是东部地区和东北地区的省份，中西部地区的省份均未进入前十名，相反，排名后五位的却全部是西部地区的省份，这说明我国居民收入状况综合评价从东部沿海到西部内陆呈现出逐渐下降的趋势。

为了解决我国收入差距不断拉大的问题，2007年3月国家推出了《西部大开发“十一五”规划》，这一规划是具体落实国家“十一五”规划《纲要》、统筹指导西部大开发的重要纲领性文件，也是政府正确履行职能、引导市场主体行为、推动落实西部地区重点发展任务及重大项目的主要依据。这一规划的实施，对于促进西部地区经济社会发展、推进东中西协调互动、优势互补，缩小居民收入地区差距起了重要的作用。然而，短期内我国收入状况的地区差异不会得到根本性的解决。根本原因在于，改革开放以来，我国经济发展主要采取“经济特区—沿海开放城市—沿海开放区”这样一种由点到面、由东部沿海到内陆的发展模式，东部地区作为最先开放的地区，在区位、政策、资金、人力资源等方面都明显优于西部内陆地区，因此经济发展水平比较高，也使得居民收入状况表现出明显的地域性特征。

（3）2006~2010 年我国居民收入状况的省际分析

从各地区的横向比较来看，在 2006~2010 年我国各省（区、市）居民收入状况综合评价结果排名中，上海、北京、天津、浙江稳居前四名，紧随其后的是广东、江苏、福建、辽宁、山东、吉林，排名后六位的省份分别是青海、陕西、甘肃、云南、西藏和贵州。

通过表 4 可以发现，2006~2010 年各地区居民收入状况综合评价得分的分布比较平稳。以 2010 年为例，居民收入状况综合评价得分在 0.1 以上的省市只有 6 个，即上海、北京、天津、浙江、江苏和广东，其余 25 个省市得分均在 0.1 以下。通过对各地区居民收入状况综合评价得分的进一步分析，我们发现排名前两位的上海和北京的得分均在 0.2 以上，远远高于全国其他省份，这一方面表明“十一五”期间上海和北京居民收入状况得到了大幅改善，另一方面也说明其他省份的居民收入状况与这两个地区相比还有不小的差距。

2010 年上海城乡居民家庭人均可支配收入达到 29927.77 元，比 2005 年的 17510.57 元增长了 70.91%。从城乡居民收入来源情况来看，除农村居民经营性收入下降之外，其余各项收入均有较高增长（见表 6 和表 7）。与 2005 年底相比，上海 2010 年城镇居民工资性收入、经营性收入、财产性收入和转移性收入分别增长了 78.14%、104.02%、75.28% 和 55.93%，农村居民工资性收入、财产性收入和转移性收入分别增长了 55.94%、112.07% 和 228.55%。

表 6　上海城镇居民家庭人均收入状况

单位：元

年份	可支配收入	工资性收入	经营性收入	财产性收入	转移性收入
2005	18645.03	14280.65	798.07	292.17	5232.00
2010	31838.08	25439.97	1628.22	512.12	8158.20
增长率	70.76%	78.14%	104.02	75.28%	55.93%

表 7　上海农村居民家庭人均收入状况

单位：元

年份	可支配收入	工资性收入	经营性收入	财产性收入	转移性收入
2005	8247.77	6159.70	774.60	457.52	855.95
2010	13977.96	9605.73	589.74	970.25	2812.24
增长率(%)	69.48	55.94	-23.87	112.07	228.55

通过表 6 和表 7 可以看出，由于上海市有着发达的经济基础和良好的经济环境，城镇居民的经营性收入和工资性收入始终是拉动城镇居民收入提升的重要动力。“十一五”期间，上海市农民收入快速增长，城乡居民收入差距趋向稳定。农村居民收入主要体现出以下三个方面的特点：一是工资性收入是拉动农民增收的主要动力。“十一五”期间，上海市加快了产业结构调整的步伐，企业数量和规模进一步扩大，一批重大项目建设也为农民务工人员提供了更多机会，吸纳农村劳动力就业的能力增强，农民获得的劳动报酬明显增加。二是财产性收入为农民增收开辟了新的空间。受农村土地征用补偿水平提高、农民土地流转和房屋出租增多等因素的影响，农民获得的财产性收入稳步增长。三是转移性收入成为农民增收的新亮点。“十一五”期间，国家和地方政府先后出台了一系列惠农政策，对农民转移性收入持续增长起到积极推动作用。

与上海市相比，北京市城乡居民的收入状况略低。“十一五”期间，这一差距扩大，北京市城乡居民人均收入增长变慢。2005 年，北京市城乡居民人均可支配收入为 15962.01 元，比上海市居民少 1548.56 元。到 2010 年，北京城乡居民可支配收入为 26853.03 元，与上海市相比，人均年收入相差达到 3074.74 元。值得注意的是，“十一五”期间，北京市生产总值年平均增长 11.4%，而居民人均可支配收入年实际增长约 9%，低于 GDP 增长速度。从收入来源的结构看，两地可支配收入中，工资收入都占主要部分，其次是转移性收入，但数据显示，五年期间北京市城乡居民工资性收入增长额明显低于上海，工资性收入增长变缓是北京市城乡居民收入增长慢于上海的原因所在。

2. 2006～2010 年各省（区、市）居民消费状况综合评价

应用消费状况评价函数对我国 31 个省（区、市）居民消费状况进行综合评价，得到各省消费状况综合得分及排名结果（见表8）。以下试对2006～2010年各地区居民消费状况综合评价结果加以分析。

表8 2006～2010年各省（区、市）居民消费状况综合评价

地区	2006年	排序	2007年	排序	2008年	排序	2009年	排序	2010年	排序
北京	0.0646	1	0.0640	1	0.0611	1	0.0592	1	0.0623	1
天津	0.0416	6	0.0417	4	0.0503	4	0.0456	5	0.0422	9
河北	0.0308	15	0.0324	10	0.0414	13	0.0413	7	0.0429	8
山西	0.0254	22	0.0331	9	0.0361	15	0.0390	11	0.0431	6
内蒙古	0.0367	8	0.0356	7	0.0459	10	0.0412	8	0.0453	4
辽宁	0.0392	7	0.0285	13	0.0496	5	0.0367	16	0.0440	5
吉林	0.0365	9	0.0317	11	0.0488	7	0.0387	13	0.0381	11
黑龙江	0.0294	17	0.0290	12	0.0478	8	0.0385	14	0.0355	17
上海	0.0541	2	0.0573	2	0.0569	2	0.0528	3	0.0567	2
江苏	0.0328	12	0.0352	8	0.0462	9	0.0398	9	0.0366	14
浙江	0.0519	3	0.0441	3	0.0549	3	0.0532	2	0.0430	7
安徽	0.0313	14	0.0205	22	0.0344	18	0.0359	18	0.0366	15
福建	0.0429	5	0.0235	17	0.0455	11	0.0414	6	0.0357	16
江西	0.0283	18	0.0187	23	0.0314	22	0.0310	21	0.0326	20
山东	0.0463	4	0.0365	6	0.0491	6	0.0390	12	0.0457	3
河南	0.0340	11	0.0252	15	0.0361	16	0.0396	10	0.0368	13
湖北	0.0241	23	0.0220	20	0.0323	20	0.0301	22	0.0373	12
湖南	0.0282	20	0.0165	24	0.0321	21	0.0282	24	0.0324	21
广东	0.0300	16	0.0406	5	0.0452	12	0.0497	4	0.0420	10
广西	0.0241	24	0.0082	30	0.0181	29	0.0367	17	0.0313	23
海南	0.0190	26	0.0136	26	0.0234	27	0.0239	27	0.0111	31
重庆	0.0085	29	0.0211	21	0.0349	17	0.0380	15	0.0334	18
四川	0.0065	31	0.0083	29	0.0331	19	0.0244	26	0.0294	26
贵州	0.0141	27	0.0025	31	0.0175	30	0.0316	20	0.0312	24
云南	0.0129	28	0.0104	28	0.0295	23	0.0189	29	0.0231	28
西藏	0.0077	30	0.0235	18	0.0240	26	0.0073	31	0.0300	25
陕西	0.0326	13	0.0283	14	0.0400	14	0.0328	19	0.0332	19
甘肃	0.0283	19	0.0159	25	0.0202	28	0.0210	28	0.0225	29
青海	0.0263	21	0.0115	27	0.0140	31	0.0165	30	0.0152	30
宁夏	0.0241	25	0.0242	16	0.0270	24	0.0293	23	0.0318	22
新疆	0.0344	10	0.0232	19	0.0260	25	0.0262	25	0.0257	27

（1）2006～2010 年我国居民消费状况的整体走势

2006～2010 年我国各地区居民消费状况整体呈增长的趋势。这说明“十一五”期间，各级政府采取扩大内需尤其是扩大消费需求的政策措施取得了成效。长期以来，内需不足，尤其是居民消费需求不足一直是困扰我国经济发展的一个突出问题，近年来各地区政府部门十分重视改善消费环境、扩大内需，力图增强居民消费对经济的拉动作用。目前我国个税起征点已经提高到 3800 元，且实行全国统一标准，这一方案的出台实施，对于减轻中低收入群体的负担、提高购买力、扩大消费的意义重大。2008 年 11 月 5 日国务院常务会议研究部署了进一步扩大内需、促进经济增长的十项措施，其中第八项措施是提高城乡居民收入，包括提高粮食最低收购价格，提高农资综合直补、良种补贴、农机具补贴等标准，增加农民收入；提高低收入群体等社保对象待遇水平，增加城市和农村低保补助，继续提高企业退休人员基本养老金水平和优抚对象生活补助标准。这些措施不同程度地提高了城乡居民的消费能力，缓解了居民消费的顾虑。

同时，各地政府也积极出台相关政策，拉动居民消费需求。例如，2007 年河南省为了提高消费能力、积极培育消费热点、积极培育消费主导型城市、大力开发农村消费市场、创造良好消费环境，出台了《河南省人民政府关于进一步扩大城乡居民消费的意见》；2008 年山东省出台 21 条政策措施扩大内需，促进经济增长；2010 年广东省出台了《关于实施扩大内需战略的决定》，制定了一系列具体的扩大内需的举措。还需要指出的是，“十一五”期间我国出台的一系列提高城乡人均收入，完善社会保障体系的政策也产生了积极的效果。城乡收入的提高、保障体系的逐步完善显然对于扩大居民消费需求起到了一定的推动作用。

居民消费状况综合评价指标包括城乡居民人均生活消费支出、居民消费价格指数和城乡居民家庭恩格尔系数。从 2006 年至今，我国各省（区、市）居民人均生活消费支出呈现不断增加的趋势。截至 2010 年底，我国各省（区、市）农村居民家庭人均生活消费支出为 4381.82 元，城镇居民家庭人均全年消费性支出为 13471.45 元。农村居民家庭人均生活消费支出远远低于城镇居民，仅相当于城镇居民家庭人均生活消费支出的 28.65%。我国居民消费城乡差距鸿沟的主要原因在于巨大的城乡收入差距。农村居民收入渠道少，收入水平不高。同时，在物价普遍上涨的情况下，农产品价格仍然较低且价格增长缓慢，更是在相当程度上抑制了农村居民的消费需求。另外一个方面，农村社会保障体系不健全，无法为农民解决后顾之忧，农村居民需要通过储蓄为自己构建私人安全网，以应对子女教育、个人医疗等问题。农村居民不愿消费、不敢消费倾向突出，储蓄率居高不下使得农村地区消费持续走低。保障体系的不完善也会导致农村地区因病返贫的情况，这同样不利于拉动消费。

根据《中国统计年鉴（2011）》公布的数据，从2006年起，除2009年之外，居民消费价格指数每年都呈增长的趋势，其中2007年、2008年和2010年这三年年均同比分别增长4.8、5.9和3.3个百分点，超过了3%的警戒线，这意味着我国仍然面临着通货膨胀的较大压力，而通货膨胀对提高居民消费状况综合评价水平起着反作用。

2010年我国城乡居民家庭恩格尔系数为34.85%。截至2010年底，我国各省农村居民家庭人均生活消费支出为4381.82元，其中消费支出项目前五位分别是食品支出1800.67元、居住支出835.19元、交通和通讯支出461.10元、文教娱乐用品及服务支出366.72元、医疗保健支出326.04元。城镇居民家庭人均全年消费性支出为13471.45元，其中消费支出项目前五位分别是食品支出4804.71元、交通和通讯支出1983.70元、教育文化娱乐服务支出1627.64元、衣着支出1444.34元、居住支出1332.14元。城镇居民家庭恩格尔系数为35.67%，农村居民家庭恩格尔系数为41.09%。根据联合国公布的世界各国生活水平划分标准，即一个国家平均家庭恩格尔系数大于60%为贫穷、50%～60%为温饱、40%～50%为小康、30%～40%属于相对富裕、20%～30%为富裕、20%以下为极其富裕。按此划分标准，“十一五”末我国已经处于从小康社会步入相对富裕社会的阶段。

（2）2006～2010年我国居民消费状况的区域分析

为进一步考察我国居民消费状况的地区差异，我们对东部、东北、中部和西部四大区域在2006～2010年期间的居民收入状况综合评价得分进行了统计（见表9）。

表9 2006～2010年各区域居民消费状况综合评价

地区	2006年	2007年	2008年	2009年	2010年
东部	0.0411	0.0389	0.0474	0.0446	0.0418
东北	0.0350	0.0297	0.0487	0.0380	0.0392
中部	0.0286	0.0227	0.0337	0.0340	0.0365
西部	0.0214	0.0177	0.0275	0.0270	0.0293

通过表9可以看出，2006～2010年各省（区、市）居民消费状况整体上呈现出从东部沿海到西部内陆逐渐下降的趋势。东部地区各省市的排名总体上领先其他三个地区。我国居民消费状况存在地区差距的原因主要有三点：一是东部地区经济比较发达，居民人均收入水平高于其他三个地区，而高水平的收入状况又是居民消费的前提和基础。二是东部地区对外开放时间早，居民消费观念比较先进，而中西部地区居民的消费观念相对保守。三是东部地区社会保障体系相对于其他三个地区更加完善，在一定程度上能够减少居民消费的后顾之忧。

2006～2010年在居民消费状况综合评价方面排名前六的绝大多数都是东部地区省份，只有2010年内蒙古、辽宁和山西进入前六名，其余年份东北、中部和西部地区的省份均未进入过前六名。相反，排名后六位的除海南省之外全部是西部地区的省份，这说明中西部地区在改善居民消费状况方面需要做的工作还很多。中西部地区有7.23亿人口，占全国的54.9%，这本身就是一个巨大的消费市场。2009年，中西部地区人均社会消费品零售总额仅有6836元，只相当于全国平均水平的68.8%和东部地区的46.6%。如果中西部地区能够达到东部的消费水平，将增加消费需求5.67万亿元，因此，中西部地区居民的消费潜力巨大①。

（3）2006～2010年我国居民消费状况的省际分析

从各地区的横向比较来看，在2006～2010年我国各省（区、市）居

① 魏后凯、高春亮：《新时期区域协调发展的内涵和机制》，《区域与城市经济》2012年第2期，第3～9页。

民消费状况综合评价结果排名中，北京市、上海市始终稳居前两位，其后排名比较靠前的是浙江、广东、天津、山东，排名后五位的省份分别是海南、贵州、四川、云南和青海。2010 年居民消费状况综合评价结果前十位分别是北京、上海、山东、内蒙古、辽宁、山西、浙江、河北、天津和广东，后五位分别是新疆、云南、甘肃、青海和海南。通过表 9 中的数据可以发现，2006 ~ 2010 年各省（区、市）居民消费状况综合评价结果的分布比较均匀。以 2010 年的数据为例，各省市居民消费状况综合评价得分均在0.01 ~ 0.07，这说明在居民消费状况综合评价方面各省市总体差别较小。

从各地区居民消费状况综合评价结果排名变化情况来看，山西、湖北等省份居民消费状况综合评价的相对水平上升幅度较大，如山西省从 2006 年的排名第 22 位上升至 2010 年的第 6 位；湖北省从 2006 年的排名第 23 位上升至 2010 年的第 12 位；重庆市从 2006 年的排名第 29 位上升至 2010 年的第 18 位。相反，新疆、福建和甘肃的居民消费状况综合评价的相对水平下降幅度比较大，新疆由 2006 年的第 10 位下降到 2010 年的第 27 位；福建由 2006 年的第 5 位下降到 2010 年的第 16 位；甘肃由 2006 年的第 19 位下降到 2010 年的第 29 位。

以下仅以湖北和山西为例，尝试对这种波动做出解释。资料显示，湖北省在“十一五”期间始终把扩大内需作为经济工作的重点，为扩大本省的消费需求做了许多工作。首先，积极扩大就业，增加居民收入。通过广开就业门路、大力发展社区服务及第三产业、发展个体私营经济等，积极创造就业岗位，努力实现就业增长与经济增长相协调，为扩大消费需求奠定了坚实的基础。其次，培育消费热点，拓宽消费领域。湖北省近年来加快了教育、卫生、文化、旅游及其他服务业的产业化改革进程，不断扩大消费市场空间，分层次加快居民消费结构的升级。再次，规范市场秩序，优化消费环境。建立和完善统一公平、规范有序的市场体系，营造公平合理的竞争环境，重点加强食品安全监管，坚决打击欺诈、假冒、坑蒙骗等不法行为，切实保障消费者的合法权益。又次，加快流通现代化建设步伐。湖北省大力推进商贸圈的合作和发展，加快培育大型流通企业，努力构建与经济发展、人民生活水平相适宜的和谐的消费环境。最后，制定并出台扩大内需相关政策措施。2009 年初湖北省为了贯彻落实国家扩大内需政策措施，促进全省经济社会平稳较快发展，发布了《湖北省人民政府办公厅关于认真贯彻落实国家扩大内需政策措施的通知》，该《通知》指出要把贯彻落实国家扩大内需系列政策措施作为湖北应对金融危机最重要、最有效的手段，认真抓紧、抓实、抓出成效；对于国家出台的各种服务市场主体、提振消费方面的政策措施，必须坚决执行、立即执行，确保国家政策措施落实到位。湖北省的各项政策和举措产生了积极效果，其居民消费状况的全国排名从 2006 年的第 23 位上升至 2010 年的第 12 位。

“十一五”期间，山西省也十分重视挖掘居民消费潜力，大力发挥内需特别是消费需求在中部崛起中对经济的拉动作用，使得山西省居民消费状况不断改善。2008 年山西省成立了扩大内需促进经济增长政策措施协调小组，并且出台了一系列相关政策扩大消费需求，如鼓励支持劳动密集型产业和服务业加快发展；建立落实职工工资正常增长和支付保障机制；提高城乡居民最低生活保障标准；增加经济适用房、廉租房、普通商品房供应；加快完善城乡市场新型流通网络，促进“工业品下乡、农产品进城”的双向流转和双向消费。这些政策已经初见成效，2006～2010 年山西省社会消费品零售总额分别增长 15.1%、18.6%、23.1%、19.2%和 18.1%，平均保持每年 18.8 个百分点的高增长率。山西省通过完善消费政策，优化消费环境，加强市场监管，降低了居民消费的后顾之忧，增强了居民的消费信心，从而提高了居民消费状况，改善了居民经济福祉。从数据来看，山西省的这些政策和举措产生了积极效果，该省居民消费状况全国排名从 2006 年的第 22 位上升至 2010 年的第 6 位。

3. 2006～2010 年各省（区、市）居民劳动就业状况综合评价

应用劳动就业状况评价函数对我国 31 个省（区、市）居民劳动就业状况进行综合评价，得到有关省份劳动就业状况综合得分及排名结果（见表 10）。结合表 10 的数据，以下对 2006～2010 年各地区居民劳动就业状况综合评价结果加以分析。

表 10　2006～2010 年各省（区、市）居民劳动就业状况综合评价

地区	2006 年	排序	2007 年	排序	2008 年	排序	2009 年	排序	2010 年	排序
北京	0.1438	1	0.1435	1	0.1438	1	0.1438	1	0.1438	1
天津	0.0532	10	0.0406	9	0.0414	10	0.0366	9	0.0363	10
河北	0.0313	27	0.0162	29	0.0176	30	0.0162	28	0.0162	28
山西	0.0684	3	0.0549	5	0.0525	5	0.0338	12	0.0387	9
内蒙古	0.0345	26	0.0169	26	0.0178	29	0.0144	31	0.0158	29
辽宁	0.0149	31	0.0128	30	0.0282	21	0.0230	21	0.0283	17
吉林	0.0356	23	0.0249	22	0.0254	25	0.0184	26	0.0213	24
黑龙江	0.0352	24	0.0201	24	0.0250	26	0.0220	23	0.0184	26
上海	0.0381	20	0.0292	19	0.0366	13	0.0349	11	0.0319	13
江苏	0.0418	19	0.0343	14	0.0368	12	0.0325	13	0.0335	11
浙江	0.0515	12	0.0436	6	0.0436	7	0.0449	5	0.0477	6
安徽	0.0311	28	0.0184	25	0.0281	22	0.0217	24	0.0251	21
福建	0.0429	17	0.0265	21	0.0318	18	0.0254	19	0.0276	18
江西	0.0423	18	0.0327	16	0.0358	14	0.0299	14	0.0315	14
山东	0.0440	15	0.0345	13	0.0255	24	0.0273	18	0.0289	16
河南	0.0437	16	0.0333	15	0.0358	15	0.0276	17	0.0290	15
湖北	0.0375	21	0.0165	28	0.0201	28	0.0155	29	0.0155	30
湖南	0.0307	29	0.0126	31	0.0203	27	0.0181	27	0.0143	31
广东	0.0704	2	0.0638	3	0.0623	2	0.0549	3	0.0575	2
广西	0.0351	25	0.0272	20	0.0310	20	0.0277	16	0.0258	20
海南	0.0528	11	0.0429	8	0.0393	11	0.0392	8	0.0521	4
重庆	0.0477	13	0.0309	17	0.0339	17	0.0231	20	0.0249	22
四川	0.0286	30	0.0168	27	0.0121	31	0.0150	30	0.0182	27
贵州	0.0556	8	0.0432	7	0.0427	8	0.0412	6	0.0445	8
云南	0.0375	22	0.0231	23	0.0279	23	0.0217	25	0.0233	23
西藏	0.0681	4	0.0657	2	0.0580	4	0.0599	2	0.0550	3
陕西	0.0447	14	0.0294	18	0.0340	16	0.0289	15	0.0266	19
甘肃	0.0633	5	0.0558	4	0.0591	3	0.0500	4	0.0477	7
青海	0.0562	7	0.0405	10	0.0416	9	0.0365	10	0.0332	12
宁夏	0.0569	6	0.0358	12	0.0314	19	0.0229	22	0.0205	25
新疆	0.0550	9	0.0400	11	0.0454	6	0.0405	7	0.0500	5

（1）2006～2010 年我国居民劳动就业状况的整体走势

2006～2010 年我国居民劳动就业面临比较严峻的形势。“十一五”期间各级政府都十分重视解决劳动就业问题，并且出台了一系列相关政策，2006 年颁布的《劳动和社会保障事业发展“十一五”规划纲要》明确将“就业持续增长”列入首要发展目标。国务院 2007 年出台的《关于加快发展服务业的若干意见》和 2010 年出台的《关于发展家庭服务业的指导意见》，要求大力发展生产性和生活性服务业，加快提高服务业比重，以吸纳更多劳动力就业。2008 年发布的《关于促进以创业带动就业工作的指导意见》，对完善创业扶持政策、强化创业培训、健全创业服务等方面做出明确部署。2010 年教育部下发《关于大力推进高等学校创新创业教育和大学生自主创业工作的意见》，要求把创新创业教育面向全体学生，融入人才培养的全过程。这些政策的出台对于缓解“十一五”期间的劳动就业压力起到了一定的作用。

居民劳动就业状况综合评价指标由城镇登记失业率、第三产业增加值占 GDP 比重、工资收入占 GDP 比重三部分构成。结合国家统计局公布的数据，回顾近年来我国城镇登记失业率的走势，会清晰地看到一条由低至高、趋于平稳，又由高回落的曲线。2006～2010 年各年底城镇登记失业率分别为 4.1%、4%、4.2%、4.3%、4.1%。2010 年末，全国实有城镇登记失业人员 908 万人，城镇登记失业率为 4.1%，相比 2009 年降低了 0.2 个百分点，这说明“十一五”期间国家采取的促进就业的政策措施起到了积极的效果。但是，在肯定过去成绩的同时，也必须清楚地认识到，目前和今后几年我国的就业形势依然十分严峻，而且与城镇登记失业率相比，城镇实际失业率会更高，加上政策资源有限、法规不健全、庞大的人口基数、产业结构变迁造成的就业结构失调，人口峰值的到来，都对我国的就业形势带来了严峻的考验。就业问题仍旧是我国政府在未来一段时期面临的主要问题之一。

各国经济发展历程表明，第三产业作为国民经济的重要组成部分，已经成为带动经济增长的主要动力，它不仅反映了一个国家或地区所处的经济发展阶段，而且可以吸纳大量的劳动力。2006～2010 年我国第三产业增加值占 GDP 的比重不断增加，截至 2010 年底，第三产业增加值为 173087 亿元，国内生产总值为 401202 亿元，第三产业增加值占 GDP 的比重为 43.14%。为了促进经济社会可持续发展，中央和地方政府陆续出台了一系列转变经济发展方式、调整产业结构的政策措施。如党的十七大报告指出，加快转变经济发展方式，是关系国民经济全局紧迫而重大的战略任务。加快转变经济发展方式，就是要在需求结构上，促进经济增长由主要依靠投资、出口拉动向依靠消费、投资、出口协调拉动转变；在产业结构上，促进经济增长由主要依靠第二产业带动向依靠第一、第二、第三产业协同带动转变；在要素投入上，促进经济增长由主要依靠增加物质资源消耗向主要依靠科技进步、劳动者素质提高、管理创新转变。各地政府积极践行十七大报告精神：例如，江苏省2008年制定了《关于加快转变经济发展方式的决定》和《关于建立科学发展评价考核体系的意见》等指导性文件，依靠深化改革，推进体制机制和政策创新，破解发展难题；广东省2008年制定实施了《广东自主创新规划纲要》，通过开展自主创新综合试验，建立增强广东核心竞争力的开放型区域自主创新体系和现代产业体系，力图使广东区域创新能力和产业竞争力达到世界中等发达国家或地区水平；2009年国务院正式批准实施《甘肃省循环经济总体规划》，《甘肃省循环经济总体规划》是国务院批准实施的第一个地区性循环经济发展规划，在甘肃建设循环经济示范区是国务院决定的全国唯一的国家级示范区。这些都在相当程度上推动了相应省市产业结构的优化和第三产业的发展。

2006～2010年我国居民工资收入不断增长，工资收入占GDP的比重也在不断提高，截至2010年底，我国居民工资收入总额为47269.9亿元，国内生产总值为401202亿元，工资收入占GDP的比重为11.78%。工资收入占GDP的比重反映的是在整个国民收入的分配中劳动报酬所占的份额，通过这个比值可以看清整个社会财富的构成状况。党的十七大报告提出，要逐步提高居民收入在国民收入分配中的比重，提高劳动报酬在初次分配中的比重。经过了几年的努力，我国工资收入占GDP的比重已经接近12%，并且呈现逐渐上升的趋势。这对于深化收入分配体制改革、建立健全合理有序的收入分配格局，对于转变经济发展方式增加城乡居民收入，对于改善人民生活特别是普通劳动者的生活，都具有十分重要的意义。

（2）2006～2010年我国居民劳动就业状况的区域分析

为进一步考察我国居民劳动就业状况的地区差异，我们将东部、东北、中部和西部四大区域在2006～2010年期间的居民劳动就业状况综合评价得分进行了统计（见表11）。

表 11　2006～2010 年各区域居民劳动就业状况综合评价

地区	2006 年	2007 年	2008 年	2009 年	2010 年
东部	0.0570	0.0475	0.0479	0.0456	0.0476
东北	0.0286	0.0193	0.0262	0.0211	0.0227
中部	0.0423	0.0281	0.0321	0.0244	0.0257
西部	0.0486	0.0354	0.0362	0.0318	0.0321

通过表 11 可以看出，与居民收入状况和消费状况相比，2006～2010 年各省（区、市）居民劳动就业状况综合评价结果差异较大。东部地区居民劳动就业状况综合评价结果依然领先其他三个地区，但是西部和中部位次前移，而东北地区则排在最后。出现这种情况的主要原因在于：首先，“十一五”期间，中西部地区认真贯彻落实中央宏观调控政策，坚持把就业工作放在经济社会发展优先位置，加大转方式、调结构、扩内需、保民生工作力度，注重发展经济与扩大就业相协调，经济社会快速发展，经济和就业总量增长势头不断增强。随着西部大开发战略的深入实施，西部地区经济快速发展，区域经济的快速发展必然带动就近就业，目前，江西、湖南、安徽、河南在省内就业的农民工中，由区域经济发展带动的就业分别占 63%、59%、61%、52%。截至 2010 年底，湖北省 20 多个县市发展十大劳务品牌，带动 260 多万农民工就业，超过农村劳动力总数的 20%。近年来中西部地区农村劳动力在省内转移就业呈明显增长趋势，出省就业人员明显减少，拥有一技之长的劳动力返乡创业增加了就业岗位。其次，东部地区经济发展正处于转型时期，中西部地区充分利用了这个机会，承接东部地区产业转移的企业，就业人数快速增长。比如 2010 年，湖南省承接产业转移企业 3000 家，新增用工 27 万人；江西省工业园区企业新招技术工人 8.2 万人，占总招工人数的 23%。2010 年以来，湖北省招商引资和承接产业转移企业 3600 多家，新增用工 9.02 万人。最后，中西部地区城镇化水平快速提高，城镇就业人数快速增长。到 2010 年，全国城镇人口比重为 49.68%，增长 13.64 个百分点。同期重庆、江西、宁夏的城镇人口比重增长快于全国，分别增加了 19.93、16.39、15.47 个百分点。同时，中西部地区城镇就业快速增加。2010 年，四川省城镇就业 1381.9 万人，同比新增 36.1 万人。2008～2010 年，重庆市

城镇逐年新增就业人数为25.09万、28.13万、31.51万①。与中西部地区截然相反的是，东北地区是我国的老工业基地，经济和体制负担依旧比较沉重，国有企业改制加剧了东北地区的就业形势，使得整体失业率居高不下，解决就业问题的压力仍然相当巨大。

2006～2010年居民劳动就业状况综合评价出现的这种情况预示着，未来我国劳动就业需求的增长主要由中西部拉动，中西部地区经济的高增长使得劳动力岗位需求与求职均从东部向中西部地区转移。因此，未来劳动力就业的增长主要集中在中西部，中西部地区的经济发展也是解决中国就业问题的主要方向之一。

（3）2006～2010年我国居民劳动就业状况的省际分析

从各地区的横向比较来看，在2006～2010年我国各省（区、市）居民劳动就业状况综合评价结果排名中，北京、广东、西藏和甘肃排名比较靠前，而河北、内蒙古、湖北、湖南、四川排名比较靠后。2010年居民劳动就业状况综合评价结果前十名分别是北京、广东、西藏、海南、新疆、浙江、甘肃、贵州、山西和天津，后五名分别是四川、河北、内蒙古、湖北和湖南。

通过对表10中数据的进一步分析可以发现，2006～2010年各省（区、市）居民劳动就业综合评价结果的分布比较均匀。以2010年的数据为例，除北京市外，其他省区居民劳动就业综合评价得分均在0.01～0.06，这说明在居民劳动就业方面，各省（区、市）总体差别较小。

从各地区居民劳动就业状况综合评价结果排名变化情况来看，辽宁省和江苏省的居民劳动就业综合评价相对水平上升幅度比较大，比如辽宁省2006年排名第31位，2010年上升至第17位；江苏省2006年排名第19位，2010年上升至第11位。相反，宁夏、重庆和湖北的居民劳动就业综合评价的相对水平下降幅度比较大，宁夏由2006年的第6位下降到2010年的第25位；重庆由2006年的第13位下降到2010年的第22位；湖北省由2006年的第21位下降到2010年的第30位。

在此仅以居民劳动就业综合评价相对水平上升幅度较大的辽宁省和江苏省

① 胡德巧：《中西部地区农村劳动力转移的新情况》，《人民日报》2012年2月10日。

为例，对排名出现较大变化的原因加以分析。在过去的五年里，辽宁省以解决就业困难群体、高校毕业生和农民工的就业问题为重点，形成了比较完善的扩大就业、促进再就业的政策体系。该省特别重视对困难家庭高校毕业生的就业援助工作，相关部门不断加强对家庭困难毕业生、残疾人毕业生、少数民族毕业生和就业困难女大学生等群体的就业帮扶力度，实施“一对一”的就业援助和四个优先，即：优先推荐就业、优先参加见习、优先参加培训、优先提供公共就业服务岗位和公益性岗位安置。“先培训后就业”成为辽宁省解决就业问题的重要举措，相关部门不断开展离校未就业高校毕业生专业转换及技能提升免费培训。此外，辽宁省不断加大对就业困难群体地就业援助，2006 年以来，全省开发公益性岗位 25.6 万个，培训 136 万名下岗失业人员、100 多万名大龄就业困难对象享受到养老保险和医疗保险补贴，累计解决 19.3 万户零就业家庭成员就业问题，全省零就业家庭保持动态为零①。江苏省则采取就业补贴、考研加分、学费代偿、选聘招录优惠、解决户籍社保等实际问题这一系列措施解决劳动就业问题。符合条件的中小企业和非公有制企业招用高校毕业生，可享受相应的就业扶持政策，包括优先安排财政专项引导资金，企业享受社会保险补贴等；适当增加重点学科、重点领域研究生的招生数量，鼓励高校毕业生继续深造，缓解当期就业压力，对具有两年以上基层工作经历的高校毕业生，考研时落实加 10 分的政策。企业招用非本地户籍的普通高校专科及以上学历毕业生，取消用人审批和落户限制；政府部门还“挖掘”更多的基层社会管理和公共服务岗位，主要覆盖村官、支教、支农等众多领域，同时促进骨干企业及科研项目单位吸纳和稳定高校毕业生就业。

（二）2006～2010 年各省经济福祉综合评价

由经济福祉评价函数，可以得到各有关省份经济福祉综合得分以及排序，结果见表 12。通过表 12 的数据，以下对 2006～2010 年各省经济福祉综合评价结果加以分析。

---

① 《回眸十一五：辽宁省城镇登记失业率逐年降低》，http：//news. cntv. cn/20110112/104438. shtml。

表12　2006～2010年各省（区、市）经济福祉综合评价

地区	2006年	排序	2007年	排序	2008年	排序	2009年	排序	2010年	排序
北京	0.4448	1	0.4372	1	0.4345	1	0.4323	1	0.4335	1
天津	0.2590	4	0.2507	3	0.2698	3	0.2638	3	0.2653	3
河北	0.1342	16	0.1190	13	0.1289	16	0.1243	15	0.1205	19
山西	0.1534	9	0.1443	8	0.1464	12	0.1239	16	0.1353	13
内蒙古	0.1414	12	0.1173	14	0.1335	15	0.1265	14	0.1358	12
辽宁	0.1428	11	0.1310	11	0.1746	7	0.1510	8	0.1650	7
吉林	0.1508	10	0.1343	10	0.1587	10	0.1345	11	0.1337	14
黑龙江	0.1396	14	0.1204	12	0.1520	11	0.1365	10	0.1395	10
上海	0.3319	2	0.3270	2	0.3375	2	0.3300	2	0.3306	2
江苏	0.1929	6	0.1819	6	0.2025	6	0.1899	6	0.1953	6
浙江	0.2634	3	0.2414	4	0.2527	4	0.2506	4	0.2477	4
安徽	0.1184	22	0.0915	23	0.1200	20	0.1122	19	0.1221	17
福建	0.1824	7	0.1427	9	0.1682	8	0.1589	7	0.1587	9
江西	0.1407	13	0.1173	15	0.1366	14	0.1309	13	0.1386	11
山东	0.1811	8	0.1564	7	0.1599	9	0.1505	9	0.1618	8
河南	0.1361	15	0.1152	17	0.1270	17	0.1192	18	0.1201	20
湖北	0.1292	19	0.1061	18	0.1234	18	0.1114	20	0.1214	18
湖南	0.1187	21	0.0870	24	0.1150	21	0.1060	21	0.1072	22
广东	0.2220	5	0.2199	5	0.2241	5	0.2217	5	0.2202	5
广西	0.1018	27	0.0703	29	0.0870	28	0.1031	22	0.0953	25
海南	0.1308	17	0.1026	19	0.1204	19	0.1237	17	0.1240	16
重庆	0.1178	23	0.1158	16	0.1431	13	0.1320	12	0.1252	15
四川	0.0840	29	0.0720	27	0.1119	22	0.0919	25	0.0999	24
贵州	0.0802	30	0.0498	30	0.0654	31	0.0755	29	0.0793	29
云南	0.0581	31	0.0406	31	0.0677	30	0.0507	31	0.0580	31
西藏	0.1040	26	0.0989	22	0.0980	25	0.0791	28	0.1053	23
陕西	0.0998	28	0.0776	26	0.0969	26	0.0856	26	0.0888	26
甘肃	0.1090	25	0.0798	25	0.0900	27	0.0792	27	0.0809	28
青海	0.1115	24	0.0712	28	0.0711	29	0.0699	30	0.0735	30
宁夏	0.1198	20	0.0991	21	0.0986	24	0.0939	24	0.0882	27
新疆	0.1301	18	0.1014	20	0.1070	23	0.1022	23	0.1144	21

1. 2006～2010年中国经济福祉整体走势

2006～2010年我国经济福祉整体上保持平稳的趋势。这说明“十一五”

期间，在党中央、国务院的领导下，各地区政府部门在发展地方经济，提高居民经济福祉方面所做的努力取得了良好的效果，我国各地区居民经济福祉趋于稳定，居民收入状况、消费状况和劳动就业状况向着可持续的方向发展和改善。“十一五”期间我国居民经济福祉的改善主要体现在以下几个方面。

第一，城乡居民收入快速增长。2010 年，我国城镇居民人均可支配收入 19109 元，比 2005 年增长 82.1%，扣除价格因素，年均实际增长 9.7%；农村居民人均纯收入 5919 元，比 2005 年增长 81.8%，扣除价格因素，年均实际增长 8.9%。其中，2010 年农村居民人均纯收入实际增长 10.9%，比城镇居民人均可支配收入实际增速快 3.1 个百分点。

第二，城乡居民消费水平大幅度提高，生活水平明显改善。2010 年，我国城镇居民人均消费性支出 13471 元，比 2005 年增长了 69.6%，年均增长 11.1%；农村居民人均生活消费支出 4382 元，比 2005 年增长 71.5%，年均增长 11.4%。城乡居民消费结构向发展性和享受性方向转变，主要体现在食品支出比重持续下降，2010 年，城镇居民人均消费性支出和农村居民人均生活消费支出中食品比重为 35.7% 和 41.1%，分别比 2005 年降低了 1.0 和 4.4 个百分点。

第三，就业规模不断扩大。“十一五”期间，我国城乡就业人数从 2005 年末的 74647 万人增加到 2010 年末的 76105 万人，增加了 1458 万人，年均增加 291.6 万人。其中，城镇就业人员从 28389 万人增加到 34687 万人，增加了 6298 万人，年均增加 1259.6 万人；乡村就业人员从 46258 万人减少到 41418 万人，减少了 4840 万人，年均减少 968 万人。随着城市化与工业化进程的加快，城镇吸纳就业的能力不断增强，大量乡村富余劳动力不断向城镇转移，城镇就业增长持续高于全国，其就业人员占全国的比重从 2005 年末的 38.03% 增加到 2010 年末的 45.58%。

第四，服务业发展加快，产业结构持续改善。2006～2010 年，第三产业年均增长 11.9%，比“十五”时期加快 1.4 个百分点。2010 年，第三产业占国内生产总值的比重为 43.0%，比 2005 年提高 2.5 个百分点。而第二产业占国内生产总值的比重则由 2005 年的 47.4% 下降到 2010 年的 46.8%，第一产业的比重由 12.1% 下降到 10.2%。

第五，区域发展的协调性增强。中西部地区加快发展，经济总量和投资占全国的比重持续上升，区域发展呈现出协调性增强的趋势。2010 年，东部地区国内生产总值占全国的比重为 53. 0%，比 2005 年下降 2. 5 个百分点；中部地区、西部地区国内生产总值占全国的比重分别为 19. 7%、18. 7%，分别比 2005 年提高 0. 9 和 1. 6 个百分点，东北地区基本持平。

“十一五”期间，各级政府坚持以科学发展观为指导，加快转变经济发展方式和经济结构战略性调整，经济社会平稳快速发展，同时更加重视民生改善和社会事业建设，居民收入状况、消费状况和劳动就业状况大幅改善，居民经济福祉明显改善。

2. 2006～2010 年中国经济福祉的区域分析

为进一步考察经济福祉的地区差异，我们将东部、东北、中部和西部四大区域在 2006～2010 年期间的经济福祉综合评价得分进行了统计（见表 13）。

从各区域居民经济福祉的得分来看，呈现出东部、东北、中部、西部依次递减的规律。东部地区的得分明显高于其他地区。其次是东北地区和中部地区，这两个地区的居民经济福祉虽然落后于东部地区，但与西部地区相比领先的优势也比较明显；而且在所有四个区域中，只有这两个地区之间的差距比较小。居民经济福祉的得分最低的是西部地区。从表 10 中可以看出，2006～2010 年在居民经济福祉排名前十的省（区、市）中大多数都是东部地区和东北地区的省份，中西部省份中只有山西省入围。相反，排名后五位的大多数是西部地区的省份。总体来看，四个区域的居民经济福祉水平存在一定的差距，尤其是东部地区的居民经济福祉要远远高于其他地区，这种差距主要是由各地区间的资源、经济发展水平、产业结构、对外开放程度等因素的不均衡造成的。

表 13　2006～2010 年各区域经济福祉综合评价

地区	2006 年	2007 年	2008 年	2009 年	2010 年
东部	0. 2343	0. 2179	0. 2299	0. 2245	0. 2258
东北	0. 1444	0. 1286	0. 1618	0. 1407	0. 1461
中部	0. 1328	0. 1102	0. 1281	0. 1173	0. 1241
西部	0. 1048	0. 0828	0. 0975	0. 0908	0. 0954

3. 2006～2010年中国经济福祉的省际分析

从各地区的横向比较来看，2006～2010年我国各省（区、市）经济福祉综合评价结果排名中，北京、上海、天津、浙江、广东和江苏排名始终比较靠前，而甘肃、青海、贵州、云南则排名比较靠后。2010年经济福祉综合评价排名前十的分别是北京、上海、天津、浙江、广东、江苏、辽宁、山东、福建和黑龙江，排在后五位的分别是宁夏、甘肃、贵州、青海和云南。

2006～2010年各省（区、市）经济福祉综合评价结果的分布比较均匀。以2010年的数据为例，经济福祉综合评价得分在0.2以上的省市只有5个，即北京、上海、天津、浙江和广东，得分在0.1以下的省份有8个，即四川、广西、陕西、宁夏、甘肃、贵州、青海和云南，其余18个省份得分均在0.1～0.2。这说明在经济福祉方面，各省虽然有所差别，但就大多数地区而言，差别在不断缩小。通过对表11中数据的进一步分析，可以发现一个问题，即排名前两位的北京和上海的得分在0.3以上，远远高于全国其他省份的得分，说明其他省份经济福祉与这两个地区相比差距仍然较大。

从各地区经济福祉综合评价结果排名变化情况来看，宁夏、青海和河南的经济福祉相对水平下降幅度比较大，其中宁夏由2006年的第20位下降到2010年的第27位；青海省由2006年的第24位下降到2010年的第30位；河南省由2006年的第15位下降到2010年的第20位。而重庆市和安徽省的居民经济福祉相对水平上升幅度比较大，如重庆市2006年排名第23位，2010年上升至第15位；安徽省2006年排名第22位，2010年上升至第17位。

在此仅以安徽为例，尝试对这种波动做出解释。“十一五”期间，安徽省经济社会发展取得了一系列巨大成就，居民经济福祉明显改善。首先，经济快速增长，经济总量迈上新台阶。在过去的五年，安徽省地区生产总值年均增长13%以上，2010年地区生产总值达到12359.33亿元，与2005年底相比翻了一番以上，这也是“七五”以来速度最快、波动最小的时期，经济发展的稳定性、协调性和可持续性明显增强，政府提供公共服务、改善民生的能力进一步增强。其次，居民收入显著增加，城乡居民收入差距缩小。“十一五”期间，安徽省不断加大“三农”投入，城乡统筹成就显著，这些措施有力地促进了农民增产增收。2010年，安徽省农民人均纯收入5285.17元，同比增长

17.3%，扣除价格因素后，实际增长13.5%，比城镇居民可支配收入增幅高出4.7个百分点。安徽省城乡居民收入比由2005年的3.21∶1下降到2010年的2.99∶1，收入相对差距呈缩小之势。第三，扩大就业成果突出，失业率逐年下降。从资料看，安徽省始终坚持实施发展经济与促进就业并举的就业发展战略，千方百计扩大就业，努力实现促进经济发展与扩大就业的良性互动。2005年底安徽省城镇登记失业率高达4.4%，到2010年底则下降到3.7%。

（三）我国经济福祉发展存在的主要问题

通过对各省（区、市）经济福祉的综合评价，可以看出2006~2010年我国各地区居民的经济福祉综合得分总体上呈上升趋势，居民的收入状况、消费状况和劳动就业状况得到了很大程度的改善。但不容回避的是，在居民经济福祉整体趋好的背景下也隐藏着一些不容忽视的问题。

1. 城乡居民人均收入水平有待提高，收入分配不合理

经过三十多年的改革开放实践，中国社会经济发展水平明显提高，综合经济实力显著增强。2010年中国国内生产总值达到39.8万亿元，跃居世界第二位。但是我们必须清醒地认识到，由于特殊的国情，使得分析我国的经济问题不能单纯从总量上考虑，更要注意到“人均”指标。根据国家统计局公布的数据计算，2010年底我国城乡居民的人均收入为17257.44元，相对于发达国家来说还是非常低的。居民收入偏低会产生许多问题，例如居民收入在国民收入中比重偏低抑制了内需，难以发挥扩大内需特别是消费需求对经济发展的拉动作用。对于那些以劳动密集型产业为主的地区，由于工资待遇偏低，容易造成“民工荒”频频出现。最重要的是，居民收入偏低会造成居民经济福祉下降，严重影响居民幸福感的提升。

工资收入占GDP的比重，是衡量国民收入初次分配公平程度的一项非常重要的指标。工资收入占GDP的比重越高，说明居民工资性收入在国民收入初次分配中所占份额越大，收入分配就越公平。根据国家统计局公布的数据，截至2010年底，我国居民工资收入总额为47269.9亿元，国内生产总值为401202亿元，工资收入占GDP的比重为11.78%。以上说明在国民收入初次分配中政府收入和企业收入占了绝大部分，这就必然挤占了劳动收入的份额，

使得劳动者工资收入不足①。同时由于当前国民收入再分配中的税制不完善，使得我国中低收入的居民实际可支配收入偏低。而欧盟27个国家2007年工资收入占GDP的比重为57.1%，美国更是高达70%②。这说明与发达国家相比，我国的收入分配制度还亟待完善。

2. 居民收入城乡、地区差距明显

基尼系数是目前世界各国用来综合考察本国居民收入分配差异状况的一个重要分析指标。改革开放之初，我们国家确定了“允许一部分人先富起来，先富带动后富，从而实现共同富裕”的政策，但是从近年来对我国基尼系数的统计可以看出，我国居民的收入差距呈逐年扩大趋势，不仅突破了0.4的国际警戒线，也超过了世界发达国家的水平。2010年我国部分省份的基尼系数甚至已经达到0.49，收入分配差距过大已经成为我国各种社会矛盾加剧的重要原因。

统计数据显示，2010年我国城镇居民年人均可支配收入为19109.44元，农村居民年人均纯收入则为5919.01元，农村居民与城镇居民人均收入差额的绝对值高达13190.43元，城乡收入比高达3.23倍，如果加上其他福利和公共基础设施方面的差异这一数字将会更大。在区域方面，由于地理位置和历史等原因，我国居民收入在不同区域也存在较大差异。尤其是中西部地区由于经济落后，加之缺少必要的基础设施，使其在与东部发达地区的竞争中只能处于劣势地位。我国居民收入的这种城乡、地区差距不仅加剧了人口、资金、技术、能源等资源的不合理转移，还会进一步造成居民生活质量下降，加剧社会矛盾，甚至会产生众多不稳定因素，影响整个社会的和谐与稳定。

3. 居民的最终消费率持续走低，消费动力不足

居民最终消费率是指居民在一定时期内的最终消费占GDP的比重，是衡量国民经济中消费比重的一项重要指标。美国著名经济学家钱纳里、赛尔昆等人进行的一项实证研究表明，在人均GDP达到1000美元时，社会居民最终消

① 王小广：《调整收入分配从何入手》，http://paper.people.com.cn/rmlt/html/2010-11/01/content_672883.html。

② 李炳炎、沈佳坤、沈建国：《我国初次分配的现状与改革对策思考》，《探索》2012年第2期，第87～92页。

费率一般在76.5%左右[1]。而我国居民最终消费从1985年达到最高的66%之后却持续走低，到2003年，中国人均GDP在首次突破1000美元时，年消费率仅为56.8%，低于钱纳里的“标准结构”近20个百分点。此外，据统计在人均收入达到3000美元左右时，无论是发达国家还是发展中国家，其消费率一般都处于60%~80%的水平，而中国在2010年实现人均GDP约4384美元，居民最终消费率仅为33.22%，不仅低于世界平均水平，也低于亚洲国家平均水平。由此可以看出，我国居民消费率偏低，消费动力不足。关于居民消费不足的原因，归纳起来有以下三点：首先是国民收入分配不合理制约消费、流动性约束制约消费、政府支出影响消费。其次是高投资挤占消费。将国内生产总值中扣除了净出口后分别计算消费和投资的相对比重的实际数据显示，近年来我国确实出现了“投资进消费退”的情况，这表明存在投资挤占消费的现象。最后是高储蓄挤占消费，由于我国社会保障体系尚不健全，加之普通居民消费观念陈旧落后，普遍存在着居民对未来收入和大额消费的担心，使得居民的预防性储蓄居高不下，这在一定程度上制约了居民的消费行为。

4. 居民消费价格指数偏高，经济面临通胀风险

国家统计局公布的数据显示，近年来我国居民消费价格指数上涨率持续高位运行，2007~2010年这四年间居民消费价格指数年均上涨3.3个百分点，我国宏观经济运行面临通货膨胀的风险。居民消费价格指数是居民家庭购买生活消费品和支出服务项目费用价格变动趋势和程度的相对数，所以居民消费价格指数的持续上涨对居民来说不是好事，它不仅严重影响到居民的日常基本生活，还会对我国宏观经济的持续健康运行造成冲击。自2007年以来，我国的居民消费价格指数节节攀升，房屋价格涨幅过大，物价上涨已经成为中国民众和政府最为关心的问题。2007年全年居民消费价格指数（CPI）上涨4.8%，比前年提高了3.3个百分点。2008年CPI继续高位运行，比上年上涨6.4%，涨幅比上年上升2.4个百分点，2009年和2010年我国CPI整体上均保持上升态势，并屡创新高。近年来物价的持续上涨，导致中低收入居民的生活压力不

① 范泳、张洪亮、宋旭华：《收入分配对消费需求的影响分析》，《河北北方学院学报》2010第5期，第54页。

断增大，同时也进一步拉大了贫富差距，导致社会不满情绪上升，容易造成社会动荡和产生一些不和谐因素。

5. 失业率偏高，就业压力大

人口众多是中国的基本国情，这一基本国情造成我国劳动力供给总量巨大、就业压力十分沉重。近年来的统计数据显示，我国每年的城镇登记失业率平均已达4.2%，这意味着每年有900多万城镇人口处于失业状态，而且这一数字还不包括大量未登记失业人员和每年新增的数量庞大的农村进城务工人员。此外，随着新增劳动年龄人口的增多，我国每年新增就业人数达1000万，同时每年还有近600万的大中专毕业生就业问题。在劳动力供给持续增长的情况下，国内市场创造就业的能力和实际就业需求量明显下降，这就加剧了就业与失业的矛盾①。如何解决经济转轨中的就业压力问题是各级政府必须着重考虑的问题。就业是民生之本，统筹城乡劳动力就业关系到我国改革开放稳定大局，关系到人民生活水平的切实提升，不仅是重大经济问题，也是重大社会问题。解决好城乡劳动力的就业问题是全社会的责任，各级政府更是责无旁贷。

东北老工业基地国有企业的比重占绝大多数，改革开放使它们面临新的形势和新的挑战。由于国有企业在整体经济中占据相当的比重，这就使得该地区整体失业率居高不下，解决就业问题难度相当巨大。东北地区在居民消费状况这个指标排名上，位居四大区域之末，这与该区域经济发展水平极不协调。因此如何推动东北部地区的就业一段时期内仍然是我国政府必须考虑的一个问题。

6. 产业结构不完善，第三产业对国民经济的拉动力弱

第三产业发展水平是衡量生产社会化程度和市场经济发展水平的重要标志，积极发展第三产业是促进市场经济发育、优化社会资源配置、提高国民经济整体效益和效率的重要途径。从统计数据来看，新世纪以来我国第三产业持续稳步发展，规模已有较大提高，2006～2010年我国第三产业以平均每年11.32%的速度增长，2010年第三产业占GDP比重达到43.1%。但不容否认的是，目前我国第三产业发展还面临一些问题，突出表现在以下几个方面：首

① 张弥：《中国经济社会转轨中的失业问题》，《改革纵横》2010年第12期，第32页。

先，与发达国家相比，我国第三产业占 GDP 比重仍然偏低，发展落后，与第一、二产业的发展不相协调。我国第三产业增加值占 GDP 的比重不仅落后于西方发达国家 60% ~80% 的水平，而且还未达到现代化所要求的 45% 以上标准。其次，第三产业内部结构不合理，需要进一步优化。金融和房地产业逐渐成为第三产业的支柱，基础服务业发展相对滞后。同时，第三产业的就业方面也存在突出的问题：一方面技术和市场化程度高的行业吸纳劳动力较弱，另一方面传统的餐饮与零售业则沉淀过多的低素质劳动力。最后，第三产业发展水平在城乡和地区间差异很大，发展不平衡。第三产业的发展与第一、二产业的发展有直接关系，第一、二产业发达的地区往往第三产业发展水平也比较高，由此而导致了第三产业在城乡和地区间的差异。我国东北、西北、西南等边远地区和农村的第三产业发展水平远远落后于东部沿海地区。此外，在产业结构上，一些资金、技术和知识密集型的行业基本上都集中在城市，农村还缺乏发展条件，第三产业在城乡之间的发展差距也在不断拉大。第三产业的发展是国家现代化的必经之路，在这个过程中必须对第三产业发展给予足够的重视和有力的引导。

三　提高我国居民经济福祉的政策建议

鉴于收入、消费和劳动就业在居民日常生活中占据举足轻重的地位，因此，提高我国城乡居民综合生活质量的首要目标必然是努力改善我国居民的经济福祉。根据上一节对我国城乡居民经济福祉评价结果的分析及其反映出来的问题，本节提出以下建议。

（一）加快转变经济发展方式，实现经济又好又快发展

改革开放以来，我国经济实现了长足的发展，城乡居民可支配收入随着经济的发展得到了很大的提高，城乡居民经济福祉也在不断改善，可见，经济的平稳较快发展对于提高居民可支配收入，进而改善居民经济福祉具有十分重要意义。目前，我国经济发展已进入新的阶段，传统的依靠大量资源消耗、廉价劳动力的使用等发展方式已经无法保证经济的可持续发展。如果说以前我们重

视的是经济发展速度、重视经济总量，那么，现在就应当更加重视经济发展的质量。重视经济发展的质量，就要看 GDP 的内容，看它的实际构成[①]。2010 年我国国内生产总值增长 10.4 个百分点，其中三次产业对国内生产总值增长的拉动[②]分别是 0.4、6.0 和 4.0。2010 年底我国三次产业贡献率[③]分别是 3.9、57.6 和 38.5，这说明现阶段我国经济发展依然主要依靠第二产业，第三产业对经济发展的贡献率虽然每年都在提升，但与发达国家第三产业占 GDP 比重的 70% 相比，仍然有非常大的差距。因此，面对国际复杂多变的经济发展形势和国内经济持续快速发展的巨大压力，必须以加快转变经济发展方式为主线；坚持把经济结构战略性调整作为加快转变经济发展方式的主攻方向。当经济运行保持在合理区间内，要以转变经济发展方式为主线，以调结构为着力点，释放改革红利，更好发挥市场配置资源和自我调节的作用，增强经济发展活力和后劲；当经济运行逼近上下限时，宏观政策要侧重稳增长或防通胀，与调结构、促改革的中长期措施相结合，使经济运行保持在合理区间，从而实现国民经济长期平稳较快发展。

当前，转变经济发展方式应该着重做好以下几个方面的工作：首先，创新政府宏观管理理念，树立可持续发展的观念，这是转变经济发展方式的前提。要适应新形势，创新思路，运用新举措，既稳当前，又利长远，一举多得，促进经济长期持续健康发展，打造中国经济升级版。这就要求整个社会摈弃以往片面追求 GDP 产出而忽视资源环境成本投入的发展理念，坚持走以人为本，全面、协调、可持续的科学发展之路，实现速度、质量、效益相协调，投资、消费、出口相协调，人口、资源、环境相协调，真正做到又好又快发展[④]。其次，加快推进经济结构、产业结构调整，大力发展战略性新兴产业，加快发展服务业，促进三次产业在更高水平上协同发展。再次，加快推进自主创新，加快科技成果向现实生产力转化，加快科技体制改革，加快建设宏大的创新型科

① 李义平：《转变经济发展方式的紧迫性和途径》，《人民日报》2010 年 6 月 28 日。

② 三次产业拉动指 GDP 增长速度与各产业贡献率之乘积。

③ 三次产业贡献率指各产业增加值增量与 GDP 增量之比。

④ 涂勇：《关于加快经济发展方式转变的学习体会》，http：//theory. people. com. cn/GB/40537/11555522. html。

技人才队伍。最后，加快推进农业发展方式转变，大幅提高农业综合生产能力，降低农业生产经营成本，增强农业可持续发展能力。

（二）努力提高居民收入，缩小城乡地区收入差距

“以人为本”的理念要求发展依靠人民，发展为了人民，发展成果由人民共享。现阶段，我国居民收入增长与 GDP 增长相脱节的现象比较普遍，尽管近几年居民收入实现了较大幅度的增长，但是与 GDP 的增长幅度相比，百姓仍然能够感受到两者之间的“落差”。此外，城乡和地区之间收入差距拉大、收入增长和百姓预期存在差距、低收入者劳动报酬偏低等收入话题每每被提起，都会牵动着整个社会的神经。随着经济的快速发展，我国各地区居民的收入状况得到了很大的改善，但是不容忽视的是，由于我国经济发展不平衡、不协调，居民收入在城乡和地区之间呈现巨大差距。以 2010 年为例，全国城镇居民可支配收入为 19109. 44 元，而农村居民人均纯收入为 5919. 01 元，后者仅相当于城镇居民人均收入的 31%。再看居民收入在地区之间的差距，2010 年城乡居民人均纯收入排名最高的是上海市，达到 29927. 77 元，排名最低的是西藏，城乡居民人均纯收入为 6596. 63 元，仅相当于上海市的 22%，相差悬殊。居民收入在城乡和地区之间的巨大差距不仅会阻碍我国经济的长期平稳健康发展，长此以往甚至还会威胁到社会公平与稳定以及和谐社会的建设。

在提高居民收入、缩小城乡地区收入差距方面，应该着重做好以下两方面工作：首先，努力实现“两个同步”，即实现经济发展和居民收入增长同步，实现劳动生产率提高和劳动报酬增长同步。只有实现这“两个同步”，才能为居民收入的提高奠定坚实的基础，才能实现居民生活质量的不断提升。其次，出台宏观调控政策，缩小城乡地区收入差距。政府应该加大对落后农村和欠发达地区的政策扶持力度，提供低收入地区更多的政策优惠，实现经济落后地区“输血”与“造血”的有力结合，并最终实现共同发展的目标。为此，要推进城乡要素平等交换和公共资源均衡配置。维护农民生产要素权益，保障农民工同工同酬，保障农民公平分享土地增值收益，保障金融机构农村存款主要用于农业农村。健全农业支持保护体系，改革农业补贴制度，完善粮食主产区利益补偿机制。完善农业保险制度。鼓励社会资本投向农村建设，允许企业和社会组

织在农村兴办各类事业。统筹城乡基础设施建设和社区建设，推进城乡基本公共服务均等化。全国各省市也结合各自情况陆续出台关于缩小收入差距的相关政策，例如北京市出台了《关于进一步加强职业培训工作的意见》；辽宁省出台了《关于进一步保障和改善民生的意见》；云南省也连续颁布实施了《云南省人民政府关于创新体制机制加大扶持力度进一步促进农民持续增收的意见》和《中共云南省委云南省人民政府关于"十二五"期间城镇居民增收的意见》。

（三）创造有利条件，激发居民消费动力

投资、出口和消费是拉动经济增长的三驾马车。目前，我国经济增长主要依靠投资和出口拉动，投资率偏高、消费率偏低，最终消费对经济增长的贡献率和拉动作用明显不足。截至 2010 年底，最终消费对 GDP 的贡献率为 36.8%，拉动率为 3.8 个百分点。在最终消费中，居民消费增速低于政府消费增速，居民消费需求对经济增长的贡献和拉动作用较弱。此外，城乡消费水平差距进一步扩大，城镇居民消费逐渐向发展型和享受型转变，而农民生存型消费模式特征依然明显。这种不合理的消费结构造成了我国经济增长过热、经济结构失衡，人民没有充分分享到经济增长应有的成果。因此，在当前及今后一段时间，扩大国内消费需求已成为拉动经济增长、保持国民经济持续健康协调发展的重要途径和必然选择。

破解国内居民消费不足问题应该着重做好以下几个方面的工作：第一，加快转变经济发展方式，促进经济增长由主要依靠投资、出口拉动向依靠消费与投资、内需与外需协调拉动转变。第二，努力提高城乡居民的可支配收入，提高居民收入是扩大消费的前提。第三，激活农村消费市场，是扩大国内消费的关键。第四，完善城市社区便民服务设施，满足居民便利消费、放心消费的需要，例如选择一批菜市场进行标准化改造；推行电子商务、信用消费等新型消费方式；集中推进汽车、家电、教育、旅游等与改善民生密切相关的信贷消费发展；优化银行卡刷卡费率结构，降低总体费用水平等。第五，发展现代流通业，改善消费环境促消费的重点是搞活流通。当前我国内需不振，在很大程度上就是由于流通业滞后，与制造业发展并不匹配，必须认识到现代流通业发展的重要意义，大力扶持流通企业发展，降低消费成本，扫清流通业发展障碍，

使其发挥先导产业、支柱产业作用①。必须解决居民消费的“后顾之忧”：老百姓之所以不敢过多消费，其中一个重要原因就是我国社会保障体系还不健全，居民收入更多地需要留到以后做养老之用。因此就需要不断完善我国的社会保障体系，要建立更加公平可持续的社会保障制度。坚持社会统筹和个人账户相结合的基本养老保险制度，健全多缴多得的激励机制，确保参保人权益；推进城乡最低生活保障制度统筹发展；扩大参保缴费覆盖面，适时适当降低社会保险费率；研究制定渐进式延迟退休年龄政策；健全符合国情的住房保障和供应体系，建立公开规范的住房公积金制度，改进住房公积金提取、使用、监管机制；加快发展企业年金、职业年金、商业保险，构建多层次社会保障体系；健全农村留守儿童、妇女、老年人关爱服务体系，健全残疾人权益保障、困境儿童分类保障制度，从而为居民编织一个有效的“安全网”，切实减轻居民在养老、医疗、教育和住房上的巨大压力。全国各省市已经结合各自情况抓紧制定和实施了相应的社会保障措施，如 2010 年江苏省的《江苏省新型农村社会养老保险制度实施办法》，湖南省的《关于新型农村社会养老保险试点工作有关问题的通知》，广东省 2012 年的《关于 2012 年调整企业退休人员基本养老金的通知》等。

（四）加强市场监管，保持物价稳定

物价既反映宏观经济运行的状况，又直接影响老百姓的衣食住行，它是国民经济发展和居民生活水平的“温度计”。虽然物价波动属于正常的经济现象，但是物价偏高、涨速过快也会加大老百姓的生活压力，甚至会对我国经济的高速发展造成潜在威胁。可以说，物价问题不仅仅是经济问题，而且还是影响全局的政治问题和社会问题。从 2006 年起，我国居民消费价格指数总体上呈增长的趋势，其中不少地区增长率远超过 3% 的警戒线，这意味着我国已经面临着通货膨胀的巨大压力。

现阶段，保持物价稳定应该着重做好以下几个方面的工作：首先，各级政府必须在全面贯彻落实国家为保持物价稳定，加强市场监管所采取的一系列政

① 张朝辉：《促消费新政策或将锁定重启汽车家电下乡》，《中国证券报》2012 年 9 月 28 日。

策措施的基础上，进一步加强领导，强化责任，出台相应的政策，保持物价稳定。例如，国务院于2010年发布了《国务院关于稳定消费价格总水平保障群众基本生活的通知》；北京市也随即实施了《关于进一步加强本市“菜篮子”系统工程建设保障蔬菜市场供应和价格基本稳定的意见》和《关于统筹推进新一轮“菜篮子”工程建设的实施意见》；贵阳市在2011年出台了10项措施以确保物价总水平保持基本稳定。其次，对流通环节进行清理整顿，取消高速公路的超期收费项目、降低过高收费标准，大力清理整顿农贸市场、超市进场费以及银行卡的不合理收费。再次，继续推进完善社会救助保障标准与物价上涨的联动机制，督促各地在规定时间内全部建立起来。又次，加强市场价格监管，严厉打击囤积居奇、炒作、价格垄断等违法行为。最后，继续加强对基本生活必需品的供给，如粮食、生猪和蔬菜的供给，保障农产品价格基本稳定。

（五）实施积极的就业政策，实现社会就业更加充分

就业乃民生之本，但是由于我国人口众多，每年能够提供的新增工作岗位有限，因此必将长期面临巨大的就业压力。2010年末，全国城镇登记失业人员908万，农村剩余劳动力则高达1.5亿，随着进城务工浪潮的兴起，各级政府都将面临着解决就业的巨大难题。失业对于个人来说，不仅可能导致家庭基本生活没有依托和着落，而且还会对失业者的心理造成沉重的打击。失业对于国家和社会来说，会导致劳动力资源浪费，出现大量剩余劳动人口；会进一步拉大收入差距，加剧贫富分化；更加严重的情况下还会形成失业恐慌，影响社会稳定。可见，实施更加积极的就业政策，把促进就业放在经济社会发展的优先位置，努力实现社会就业更加充分，关系亿万人民群众切身利益，关系改革发展稳定大局，对推动科学发展、促进社会和谐具有十分重要的意义。

破解国内就业难题应该着重做好以下几个方面的工作：首先，大力发展经济，努力创造充足的就业岗位。经济发展是就业的根本，各级政府必须扭住持续推进经济科学发展不放松。在这一方面，江苏省吴江市的经验值得借鉴，“十一五”期间，吴江市把实现经济可持续发展作为推进城乡居民充分就业的根本性措施，多渠道多方式创造增加就业岗位。一是狠抓经济转型升级，在经济转型升级中创造就业岗位。二是实施“一镇出一品、一品兴一业、一业促

就业”战略，根据全市各镇都有自己特色产品和特色产业的情况，通过做大做强特色产业增加就业岗位。三是不断提供公益性岗位，推进城乡居民就业①。

其次，鼓励自主创业，坚持实施“创业促就业”战略。如辽宁省鞍山市把鼓励支持自主创业作为促进毕业生就业的一项重要举措，不断加大对创业毕业生的扶持力度，定期开展创业培训和“创业导师进校园”活动，重点扶持大学生创业项目，发放大学生创业资金，鼓励和引导更多的大学生走上自主创业之路。此外，该市特别注重发挥新闻媒体在树立正确的就业和创业观念方面的引导作用，加强对创业典型和到基层就业先进典型的宣传，并在政策上倾斜、工作上支持、生活上关心；组织开展了“创业明星巡讲”活动，让创业明星用自己的亲身体会为有创业愿望的劳动者提供建议和榜样，取得了很好的效果。

再次，重视技能培训，全面提高劳动者素质和就业能力。2010 年人力资源和社会保障部发布了《关于进一步加强基层平台就业工作若干问题的意见》，要求各级政府部门要根据就业政策和工作要求的变化情况制订培训规划，进一步加强基层平台就业工作人员培训工作。为此，各级政府部门应该紧扣市场需求，建立政府主导、社会参与、多层次、多专业、成体系的培训系统。同时借助各类新闻媒体大力宣传职业技能培训的重要意义，提高全社会对职业技能培训重要性的认识，提高劳动者参加培训的积极性。

最后，健全促进就业创业体制机制。党的十八届三中全会指出，要建立经济发展和扩大就业的联动机制，健全政府促进就业责任制度。规范招人用人制度，消除城乡、行业、身份、性别等一切影响平等就业的制度障碍和就业歧视；完善扶持创业的优惠政策，形成政府激励创业、社会支持创业、劳动者勇于创业新机制；完善城乡均等的公共就业创业服务体系，构建劳动者终身职业培训体系；增强失业保险制度预防失业、促进就业功能，完善就业失业监测统计制度；创新劳动关系协调机制，畅通职工表达合理诉求渠道。

① 张莹、郑万城、张勇勤：《持续推进城乡充分就业的经验及思考》，《中国行政管理》2012 年第 4 期，第 120～121 页。

（六）大力发展第三产业，推动产业结构不断升级

大力发展第三产业对于国民经济的平稳较快发展具有重要的意义，可以推进产业结构优化，扩大就业领域和就业人数；可以显著提高人民生活水平，改善生活质量；可以有效地推进我国的工业化和现代化。改革开放以来，我国第三产业得到了一定的发展，但是从第三产业在 GDP 中所占的比重来看，我国与发达国家还存在很大的差距。为了保证国民经济的长远可持续发展，必须加快现有经济发展方式的转变，调整产业结构，大力发展服务业，努力提高第三产业在三大产业结构中的比重，使第一、二、三产业的结构从金字塔形转变为倒金字塔形。把努力发展现代服务业作为调整经济结构的“重头戏”，作为加快经济发展方式转变的战略举措来抓。

加快促进第三产业的发展，应该着重做好以下几个方面的工作：首先，政府要把第三产业的发展摆在重要位置，制定促进第三产业发展的政策，在税收、贷款、市场进入、行业管理等方面给第三产业以优惠，鼓励和推动第三产业的发展。从当前来看，政府应当通过财政政策刺激需求，有计划地扩大对基础设施和其他一些第三产业的项目投资，扩大第三产业的对外开放。这样才能尽快地使第三产业的发展与世界接轨，促进第三产业迅速发展。其次，在确保优势行业持续快速发展的同时，加快新兴行业的赶超步伐，积极培植新的经济增长点。再次，加快经济结构调整步伐，利用高新技术改造传统行业，提升第三产业科技含量，积极培植第三产业名牌企业。最后，加强人才引进和培养，多渠道增加对第三产业的投入，提高第三产业的整体开发和管理水平。

居民幸福指数是一个多维的概念和体系，经济福祉是该体系的一个重要组成部分。随着我国经济社会的快速发展和构建和谐社会步伐的加快，准确测量居民经济福祉状况及其发展程度意义重大。因此，我们应时刻关注和准确测量城乡居民的经济福祉状况，并根据实际测量结果针对性地调整经济发展中不合理不规范的政策，实现国民经济的平稳较快发展和居民实际经济福祉的同步增长，并最终达到构建繁荣、和谐社会的目标。

附录

本部分主要指标解释

1. 城乡居民人均可支配收入指反映城乡居民家庭全部现金收入能用于安排家庭日常生活的那部分收入。人均可支配收入 = 城镇居民人均可支配收入 × 城镇人口比重 + 农村居民人均可纯收入 ×（1 - 城镇人口比重）。

2. 基尼系数指在全部居民收入中，用于进行不平均分配的那部分收入占总收入的百分比。

3. 城乡居民人均生活消费支出指一定时期内居民人均用于满足家庭日常生活消费需要的全部支出，包括食品、衣着、家庭设备及服务、医疗保健、交通和通讯、娱乐教育文化服务、居住、杂项商品和服务等八大类。城乡居民人均生活消费支出 = 城镇居民人均生活消费支出 × 城镇人口比重 + 农村居民人均生活消费支出 ×（1 - 城镇人口比重）。

4. 消费价格指数指以年为单位对城乡居民购买支付生活消费品和服务项目的价格变化数值。

5. 恩格尔系数指食品支出在现金消费支出中所占的比例。

6. 城镇登记失业率指报告期末城镇登记失业人数占期末城镇从业人员总数与期末实有城镇登记失业人数之和的比重。

7. 第三产业增加值占 GDP 比重指流通和服务行业在周期内比上个清算周期的增长值与国内生产总值的比例。计算方法：第三产业增加值占 GDP 比重 = 第三产业增加值/GDP。

8. 工资收入占 GDP 比重指国有、集体和其他所有经济单位的职工工资（包括计时工资、基础工资、职务工资、计件工资与计件超额工资、各种奖金、各种津贴、加班工资和其他工资在内）总额合计与国内生产总值的比值。

（执笔人：于萍　孙玮　周士义）

中国文化福祉报告

文化为人类社会所特有，与人们的生活息息相关，人们无时无刻不受到文化的影响。文化福祉体现的是居民的文化生活质量。文化生活质量源于人们的文化生活需求，是衡量人的全面可持续发展的重要标准之一，可以将其定义为各种精神活动和产品的保障状况以及对人的文化生活需求的满足程度。① 在充分吸收以往研究成果的基础上，我们构建了文化福祉指标体系，旨在通过对具体指标的统计分析，反映居民文化需求保障状况和满足程度。"十一五"是我国全面建设小康社会，加快推进社会主义现代化建设的重要时期，文化发展作为实现全面建设小康社会宏伟目标、构建社会主义和谐社会的思想保证和精神动力摆在国家建设的重要地位。国家"十一五"时期文化规划纲要的制定与实施，对于增进我国居民的文化福祉起到了重要的作用。本报告将对2006~2010年我国文化福祉做出评价，分析影响我国文化福祉的因素，并就增进国民文化福祉进行对策性思考。

一　中国文化福祉指标体系的构建

（一）中国文化福祉指标体系的设计与指标筛选

我们将文化定义为精神生产能力和精神产品，这种精神能力是促进个人和社会物质生产发展的，这种产品是为大众所享有并有利于人类全面可持续的发展，体现在人们日常的科教、娱乐、艺术、体育、信息交流等文化生活中。按照这一界定，结合国内外相关研究，我们初步选取了17个具体指标，涉及教育、闲暇活动和信息通讯等三大领域。通过专家评价和相关分析，最终确定的文化福祉指标体系包括两个评价因素：一个评价因素包括指标初、中、高等教

① 邢占军等：《公共政策导向的生活质量评价研究》，山东大学出版社，2011，第210页。

育生师比，成人识字率、平均受教育年限和文化娱乐消费占生活消费总支出的比重（进一步调整为文教娱乐消费占总消费性支出的比重），这些指标与居民文化生活中促进人类生产发展的精神能力有关，我们将其命名为“教育水平”；另一个评价因素包括指标人均文化事业费，万人接入互联网的用户数，彩色电视机普及率和万人拥有图书、报纸、期刊的数目，这些指标反映的是居民文化生活中大众高层次需求的满足程度和获取途径的通达度，将其命名为“文化休闲资源”。最终的文化福祉综合评价指标结构体系如下（见表1）。

表1　文化福祉综合评价指标

评价要素	评价指标名称	单位
教育水平	初、中、高等教育生师比(－)	%
	文教娱乐消费占总消费性支出的比重(＋)	%
	成人识字率(＋)	%
	平均受教育年限(＋)	年
文化休闲资源	人均文化事业费(＋)	元
	万人拥有图书、报纸、期刊的数目(＋)	种
	万人接入互联网的用户数(＋)	个
	彩色电视机普及率(＋)	台/百户

注：（＋）表示正指标，（－）表示逆指标。

（二）指标权重的确定与综合评价指数的形成

本研究采用层次－主成分分析法来确定指标权重，得到文化福祉综合评价函数。在层次分析阶段，从专家库中抽取25名相关领域的专家进行问卷调查，实际回收有效问卷22份进入数据分析，得到文化福祉各个评价指标的对应权重（见表2）。

表2　文化福祉评价指标对应权重

评价指标标号与名称	权重 W_i	评价指标标号与名称	权重 W_i
d3. 初、中、高等教育生师比	0.1648	d11. 人均文化事业费	0.1120
d5. 成人识字率	0.1044	d14. 万人接入互联网的用户数	0.0831
d6. 平均受教育年限	0.2727	d15. 万人拥有图书、报纸、期刊的数目	0.0662
d10. 文教娱乐消费占总消费性支出的比重	0.1315	d17. 彩色电视机普及率	0.0652

选取相关指标2006～2010年的公开统计数据，无量纲化处理后进行加权转换，采用探索性因素分析方法，按照特征值大于0.5以及累积贡献率大于85%的加权原则对文化福祉的两个部分教育水平和文化休闲资源分别提取主成分因子，经过整合之后，分别得到了教育水平和文化休闲资源的评价函数：

$$Y_1 = 0.4340ddd1 + 0.1935ddd2 + 0.3727ddd3 + 0.3576ddd4$$
$$Y_2 = 0.2454ddd5 + 0.4546ddd6 + 0.3053ddd7 + 0.3760ddd8$$

将教育水平和文化休闲资源两个部分的评价函数相加即得到最终的文化福祉评价函数：

$$Y = 0.4340ddd1 + 0.1935ddd2 + 0.3727ddd3 + 0.3576ddd4 + 0.2454ddd5 + 0.4546ddd6 + 0.3053ddd7 + 0.3760ddd8$$

二　2006～2010年中国文化福祉分析

（一）2006～2010年我国文化福祉综合评价结果分析

选取2006～2010年相关统计数据，运用文化福祉综合评价函数，对我国31个省（区、市）居民文化福祉进行综合评价，得到有关省份文化福祉综合得分（见表3）。以下从宏观、中观和微观三个层面对2006～2010年各地区文化福祉综合评价结果加以分析。

表3　2006～2010年各省（区、市）文化福祉评价结果

地区	2006年	排序	2007年	排序	2008年	排序	2009年	排序	2010年	排序
北　京	0.2991	1	0.3008	1	0.2937	1	0.3274	1	0.3207	1
天　津	0.2271	3	0.2324	3	0.2269	3	0.2320	3	0.2351	3
河　北	0.1558	15	0.154	17	0.1523	15	0.1379	16	0.1295	18
山　西	0.1729	11	0.1774	10	0.1694	11	0.1688	10	0.1641	11
内蒙古	0.1696	12	0.1748	11	0.1713	9	0.1731	8	0.1835	7
辽　宁	0.1772	8	0.182	8	0.1770	7	0.1783	6	0.1935	5
吉　林	0.1873	5	0.197	5	0.1873	5	0.1840	4	0.1968	4
黑龙江	0.1760	9	0.1867	7	0.1740	8	0.1705	9	0.1710	10

续表

地区	2006年	排序	2007年	排序	2008年	排序	2009年	排序	2010年	排序
上　海	0.2710	2	0.2740	2	0.2696	2	0.2737	2	0.3124	2
江　苏	0.1863	6	0.1987	4	0.1930	4	0.1829	5	0.1916	6
浙　江	0.1885	4	0.1876	6	0.1805	6	0.1768	7	0.1831	8
安　徽	0.0938	28	0.0981	28	0.0924	28	0.0892	26	0.0901	27
福　建	0.1545	17	0.1595	16	0.1521	16	0.1652	11	0.1752	9
江　西	0.1268	20	0.1277	20	0.1162	22	0.1108	22	0.1065	22
山　东	0.1801	7	0.1719	12	0.1631	12	0.1433	15	0.1481	15
河　南	0.1215	22	0.1214	22	0.1160	23	0.0981	24	0.0901	27
湖　北	0.1470	18	0.1444	18	0.1336	18	0.1187	20	0.1235	19
湖　南	0.1546	16	0.1612	15	0.1486	17	0.1288	19	0.1199	20
广　东	0.1755	10	0.1782	9	0.1712	10	0.1501	13	0.1545	12
广　西	0.1203	23	0.1194	23	0.1120	24	0.1027	23	0.0951	25
海　南	0.1244	21	0.1277	20	0.1334	19	0.1350	17	0.1451	16
重　庆	0.1356	19	0.1345	19	0.1326	20	0.1293	18	0.1388	17
四　川	0.106	26	0.1013	26	0.0928	27	0.0872	27	0.0939	26
贵　州	0.0641	30	0.0674	30	0.0607	30	0.0481	31	0.0511	31
云　南	0.0881	29	0.0808	29	0.0750	29	0.0695	29	0.0759	29
西　藏	0.0346	31	0.0433	31	0.0457	31	0.0496	30	0.0659	30
陕　西	0.1627	13	0.1639	14	0.1590	14	0.148	14	0.1513	14
甘　肃	0.0949	27	0.0985	27	0.0965	26	0.0822	28	0.0984	23
青　海	0.1134	25	0.1113	25	0.0998	25	0.0916	25	0.0976	24
宁　夏	0.1147	24	0.1129	24	0.1185	21	0.1114	21	0.1101	21
新　疆	0.1598	14	0.1675	13	0.1595	13	0.1502	12	0.1516	13

1. 2006～2010年我国文化福祉走势

从整体上看，2006～2010年我国各地区居民文化福祉基本上保持平稳。通过表3可以看出，各省（区、市）间存在明显的地区差异，地区间的差值波动不明显，各省（区、市）文化福祉排名总体变化不大，但个别省份波动幅度仍然较大。

“十一五”期间，我国教育改革和发展的每一步都步履坚定、力度空前。“十七大”报告中明确提出“优先发展教育，建设人力资源强国”，并且提出要“优化教育结构，促进义务教育均衡发展，加快普及高中阶段教育，大力发展职业教育，提高高等教育质量”，指出要“坚持教育公益性质，加大财政对教育投入，规范教育收费，扶持贫困地区、民族地区教育，健全学生资助制度，保障经济困难家庭、进城务工人员子女平等接受义务教育。加强教师队伍建设，重点提高农村教师素质。鼓励和规范社会力量兴办教育。发展远程教育和继续教育，建设全民学习、终身学习的学习型社会”。这些论述为我国“十一五”教育事业的发展指出了明确的方向。2006 年新修订的《中华人民共和国义务教育法》颁布实施，全面推进了城乡免费义务教育，促进了农村义务教育跨越式发展，可以说开创了中国教育新的里程碑。2007 年，国务院颁布《批转教育部国家教育事业发展“十一五”规划纲要的通知》，从确保义务教育的普及巩固、推进义务教育均衡发展、改善农村学校的办学条件和提高农村义务教育师资水平四个方面对基础教育发展提出明确方向，并且提出加强职业教育，加强教师队伍建设的意见。

在十七大报告和纲要的指导下，“十一五”期间，党中央、国务院坚持优先发展教育，深入实施科教兴国战略，各级各类教育持续健康发展。国家教育投入力度加大，基础能力建设不断加强。2009 年，全国教育经费总投入 16502.7 亿元，比 2005 年几近翻番。国家财政性教育经费投入达 12231.1 亿元，比 2005 年增长了 1.4 倍；占国内生产总值的比例达 3.59%，同比提高 0.8 个百分点。“十一五”期间的各项教育改革迈出新步伐。建立中央和地方分担的农村义务教育经费保障机制，教师管理制度和绩效工资制度改革取得突破，高校招生考试制度、研究生培养体制改革不断深入，区域教育综合改革试验取得初步成效，国家教育体制改革试点项目全面开展。与时代需求相适应，有中国特色的基础教育新课程体系、职业教育人才培养模式、高等学校本科教学质量与教学改革工程得以实施。各级教育投入水平不断提升，经费投入结构不断优化，教师队伍整体素质得到大幅度提升，培养了大批高素质劳动者和技能型人才，为教育事业发展奠定了良好的基础。

在上述措施的推动下，中国教育收获了长足的进步。《国家教育事业发展“十一五”规划纲要》提出的各级教育规划目标基本全面实现，教育体制改革不断深化，逐步建立国家教育经费保障机制，教育资源努力向均衡发展。教育的发展进一步提高全民素质，科技创新和文化繁荣也在相当程度上为之受益。教育事业的进步对于经济发展、社会进步和民生改善做出了不可忽略的重大贡献。

文化建设对于推进改革开放和社会主义现代化建设、促进社会全面进步和人的全面发展，具有特别重要的意义，占有十分重要的地位。《国家“十一五”时期文化发展规划纲要》实施以来，各级文化部门注重以人为本，深化改革，积极推进公益性文化事业和经营性文化产业发展，把保护好、实现好、发展好人民群众的基本文化权益、不断满足人民群众日益增长的精神文化需求放在突出位置，我国文化建设全面快速发展，亮点频现，取得了明显成效。

“十一五”期间，各级政府坚持以科学发展观为指导，进一步提高文化自觉，抓住机遇，开拓创新，坚定不移地走中国特色社会主义文化发展之路，更加主动地推动文化大发展大繁荣，居民的文化生活更加丰富多彩，文化福祉显著提高。我国特别重视对各地文化建设的投入力度，对城市和农村地区文化建设的投入已实现“翻一番”，五年同比增幅分别达到110.24%和140.98%。人均文化事业费从2005年的10.23元增加到2010年的24.11元，同比增幅135.68%。同时，我国图书出版品种和总印数居世界第一。电子出版物总量居世界第二。“十一五”期间，我国累计生产图书135.8万种，共计338亿册。我国的图书和期刊已进入全球193个国家和地区。

公共文化服务体系加快建立，人民群众共享发展成果。“十一五”以来，公共文化服务体系建设已经进入快速、稳定的重要发展期。截至2010年底，全国共有公共图书馆2885个，其中，县级公共图书馆2491个，覆盖率达到87.16%；文化馆（含群众艺术馆）3264个，其中县级文化馆2890个，覆盖率达到100%；乡镇（街道）文化站40118个，基本实现了公共文化服务体系全覆盖。覆盖城乡的公共文化服务网络正在逐步形成。

文化产业快速发展，成为经济发展新增长点。党的十七大报告中，“文化大发展大繁荣”“文化创造活力”“文化软实力”“文化生产力”等新词频现，体现了党中央在新世纪新阶段对文化发展的新思路和新部署。2009年《文化产业振兴规划》出台，首次将文化体制改革和大力发展文化产业上升到国家战略。2010年，《关于金融支持文化产业振兴和发展繁荣的指导意见》出台，为金融与文化产业深度合作提供了政策支撑。政策的利好带来了文化产业发展的良机。2008～2009年，面对金融危机的冲击，文化产业逆势上扬，2009年上半年，我国文化产业增速达到17%，大大超过GDP和第三产业的增速；动漫、游戏、数字音乐等新兴文化产业迅速崛起，2009年，全国动画片创作生产数量达到17万分钟，比2006年翻了一番多；文化市场繁荣发展，截至2009年，全国文化市场经营单位239571个，从业人员1294912人，固定资产原值达到约1088亿元的规模，利润约350.5亿元，新创增加值约692.3亿元；大量民间资本进入演出市场，全国各地民营文艺表演团体约6800家，年演出200多万场次。

2. 2006～2010年我国居民文化福祉的区域分析

按照我国目前地区间社会经济发展水平，我们将31个省（区、市）划分为四大区域：东部地区包括北京、天津、河北、上海、江苏、浙江、福建、山东、广东和海南等10省（市）；东北地区包括辽宁、吉林和黑龙江等3省；中部地区包括山西、安徽、江西、河南、湖北和湖南等6省；西部地区包括内蒙古、广西、重庆、四川、贵州、云南、陕西、甘肃、青海、宁夏、新疆和西藏等12省（区、市）。这四大区域在2006～2010年期间的文化福祉综合评价平均值如表4所示。

表4　2006～2010年不同地区文化福祉综合评价

地　区	2006年	2007年	2008年	2009年	2010年
东部地区	0.1962	0.1985	0.1936	0.1924	0.1995
东北地区	0.1802	0.1886	0.1794	0.1776	0.1871
中部地区	0.1361	0.1384	0.1294	0.1191	0.1157
西部地区	0.1137	0.1146	0.1103	0.1036	0.1094
平均得分	0.1566	0.1600	0.1532	0.1482	0.1529

表4显示，区域层面我国居民文化福祉综合得分呈现出东部、东北、中部、西部依次递减的规律，体现出以下特点。

第一，东部地区得分最高，其次是东北地区，然后是中部和西部地区。从总体上看，东部地区、东北地区要比中部地区、西部地区文化福祉的得分要高，而且差异比较大。东部地区、东北地区得分都在0.17～0.20，而中部地区、西部地区得分则集中在0.10～0.14。

第二，地区间的差值波动不明显。由于以上分析的统计数据已做无量纲化处理，我们无法直接依据得分数据值进行各省市纵向的年度比较。从2006～2010年各区域文化福祉的综合评价来看，地域间得分数值差值波动的幅度并不明显。但从数据差值纵向截面比较来看，2010年相对于2006年，东部地区、东北地区和中部地区、西部地区之间的差距还是有轻微的变化。

从表3中可以看出，2006～2010年在居民文化福祉方面排名前十的省（区、市）中大多数都是东部地区和东北地区的省市，排名相对靠后的大多数是西部地区的省市。从地域排名看，我国居民文化福祉状况存在明显的“东高西低、呈四级递减”的趋势。总体看，四个区域的居民文化福祉水平存在一定的差距，尤其是东部地区的居民文化福祉要远远高于其他地区，这种差距主要是由各地区间的经济发展水平、教育和文化休闲资源分布不均衡等因素造成的。

“十一五”时期，国家坚持实施推进西部大开发，振兴东北地区老工业基地，促进中部地区崛起，鼓励东部地区率先发展的区域发展总体战略，有效带动了各地区居民收入的协调增长，一定程度上缩小了地区间的差距。就教育状况而言，早在2005年国务院关于《深化农村义务教育经费保障机制改革的通知》中就特别规定“西部地区农村义务教育阶段中小学生全部免除学杂费；中央财政同时对西部地区农村义务教育阶段中小学安排公用经费补助资金，提高公用经费保障水平”。2007年国务院批转教育部《国家教育事业发展“十一五”规划纲要的通知》中，还将“城乡、区域教育更加协调，义务教育趋于均衡”作为未来发展目标，并将“统筹城乡、区域教育”作为指导思想，提出要“进一步加大薄弱学校改造力度，加大东部地区对西部地区农村教育发展的支持力度，做好各地区城市对农村学校的对口支援工作，努力缩小地区、城乡之间的差距”。

在文化建设方面，2007年文化部在印发《关于进一步加强农村文化建设的意见》中，特别指出要“对中西部欠发达地区和少数民族地区的农村文化建设，要切实加大投入，加快这些地区农村文化事业发展。要重点解决无图书馆、文化馆的县和无文化站的乡镇的馆站建设问题”。同年，文化部特别印发《关于实施西部大开发战略加强西部文化建设的意见》，从“提高认识，认真组织实施西部大开发战略”“加强西部文化发展战略研究，制订西部文化发展规划”“加快西部地区文化设施建设，巩固社会主义文化阵地”“推进西部地区公共图书馆网络体系和数字图书馆建设，实现文献信息资源共建共享”“加强文化科研，充分发挥文化科技在西部大开发中的重要作用”等15个方面对繁荣西部地区文化发展，促进西部地区文化繁荣提出了详尽具体的方向。

根据上述方针政策，中西部地区各级政府结合省情地情，认真贯彻落实有关政策。教育建设方面，建立健全教育经费保障机制，优先发展教育，改善教学环境，建立引进人才机制，鼓励和支持东中西部地区之间开展教育对口支援和联合办学、联合研究等交流与合作，加快西部地区教师队伍建设，着力推进教育公平。文化建设方面，积极发展文化体育事业。加强农村和城市社区基层公共文化设施和服务网络建设，继续实施西新工程、村村通广播电视、农村电影放映工程和文化信息资源共享工程，加强乡镇综合文化站等基层文化设施建设，推进民族民间传统文化保护、抢救性文物保护、重大文化自然遗产保护设施建设。扶持农村业余文化队伍。加强城乡社区体育设施建设，开展全民健身活动，保护发展民族民间体育。加快发展文化产业和体育产业，进一步完善文化产业政策，充分发挥少数民族文化特色优势，加快培育骨干文化企业，增强文化产品国际竞争力。这些政策的实施有力促进了中西部地区文化的加速发展，促进了各区域间文化的协调发展。

然而，从表4我们可以看出：文化福祉得分与我国传统的经济发达和欠发达地区之分仍然显示出高度的相关性，地区差异十分明显。教育领域的地区差异甚至有不断加大的趋势，其根本原因在于各地区政策、资源、人口、治理理念等方面的不均衡性。中西部省份和欠发达区域普遍存在“奶水不足”的现象，这与国家在区域发展方面的政策导向不无关系。就我国目前实施的区域发展规划而言，东部地区受惠的发展政策呈现多而集中的特点，中西部地区则显得较少而零星，国家重点建设项目呈现“东倾”的显著特色。中西部资源（包括教育资源）源源不断地输送到东部，自身却并没有得到东部地区的技术支持和经济“反哺”。经济发展落后的西部地区，既无法利用丰厚的资源优补教育，也因为将注意力长期放在寻求GDP的增长上，使得教育资源的投入不足，加之贫困等客观因素，最终导致教育状况极其落后的局面，使得中西部教育状况乃至整体文化福祉得分远低于东部地区。

3. 2006～2010 年我国文化福祉的省际分析

从各地区的横向比较来看，2006～2010 年我国各省（区、市）居民文化福祉综合评价结果排名中，排名始终比较靠前的省份包括北京、上海、天津、吉林、江苏和浙江，而西藏、青海、贵州、云南等省份排名比较靠后。2010 年居民文化福祉排名前六的分别是北京市、上海市、天津市、吉林省、辽宁省和江苏省，后三名分别是贵州省、西藏自治区、云南省。从表 3 我们可以看出我国各省（区、市）的文化福祉综合得分呈现以下特点。

第一，排名较高省份（区、市）与相对排名靠后的省份（区、市）得分差距较大。综合排名前三的北京、上海和天津得分要远远高于综合排名最后三名的贵州、西藏和云南。2006～2010 年的统计数据分析结果显示，北京和上海的得分都在 0.27 左右，有些年份甚至达到了 0.30 以上，而贵州每年的得分不足 0.10，西藏每年的得分不足 0.07。

第二，各省（区、市）文化福祉排名总体变化不大，个别省份波动幅度比较大。2006～2010 年文化福祉排名中保持前三位的是北京、上海、天津，而贵州、云南和西藏始终排在后三位，其他省份大多数排名变化在 2～3 位。个别省份波动幅度比较大，如山东到 2007 年从 2006 年的第 7 名降到第 12 名，到 2010 年又降到第 15 名，同时我们可以从表 3 中观察到，河南和湖南位次下降也很明显；而福建在 2006 年排名第 17 名，在 2009 年跃升到第 11 名，到 2010 年又上升到第 9 名。内蒙古、辽宁、海南和甘肃位次也有不同程度的上升。

以排名首位的北京为例，北京不仅是我国的经济、政治和对外交往中心，而且是我国的文化中心。在教育建设方面，2006～2010 年，落实教育改革、推动教育事业科学发展、推进教育现代化建设，成为首都教育的重大使命。北京市委、市政府高度重视教育工作，以办好人民满意的教育为宗旨，以育人为根本，锐意改革，开拓进取，全面推进《北京市“十一五”时期教育发展规划》的落实，取得了令人瞩目的发展成就。例如在学前教育方面，普及水平大幅跃升，针对外来人口增长造成学前教育资源不足的现状，2009 年市财政投入3000万元在全市幼儿园扩班300个，增加近1万个学位。截至2009年底，全市早期教育示范基地达280个。目前，北京市已全面普及学前3年教育。再从义务教育上看，均衡发展成效明显。为妥善解决来京务工人员随迁子女义务教育问题，全市按照以流入地政府为主和以公办中小学为主的原则，市、区（县）两级财政每年投入经费超过10亿元，尽力满足来京务工人员随迁子女义务教育需求。2009年，公办学校接收来京务工人员随迁子女比例达67%。与此同时，北京市将建设高素质、多层次的教师队伍提上重要日程。2005年启动市属市管普通本科院校和高等职业学院的“人才强教计划”，力求通过重点建设，完善高校吸引人才、培养人才和使用人才的体制与机制，形成有利于人才发展和发挥作用的良好环境。2008年又实施了北京市属高等学校“人才强教深化计划”，共投入4亿多元，加大对杰出人才和高层次人才的引进和资助力度，从教学、科研、管理等方面加强高校人才队伍建设。同时还积极做好海外高层次人才遴选、引进工作。2009年3月颁布了《关于进一步加强农村教师队伍建设的意见》，细化了一系列加强农村教师队伍建设的相应政策。通过注重完善制度，加大投入，保障教师培训持续发展；城乡联动，倾斜农村，促进农村教师队伍素质提高等措施，“十一五”末期北京市平均受教育年限达到11.50年，相比2006年提高0.27年；初、中、高等教育生师比在经历了2007年（12.39）较之2006年（11.16）的上升后逐渐趋于下降，到2010年实现11.44，远低于当年全国17.10的平均比值。2010年，北京市在全国率先基本实现教育现代化。

北京市在公共文化设施建设、体系的构建、人才队伍的培养以及文化活动的开展等方面也取得了明显的发展，首都文化形象和居民文化福祉达到历史最好水平，北京市从细微之处着手，把文化惠民落到实处，取得了令人瞩目的成效。“十一五”期间，北京市文化局重点在演出、电影、文化活动和图书馆服务等领域加大投入，提高建设标准和投入效益，提升服务能力和服务水平，兼顾城乡之间、区域之间的协调发展，建成了实用、便捷、高效的公共文化服务网络，形成了结构合理、发展均衡、网络健全、服务优质、覆盖全社会的较完备的公共文化服务体系，保障了全市人民群众的基本文化权益和需求。在公共文化投入总量上，据初步统计，从2006年开始，北京市公共文化总投入以年均30%、人均公共文化占有金额以年均22%的速度飞速增加。拨出专款支持行政村多媒体综合文化中心建设，基本实现农村地区文化设施的全覆盖。此外，为了支持各区县开展品牌文化性活动，2009年北京市文化局与财政局共同制定了《北京市关于文化划转事项及资金管理办法》，明确了文化活动的经费标准。同时，还专门加强了制度建设，在支持基层的资金下拨方面摸索出“明确目标—项目调研—出台标准—区县申报—专家审核—资金扶持—跟踪指导—资金检查”的系列化工作模式，保证了资金使用和活动的效益最大化。这一系列措施都产生了良好的社会效果，保障和促进了居民文化权益的实现，“十一五”期间，北京人均文化事业费逐年稳步增长，从2006年的40.36元提高到2010年的82.44元，较全国平均值高出58.33元，年均增长接近20%。从表3可以看出，“十一五”期间北京市居民文化福祉得分稳居全国第一。

（二）居民教育水平综合评价结果分析

1. 2006~2010年我国居民教育水平基本发展走势

教育在全面建设小康社会、构建社会主义和谐社会中具有基础性、先导性和全局性的重要作用。教育是提高人的素质、实现人的全面发展的根本途径。文化教育的满足已经成为个人作为社会人存在，实现发展的重要途径和内容。教育是获取社会资源和改善生活状况的有效途径，同时也是提高生活质量的重要手段。如果一个国家或地区的人口受教育水平低下，生活质量的提高就是一句空话。随着社会竞争的日益加剧，居民越来越注重教育投入。表5反映了我国居民2006~2010年教育水平。

表5　2006~2010年各省（区、市）教育水平评价

地　区	2006年	排序	2007年	排序	2008年	排序	2009年	排序	2010年	排序
北　京	0.2402	1	0.2404	1	0.2357	1	0.2365	1	0.2404	1
天　津	0.1864	2	0.1976	2	0.1914	2	0.1945	2	0.1888	3
河　北	0.1311	14	0.1349	14	0.1314	14	0.1223	15	0.1131	17
山　西	0.1527	6	0.1589	6	0.1495	8	0.1505	8	0.1421	9
内蒙古	0.1510	7	0.1565	8	0.1528	6	0.1546	6	0.1569	6
辽　宁	0.1481	8	0.1566	7	0.1491	9	0.1529	7	0.1595	4

续表

地区	2006年	排序	2007年	排序	2008年	排序	2009年	排序	2010年	排序
吉林	0.1628	4	0.1748	4	0.1645	4	0.1607	4	0.1585	5
黑龙江	0.1547	5	0.1684	5	0.1569	5	0.1552	5	0.1510	7
上海	0.1854	3	0.1968	3	0.1911	3	0.1815	3	0.2030	2
江苏	0.1386	12	0.1543	9	0.1504	7	0.1500	9	0.1444	8
浙江	0.1274	15	0.1347	15	0.1254	15	0.1271	13	0.1217	14
安徽	0.0763	28	0.0805	28	0.0748	27	0.0752	26	0.0725	27
福建	0.1200	17	0.1291	16	0.1181	16	0.1332	12	0.1313	10
江西	0.1099	20	0.1110	21	0.1004	21	0.0968	21	0.0905	21
山东	0.1412	11	0.1443	13	0.1328	12	0.1258	14	0.1263	12
河南	0.1037	22	0.1026	23	0.0971	22	0.0873	24	0.0784	24
湖北	0.1208	16	0.1228	17	0.1112	20	0.1036	20	0.1020	20
湖南	0.1368	13	0.1450	11	0.1315	13	0.1192	16	0.1096	19
广东	0.1133	19	0.1199	18	0.1143	17	0.1162	17	0.1167	15
广西	0.1019	23	0.1029	22	0.0948	24	0.0887	23	0.0762	26
海南	0.1077	21	0.1121	20	0.1134	18	0.1159	18	0.1155	16
重庆	0.1149	18	0.1150	19	0.1115	19	0.1097	19	0.1098	18
四川	0.0799	27	0.0810	27	0.0717	28	0.0756	25	0.0774	25
贵州	0.0563	30	0.0598	30	0.0521	30	0.0428	30	0.0445	30
云南	0.0718	29	0.0690	29	0.0612	29	0.0608	29	0.0646	28
西藏	0.0181	31	0.0296	31	0.0317	31	0.0364	31	0.0387	31
陕西	0.1415	10	0.1450	11	0.1384	11	0.1334	11	0.1263	12
甘肃	0.0821	26	0.0868	26	0.0845	26	0.0735	27	0.0868	22
青海	0.0956	25	0.0959	25	0.0861	25	0.0733	28	0.0642	29
宁夏	0.0972	24	0.0973	24	0.0969	23	0.0917	22	0.0861	23
新疆	0.1430	9	0.1517	10	0.1410	10	0.1362	10	0.1279	11

教育水平评价的指标包括初、中、高等教育生师比，成人识字率，平均受教育年限和文化娱乐消费占生活消费总支出的比重。“十一五”时期的五年，是坚持经济与社会统筹发展，社会事业加快发展的五年。在这五年当中，在政府投入和相关政策的推动下，我国教育事业成绩显著，具体体现在以下几个方面。

（1）“十一五”期间，各阶段教育规模不断发展，体系结构趋于合理。2010年，我国学前教育规模达到2976.7万人，比2005年增加797.6万人，增长36.6%；高中阶段教育在校生规模为4670万人，比2005年增加639.6万人，增长 15.9%；各种形式的高等教育在学总规模达到 3105 万人，比 2005 年增加 805 万人，增长 35%，高等教育大众化程度进一步提高。2010 年，全国普通高等教育本专科招生 661.8 万人，在校生 2231.8 万人，毕业生 575.4 万人，比 2005 年分别增加 157.3 万人、670.0 万人和 268.6 万人；职业教育快速发展。2010 年各类中等职业教育招生 868.1 万人，在校生 2231.8 万人，毕业生 659.2 万人，比 2005 年分别增加 212.4 万、631.8 万和 241 万人；非义务教育阶段的民办教育健康有序发展，为满足全社会多样化教育需求发挥了积极作用。

（2）国民受教育程度大幅度提升。“十一五”期间，党中央、国务院着力建设和完善农村义务教育经费保障新机制。2006 年起全面免除西部农村义务教育阶段学生学杂费，2008 年秋季，城市义务教育阶段学杂费全部免除，这标志着我国免费九年义务教育已全面实现。全面实行真正免费的义务教育，标志着我国教育公平迈出重大步伐，国民平均受教育年限从 8.5 年增加到 9 年以上。2009 年，我国具有高等教育文化程度人数达到 9830 万人，位居世界第二；主要劳动年龄人口平均受教育年限达到 9.5 年，其中受过高等教育的比例为 9.9%；新增劳动力平均受教育年限超过 12.4 年，高出世界平均水平，相当于高中三年级以上水平。

（3）教育投入力度加大，基础能力建设不断加强。首先，国家财政性教育经费投入力度不断增强。2009 年，全国教育经费总投入 16502.7 亿元，比 2005 年几近翻番。国家财政性教育经费投入达 12231.1 亿元，比 2005 年增长了 1.4 倍；占国内生产总值的比例达 3.59%，同比提高 0.8 个百分点。其次，各级教育投入水平不断提升，为教育事业发展奠定良好基础。2009 年，全国普通小学、普通初中、普通高中、中等职业学校、普通高校生均预算内事业费分别为 3358 元、4332 元、3758 元、4263 元、8542 元，分别是 2005 年的 2.5 倍、2.9 倍、1.9 倍、1.9 倍和 1.6 倍。最后，教育经费投入结构不断优化，义务教育全面纳入公共财政保障范围。“十一五”期间，我国义务教育被全面纳入公共财政保障范围．义务教育预算内拨款 2009 年达 6357.6 亿元，比 2005 年增长了 151.4%，占义务教育经费总投入的 87.7%，同比提高了 16.6 个百分点。同时，关注弱势群体，帮困助学体系不断完善。“十一五”期间，各级教育帮困助学体系不断完善，以国家奖学金、助学金制度和以风险补偿金为核心的高等教育国家助学贷款新机制已经形成，每年300多亿元的资助资金覆盖全国2000多所高校的500万名大学生。从2009年秋季学期起，对中等职业学校农村家庭经济困难学生和涉农专业学生免除学费。2010年秋季学期起，免学费政策扩大到城市家庭经济困难学生。从2010年秋季学期起，中央和地方财政共同安排资金设立普通高中国家助学金，资助家庭经济困难学生。

（4）教师队伍层次结构不断优化，为促进教育内涵发展奠定了坚实基础。教育信息化建设成效显著，带动了教育现代化发展。“十一五”期间，小学、初中教师学历合格率一直保在98%以上，基本达到《中华人民共和国教师法》规定的最低标准。2010年，全国普通高中专任教师中具有本科及以上学历教师达94.8%，基本达到《中华人民共和国教师法》规定的标准。职业学校双师型教师比例实现较快增长，普通高校专任教师的学历层次不断提高。“十一五”期间，教育信息化得到了快速发展，初步建成了国家基础教育资源库、高等优质教育课程资源库和国家职业教育资源库；建成了世界最大规模的纯IPv6互联网（中国下一代互联网示范工程CNGI-CERNET2主干网）；中国教育和科研计算机网（CERNET）与中国教育卫星宽带传输网（CEBSat）运行服务水平进一步提高。

（5）教育文娱丰富多彩，消费观念提升。随着经济社会的发展和居民收入的逐年提高，民众不仅注重物质生活水平的提高，也更加注重文化娱乐休闲等享受型消费，教育、文化、娱乐消费已成为居民家庭消费中重要的内容，百姓文化娱乐生活日益丰富。“十一五”时期是我国全面建设小康社会的新时期，城镇化进程加快，拉动城乡居民收入显著增加，消费总量逐年上升，消费结构提档升级，生活质量显著提高，民生改善取得实效。居民文教娱乐消费支出同步增长，随着居民收入的增加和国家免除中小学生义务教育阶段学杂费政策的实施，教育消费降幅较大。城市居民文教娱乐消费总量逐年增加，2006年为1203.03元，2010年为1627.64元，增加了424.61元，农村居民2006年为305.13元，2010年为366.72元，增加了61.59元。从消费构成上看，农村居民主要是文化及文娱设备用品支出较大；城市居民则侧重的是精神文化生活。

我国在教育领域取得的突出成就推动了我国教育事业的进步和发展，促进了教育资源发展的均衡性，推动了教育公平，保障了我国公民受教育权的充分实现，从而改善了我国居民受教育状况，提高了广大人民科学文化素质。同时，多姿多彩的文化娱乐消费也必将进一步优化居民生活消费结构，提升居民的文化福祉。

2. 2006～2010 年我国居民教育水平区域分析

为进一步考察我国居民教育水平状况的地区差异，按照上述划分标准我们测算了东部、东北、中部和西部四大区域 2006～2010 年居民教育水平状况综合评价得分（见表 6）。

表 6　2006～2010 年各地区域教育水平评价

地　区	2006 年	2007 年	2008 年	2009 年	2010 年
东部地区	0.1491	0.1564	0.1504	0.1503	0.1501
东北地区	0.1552	0.1666	0.1568	0.1563	0.1563
中部地区	0.1167	0.1201	0.1108	0.1054	0.0992
西部地区	0.0961	0.0992	0.0936	0.0897	0.0883
平均得分	0.1293	0.1356	0.1279	0.1254	0.1235

表 6 显示教育水平地区差异明显，但是整个区域差异相对来说比较平均。从不同区域来看得分从高到低依次为东北地区、东部地区、中部地区和西部地区，东北地区和东部地区的教育水平走势基本一致，东北地区得分略高于东部地区；而中部和西部地区的教育平均水平明显低于平均水平。

造成这种区域教育水平不平衡的原因是多方面的。首先，从政策层面上来看。人类社会发展的历史实践证明，经济发展是整个社会发展的重要基础。教育的发展同样会毫不例外受到经济发展的影响和制约。① 改革开放以来，我国经济发展实行区域梯度推进策略，先后经历了鼓励东部地区率先发展、西部大开发、振兴东北老工业基地、促进中部地区崛起等区域发展推进政策，基于这种梯度推移的经济发展策略形成的非均衡发展战略成为区域教育产生严重不平衡的政策原因。东部沿海和东北地区较之中西部地区开放时间早，取得了明显的发展优势，导致东西部经济差距越来越大，而经济发展的不平衡

① 沈喜云：《我国区域教育发展趋势研究》，西北师范大学硕士学位论文，2007。

必然影响到教育的发展。其次，从教育角度分析，我国原有的教育发展模式形成的教育资源垄断局面，客观上加大了区域教育之间的不平衡现状。东部和东北地区集中了全国大部分的优质教育资源，在高校数量上，全国高校的空间分布明显不合理，东部发达地区集中了全国大部分高校，而且重点院校在全国的比例也是最高的，中部和西部欠发达地区的高校无论在数量上还是质量上，都不能与东部地区相比。由此形成了东部地区教育资源不断集聚和强化的现状。最后，从自然地理和人文因素方面看，自然因素是影响人们文化教育活动的客观因素，与东部地区相比，西部地区存在气候恶劣、自然灾害频仍、地域相对闭塞等不良状况，造成人口分散居住和交通不便，信息传播不畅，给学校布点和教育普及增加很大难度，也对教育工作者和学生造成诸多负面影响，直接加大了教育的投入成本。① 不同区域对教育重视有别的人文背景，也在一定程度上作用于区域教育发展，反映了教育在区域之间的发展差异和不均衡。

“十一五”期间，我国的区域发展总体战略进一步向纵深推进，教育现代化水平持续提高，教育建设事业进展明显，区域间、城乡间发展的协调性进一步增强。得益于《实施西部大开发教育方面的若干政策细则》《2004～2010年西部地区教育事业发展规划》等一系列惠民强教政策的贯彻实施，西部地区教育事业取得了巨大成就，进入了教育发展的新阶段。到2008年，西部地区“两基”人口覆盖率接近100%，基本普及了九年义务教育；小学五年巩固率和初中三年巩固率达到96%和90.2%，分别比1998年提高14个和5个百分点，义务教育完成率由1998年的74.5%提高到92.0%；高等学校本专科在校生和在学研究生达到562.5万人和26.8万人，分别较1998年增长3倍和7倍以上；中等职业教育招生达到226.6万人，比1998年增加77.8万，带动高中阶段教育规模不断扩大，达到1191.1万人，比1998年增加555万人，初中毕业生升学率1998年的61.3%提高到2008年的80.0%。“十一五”期间，中央和地方政府通过实施“农村中小学现代远程教育工程”，初步构建了一个惠及

① 张晓亮：《当前中国实现教育公平过程中存在的问题及其对策研究》，河南大学博士学位论文，2013。

1 亿多农村中小学生的远程教育网络，东西部之间、城乡之间的教育数字鸿沟正在缩小。

值得注意的是，北京、上海、天津虽然都属于东部地区，并且集中了全国众多优质的高校资源和师资队伍，但东部地区在区域教育水平得分中并没有优势，这与东部地区其他省份的教育实际情况有关。例如，同处东部的福建、广东和海南等省份，在经济发展中虽然表现不俗，但在教育水平得分上不尽如人意，排名并不靠前。以广东为例，一方面面临外来人口的涌入带来的压力，教育资源无法适应和满足这种暴增式的短时间人口增长。2010 年广东省生师比高达 19.64，高于全国平均水平 17.10，位列全国第 3，突出反映了这一问题。另一方面，北京、天津、上海等地的高校知名度所形成的吸引力，造成师资人才的流失，客观上加剧了教育资源的紧张局面。而包括黑龙江、吉林和辽宁等三省在内的东北地区，虽然在高校数量和师资队伍上不能和北京、上海、天津等相提并论，但也拥有诸如哈尔滨工业大学、吉林大学等全国知名学府和一批蓬勃发展的院校，在成人识字率方面，黑吉辽三省分别以 98.07，98.08 和 97.94 的百分比排在全国第 3、第 2 和第 5 位。人均受教育年限则以 9.05 年、8.84 年和 8.75 年列全国第 4、第 5 和第 6 位。在生师比指标和文教娱乐消费占生活消费支出比重指标方面，三省同样具有排名集中并且比较靠前的特点。正是由于这种比较均衡的教育资源分布态势，使得东北地区教育水平评价得分略高于东部地区。

3. 2006 ~ 2010 年我国居民教育水平的省际分析

从各地区的横向比较来看，在 2006 ~ 2010 年我国各省（区、市）居民教育水平综合评价结果排名中，北京、天津、上海、吉林和黑龙江排名比较靠前，而西藏、云南、贵州和青海排名比较靠后。2010 年居民教育水平状况综合评价结果前 8 名分别是北京、上海、天津、辽宁、吉林、内蒙古、黑龙江和江苏，后 4 名分别是西藏、贵州、青海和云南。除个别省份排名有波动外，大多数省份五年间教育水平排名总体上比较稳定。

2006 ~ 2010 年教育水平评价数据显示，北京、上海、天津三市的教育水平稳居前三位，且分值均在 0.18 以上，而云南（除 2010 年外）、贵州和西藏一直处于后三位，西藏在这五年中的教育水平得分值均在 0.01 ~ 0.04，远远低于其他省份。个别省份的波动幅度值得引起注意，如湖南省2006～2008年教育水平评价得分均基本保持在第13名，但到2009～2010年，排名则变成了16名和19名，青海省也存在类似的下降变化；与此相反，辽宁、江苏、福建、广东、海南和甘肃相对而言这5年中上升位次明显，上升幅度在4～7个位次不等。

2006～2010年各省（区、市）教育水平评价显示，稳居前三位的北京、天津和上海，得分远高于其他省份。处于东北地区的黑龙江、吉林和辽宁，虽然得分不如以上三个地区，但是均值都很平均，且得分比较靠前，大体位于4～9位。部分省份如江苏、福建、海南、广东、甘肃等近5年教育水平评价位次有了较大的提升。而有些地区，如湖南、青海，则有较大幅度的下降。大部分省区的位次变化不明显，呈现较为稳定的态势。同时我们应该注意到，广东省作为传统经济强省，在教育水平得分和位次排名上并不靠前。这说明一个地区的教育水平有时与该地区的经济发展水平可能并不同步。

北京、上海、天津集中了众多高等学府，并且门类、层次也最为齐全，依托得天独厚的地理区位和厚重的经济实力，汇聚了来自各个地区的优秀师资和生源力量，加之完善的基础教育教学设施，促进了这三大教育中心的形成。从上海的情况看，"十一五"期间，上海的教育事业持续发展。首先，推进学前教育和义务教育全面建设。实施"学前教育三年行动计划"，新建、扩建、改建幼儿园400多所，有效应对了入园高峰需求。2010年，上海市户籍0～3岁婴幼儿早期教育的覆盖率和3～6周岁适龄幼儿入园率均达到98%，其中近80%的幼儿在公办幼儿园就读。上海市各级有关部门不断完善义务教育经费保障体制，义务教育阶段生均公用经费拨款标准不断提高，小学、初中的年生均标准由2005年的420元、560元，分别提高到2010年的1400元、1600元。从2006年起响应国家政策号召，逐步免除义务教育阶段公办学校学生的学杂费、教科书和作业本费，免除义务教育阶段民办学校学生的教科书和作业本费。2010年末，全市共有普通高等学校66所，普通中等学校856所，普通小学766所，特殊教育学校29所。全市九年义务教育入学率保持在99.9%以上；高中阶段教育新生入学率保持在97%左右；高考录取率保持在85%左右。47万来沪务工人员随迁子女全部在公办学校或政府委托民办小学就读。其次，在政府大力扶持下中等职业教育和高等教育得到显著发展。中等职业教育的学校布局和专业机构得到优化。中职学校数由“十五”时期的135所优化调整至101所，其中57所学校通过验收，成为国家级重点中职校。组建了8个行业职业教育集团和5个区域职业教育集团、17个国家级紧缺人才培训基地。普通高校在校生和毕业生数持续扩大。2010年，全市高等教育在校生总规模达97.76万。其中，普通高校本专科在校学生51.57万人、研究生11.17万人、各类成人高等教育在校生35.02万人。普通高校在校本专科学生和研究生数分别比2005年增长了16.5%和41.9%。此外，来沪就读的外国留学生达43016人，比2005年增长了65%，其中接受学历学位教育的留学生为13159人，占留学生总数的31%。最后，在保证各级各类教育全面发展的同时，上海市从确保教育优势和可持续发展的战略高度来审视教师队伍建设，注重内涵发展，打造教育强市。牢固树立“人才是第一资源”的思想，提出了建设“一流教育、一流队伍”的战略目标，形成了“聚焦人才、成就教师”的思想共识，创新人才培养机制，探索人才培养模式，促进了人才队伍建设的可持续发展。2010年，在外来人口不断增加、人口规模持续扩大、人口密度相应上升的背景下，上海生师比达到13.79，远低于全国17.10的平均水平，较2005年15.10下降了8.7%，保证了教学质量，实现了教师队伍专业发展结构的不断优化。在上述措施实施下，上海教育事业显著发展，居民教育状况有了很大改善。基础教育优质协调发展，学前教育不断加强，义务教育更加均衡普惠，高中教育实现较高水平普及。高等教育进入普及化阶段，人才培养、科学研究和社会服务能力明显提升。素质教育深入推进，教育质量不断提高，教育综合实力显著增强，教育事业发展正站在一个新的起点上。

再以首都北京为例，首都经济的持续发展为教育发展提供了坚实的物质基础。截至2010年，北京人均地区生产总值将比2000年翻一番，全市教育经费大幅度提高，为北京在全国率先基本实现教育现代化提供了坚实的物质保证。伴随经济全球化、国际化进程，国际教育日益受到现代经济发展、科技进步、文化对抗、资源竞争的影响。与国际教育发展趋势相同，北京教育在总体上呈现现代化、国际化、信息化和个性化趋势。2008年，围绕筹办、举办2008年奥运会，首都教育不仅全力参与、服务、支持奥运，更以迎接奥运为契机，提高育人质量，提升市民素质，提高教育对外交流与合作水平，实现全面带动首都教育的发展。2008年北京奥运会，为提升中国教育提供了宽阔平台和难得契机。按照北京奥组委和教育部制订的《“北京2008”中小学生奥林匹克教育计划》，在全国建设一批“北京2008奥林匹克教育示范校”。从2005年12月6日这项工作启动不久，全国超过500所奥林匹克教育示范校挂牌成立，各有特色的奥林匹克教育红红火火地在学校开展。与此同时，北京市200所奥林匹克教育示范学校及部分“同心结”学校与近400所普通中小学牵手结对，共享示范校的优秀师资力量、教学设施，共同开展奥林匹克教育校本课程的研究学习，以促进城乡间、学校间的教育平衡。《北京城市总体规划（2004～2020年）》的实施，为教育布局结构调整提供了依据和空间保障，新的产业带、新城建设也为教育发展提供新的增长点。2006～2010年，首都基础教育阶段户籍学龄人口呈下降趋势，处于一个低水平稳定时期，为改善办学条件、推进均衡发展、实施素质教育等创造了条件。此外，经济社会领域各项重大改革的深入推进，对外开放的水平不断提高，全社会对教育的日益重视，都为“十一五”期间首都教育改革发展创造了良好的外部环境。正是得益于这些政策支持和规划实施，首都北京在全国教育水平评价得分和位次上高居榜首。

（三）2006～2010年我国居民文化休闲资源综合评价结果的分析

1. 2006～2010年我国居民文化休闲资源基本走势

马克思主义将人作为社会的主体来看，强调“人的本质并不是单个人所固有的抽象物”，实际上是“一切社会关系的总和”。同时根据人类社会物质资料生产方式，马克思主义将人的发展分为三个过程，体现出从生存温饱型向发展型和享受型的转变，最终实现“人的自由而全面的发展”。人的需求增长的层次发展意味着随着个人的不断成长和社会的进步，文化休闲的需求将越来越受到重视，逐渐成为人们的一种生活方式，并成为人的全面发展和社会全面发展的重要内容之一。表7反映了2006～2010年文化休闲资源各省得分及排名情况。

表7 2006~2010年各省（区、市）文化休闲资源评价

地区	2006年	排序	2007年	排序	2008年	排序	2009年	排序	2010年	排序
北京	0.0589	4	0.0604	2	0.0581	2	0.0910	2	0.0803	2
天津	0.0407	6	0.0348	6	0.0355	6	0.0375	4	0.0463	5
河北	0.0247	12	0.0191	14	0.0208	15	0.0157	17	0.0164	25
山西	0.0202	17	0.0185	17	0.0200	17	0.0183	14	0.0220	18
内蒙古	0.0186	18	0.0183	18	0.0185	20	0.0185	13	0.0266	14
辽宁	0.0292	9	0.0253	9	0.0279	9	0.0254	8	0.0340	9
吉林	0.0245	13	0.0222	10	0.0227	10	0.0233	9	0.0383	7
黑龙江	0.0213	14	0.0183	18	0.0171	23	0.0153	18	0.0200	21
上海	0.0856	1	0.0772	1	0.0784	1	0.0921	1	0.1094	1
江苏	0.0477	5	0.0444	5	0.0425	5	0.0328	6	0.0472	4
浙江	0.0612	3	0.0530	4	0.0551	4	0.0496	3	0.0614	3
安徽	0.0175	23	0.0176	20	0.0176	22	0.0140	21	0.0176	23
福建	0.0345	8	0.0304	7	0.0340	7	0.0320	7	0.0439	6
江西	0.0169	25	0.0167	21	0.0158	26	0.0140	21	0.0160	26
山东	0.0389	7	0.0276	8	0.0303	8	0.0175	16	0.0218	19
河南	0.0178	20	0.0188	16	0.0189	19	0.0108	27	0.0117	27
湖北	0.0262	10	0.0217	11	0.0224	11	0.0151	19	0.0215	20
湖南	0.0178	20	0.0162	23	0.0171	23	0.0096	28	0.0103	30
广东	0.0622	2	0.0582	3	0.0568	3	0.0339	5	0.0378	8
广西	0.0184	19	0.0165	22	0.0171	23	0.0139	24	0.0189	22
海南	0.0167	27	0.0155	26	0.0200	17	0.0191	12	0.0297	11
重庆	0.0207	16	0.0195	13	0.0211	14	0.0196	11	0.0290	12
四川	0.0262	10	0.0203	12	0.0212	13	0.0116	26	0.0165	24
贵州	0.0078	31	0.0076	31	0.0086	31	0.0053	31	0.0066	31
云南	0.0162	29	0.0119	29	0.0138	28	0.0086	30	0.0114	29
西藏	0.0165	28	0.0137	28	0.0140	27	0.0132	25	0.0272	13
陕西	0.0213	14	0.0189	15	0.0206	16	0.0146	20	0.0251	15
甘肃	0.0128	30	0.0117	30	0.0120	30	0.0087	29	0.0116	28
青海	0.0178	20	0.0154	27	0.0136	29	0.0183	14	0.0334	10
宁夏	0.0175	23	0.0156	25	0.0216	12	0.0197	10	0.0240	16
新疆	0.0168	26	0.0158	24	0.0184	21	0.0140	21	0.0237	17

经济水平，特别是生活状况是影响文化休闲资源的主要因素，同时文化休闲资源也受到人们的闲暇时间和消费观念的影响制约。从全国范围看，随着我国

居民收入水平提高，生活理念及生活方式的改变，城镇居民更加注重充实自己，文娱生活更加丰富多彩。2010 年城镇居民人均文化娱乐服务支出 559 元，比 2005 年增长 127.4%，年均增长 17.9%。旅游及参观游览等休闲方式，越来越被民众所接受和喜爱。2010 年城镇居民人均团体旅游和参观游览支出分别为 316 元和 73 元，分别比 2005 年增长 135.4% 和 143.5%，年均分别增长 18.7% 和 19.5%，旅游已经成为城乡居民重要的休闲方式。同时，健身也成为城镇居民一项重要的业余活动。2010 年城镇居民人均健身活动消费支出比 2005 年增长 175.9%。

由于一些指标数据的可获得性存在问题，这里所选取的文化休闲资源指标主要包括人均文化事业费，万人接入互联网的用户数，万人拥有图书、报纸、期刊数目和彩色电视机普及率等。文化事业费集中体现了各级政府对文化事业的资金投入，是反映文化事业发展的核心指标。从总量上看，“十一五”以来，我国文化事业费逐年增加，增长速度保持在 18% 以上的较高水平。2010 年，全国文化事业费 323.06 亿元，比上年增加 30.75 亿元，增长 10.52%，增幅比上年回落 7.3 个百分点，但仍保持了较快的增长速度。

“十一五”是改革开放以来文化事业费增长最快的一个时期。“十一五”前四年，全国文化事业费 897.34 亿元，年均增长 21.6%，增幅高于“十五”时期 5.4 个百分点，高于改革开放以来最低的“七五”时期 10.8 个百分点。“十一五”成为改革开放以来文化事业费增长最快的一个时期。伴随着文化事业费总量的不断增加，全国人均文化事业费快速提高，2010 年为 24.11 元，比上年增加 2.21 元，同比增长 10.1%。2010 年全国人均文化事业费约是 2005 年的 2 倍多，几乎是 2000 年的 5 倍，1995 年的 9 倍。人均文化事业费基本上呈现 5 年翻一番的趋势。

表 8　“十一五”以来文化事业费总量和增长速度

年份	文化事业费(亿元)	增长速度(%)
2006	158.03	18.1
2007	198.96	25.9
2008	248.04	24.7
2009	292.31	17.8
2010	323.06	10.5

互联网在信息获取、商务交易、交流沟通、网络娱乐等方面发挥了重要的作用，也为企业进行客户服务、内部管理、电子商务、网络营销等工作提供了较好的平台。随着国家信息化建设的全面展开，计算机和网络技术不断创新，居民信息消费需求增长强劲，我国网民规模实现跨越增长，网络接入也更加普及。2008 年中国网民规模已跃升全球第一，到 2010 年末，我国互联网上网人数达到 4.57 亿，比 2005 年末的 1.11 亿增长 3.1 倍，年均增长 32.7%。其中，宽带网民规模达到 4.50 亿，比 2005 年增长 6 倍，年均增长 47.5%；手机网民规模达 3.03 亿，比 2007 年增长 5 倍，年均增长 81.8%。目前，互联网普及率由 2005 年的 8.5% 上升到 34.3%。（见图 1）为满足人民日益增长的通信需求，5 年间，电信企业一直加大对宽带和互联网业务的投资力度，使互联网通信能力快速提高。2010 年末，互联网宽带接入端口比 2005 年增长 2.8 倍，达到 18759.5 万个，年均增长 30.9%；互联网宽带接入用户继 2008 年跃升全球第一后，到 2010 年达到 12633.7 万户，年均增长 27.6%。互联网国际出口带宽达到 1098957Mbps，比 2005 年增长 7.1 倍，年均增长 51.9%。

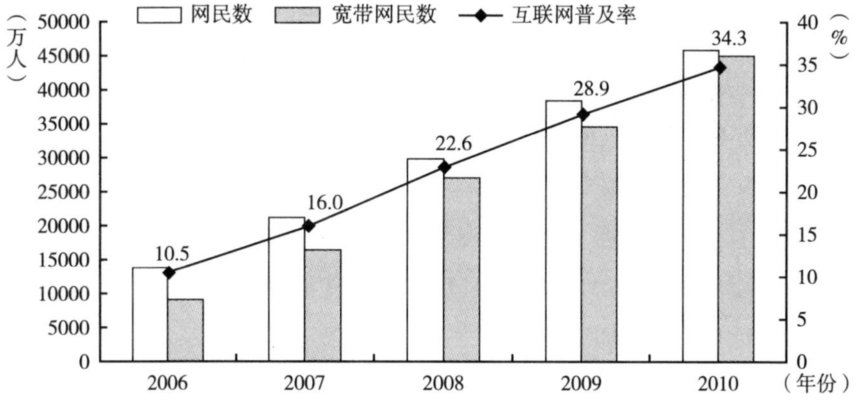

图 1　2006～2010 年网民、宽带网民规模与互联网普及率

万人拥有图书、报纸和期刊数目体现了一个国家对文化事业的重视和发展程度。“十一五”期间，我国文化事业进一步加强，公共文化服务体系建设进入快速、稳定的重要发展期，文化产业成为新的增长极。2010 年底，全国共有公共图书馆 2860 个，比 2005 年底增加 98 个；文化馆 3258 个，增加 479

个；有线电视用户18730万户，有线数字电视用户8798万户，增加5858万和8401万户；年末广播节目综合人口覆盖率为96.8%，提高2.3个百分点；电视节目综合人口覆盖率为97.6%，提高1.8个百分点。文化产业异军突起，各项指标均位居世界前列。2010年共生产电视剧436部14685集，动画电视221456分钟；生产故事影片526部，科教、纪录、动画和特种影片95部；出版各类报纸448亿份，各类期刊32亿册，图书74亿册（张）。

彩色电视机普及率是反映居民家庭耐用消费品拥有量和普及率的重要指标，也体现了居民消费结构的转变。随着城乡居民消费水平的大幅度提高，城乡居民消费支出持续增长，生活水平明显改善。2010年，我国城镇居民人均消费性支出13471元，比2005年增长了69.6%，年均增长11.1%；农村居民人均生活消费支出4382元，比2005年增长71.5%，年均增长11.4%。城乡居民消费结构向发展性和享受性方向转变。一是食品支出比重持续下降。2010年，城镇居民人均消费性支出和农村居民人均生活消费支出中食品比重为35.7%和41.1%，分别比2005年降低了1.0和4.4个百分点。二是交通通讯支出大幅增加。2010年，城镇居民人均用于交通通讯的支出为1984元，比2005年增长99.0%，年均增长14.8%；农村居民人均用于交通通讯的支出为461元，比2005年增长88.2%，年均增长13.5%。三是主要耐用消费品拥有量成倍增长。2010年底，城镇居民家庭平均每百户拥有家用汽车13.1辆，比2005年底增长2.9倍；拥有移动电话188.9部，增长37.9%；拥有家用电脑71.2台，增长71.6%；农村居民家庭平均每百户拥有电冰箱45.2台，增长1.1倍；拥有移动电话136.5部，增长1.3倍；拥有家用计算机10.4台，增长3.2倍。2010年，全国电话普及率达到每百人86.5部，比2005年提高51.2%。以农村为例，“十一五”期间，农村住户拥有现代家庭生活的耐用消费品普及率明显提高。电冰箱、空调机、微波炉、热水器、移动电话、电脑等拥有量成倍增长。

2010年农村居民平均每百户拥有彩色电视机111.8台，比2005年增加21.8台，增长24.2%，其中，接入有线电视网的彩色电视机占52.5%，比2005年提高13.8个百分点。2010年农村居民平均每百户拥有电冰箱45.2台，比2005年增加23.3台，增长1.1倍；空调机16台，比2005年增加8.8台，增长1.2倍；洗衣机57.3台，比2005年增加14.2台，增长32.8%；移动电话136.5部，比2005年增加77.1部，增长1.3倍；电脑10.4台，比2005年增加7.9台，增长3.2倍，其中接入互联网的电脑占69.4%，比2005年提高28.6个百分点（见图2）。

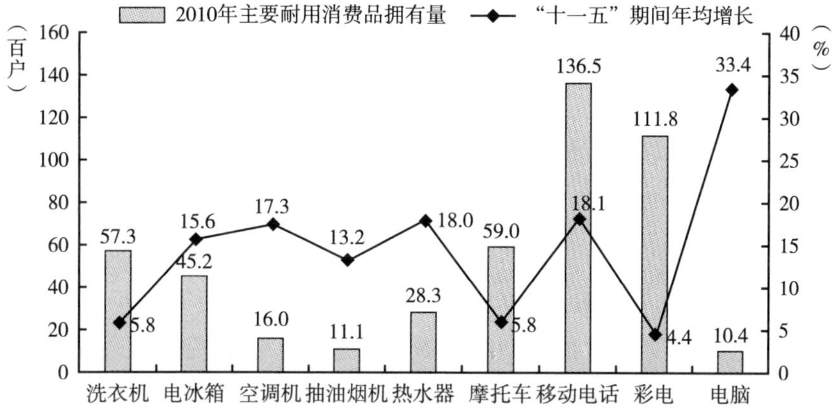

图2　2010年农村住户主要耐用消费品拥有情况

2. 2006～2010年我国居民文化休闲资源的区域分析

为进一步考察我国居民文化休闲资源的地区差异，我们将东部、东北、中部和西部四大区域在2006～2010年间居民文化休闲资源综合评价得分进行了统计（见表9）。

表9　2006～2010年各区域文化休闲资源评价

地　区	2006年	2007年	2008年	2009年	2010年
东部地区	0.0471	0.0421	0.0432	0.0421	0.0494
东北地区	0.0250	0.0219	0.0226	0.0213	0.0308
中部地区	0.0194	0.0183	0.0186	0.0136	0.0165
西部地区	0.0176	0.0154	0.0167	0.0138	0.0212
平均得分	0.0273	0.0244	0.0253	0.0227	0.0295

从表9可以看出文化休闲资源得分区域分布的一些特点。得分总体上呈现东部地区明显高于其他地区，东北地区稍强于中部地区和西部地区，并且后三个地区水平较低的特征，这一点可以从与区域平均得分的对比中体现出来。受经济发展水平、自然环境条件、历史文化传统等多种因素影响，我国文化发展

存在着较大的地区差异。从文化投入和公共文化发展程度看，东部地区最好，东北地区次之，西部和中部地区最差。除2010年东北地区文化休闲资源得分稍高于区域平均得分外，2006～2009年4年中，东北、中部和西部地区的文化休闲资源得分均低于平均得分。在2006～2010五年中位次靠前的省份除辽宁、吉林外，上海、北京、天津、浙江、江苏、广东、福建等全部为东部地区省份。

同教育水平相同，区域社会经济发展不平衡的格局和发展模式，必然影响不同区域的休闲文化水平。这种不平衡，一方面表现在因自然和历史原因造成的休闲文化基础的悬殊，东部地区由于发展较早，地方财政投入较多，集中了较多的文化休闲资源，同时各种休闲设施等建设完善，加之富有人文气息的旅游资源，吸引着不同地区的人汇聚东部，促进文化交流和融合，更加营造和丰富了东部的浓厚文化休闲氛围，而西部地区文化休闲资源发展则更多地依赖中央的转移支付；另一方面在于政府的非均衡发展政策，文化休闲投资向一些地区倾斜，加剧了休闲文化资源配置的不平等和结构性短缺。仅以2006年人均文化事业费为例，北京地区是40.36元，而处于中部的河南省和安徽省分别只有4.27元和5.85元。经济发达的东部地区在文化休闲资源方面占有绝对的优势。

党中央提出了以人为本，全面、协调、可持续的科学发展观，并要求贯彻落实好“五个统筹”。统筹区域发展是“五个统筹”的重要组成部分，休闲文化的区域协调发展是建设和谐社会的必然要求。2000年，为贯彻落实党中央关于西部大开发的战略决策，文化部下发了《关于实施西部大开发战略，加强西部文化建设的意见》，对加强西部地区文化建设做出了重要部署，提出要努力建设既具有深厚传统根源，又体现鲜明时代特色的中国西部新文化，促进有中国特色社会主义文化事业的全面发展和繁荣。此后，《文化建设“十五”规划》《文化建设“十一五”规划》等重要政策文件，对加强西部地区文化建设提出了具体的政策措施，在文化设施建设、人才培养等各方面对西部地区予以重点扶持。

2000～2008年，国家财政对西部地区文化建设的资金投入逐年增加，对西部地区文化投入占全国的比例从2000年的21.7%提高到2008年的23.7%。西部地区各级党委、政府高度重视文化建设，纷纷提出了“文化强省”“文化强市”的发展目标，推进社会主义先进文化大发展大繁荣。各级文化部门积极抓住机遇、采取措施，不断深化文化体制改革，推进文化创新，为西部经济和社会发展创造了良好的文化氛围，为西部大开发提供了思想保证、精神动力和智力支持。“十五”期间，文化部和发展改革委实施县级“两馆”建设项目，2002～2005 年中央共补助西部地区 3.3 亿元，扶持西部地区县级文化馆、图书馆设施建设。“十一五”期间，又实施了乡镇综合文化站建设规划，计划投入 39.48 亿元，新建和扩建中西部地区 2.67 万个乡镇综合文化站，到 2010 年将基本实现“乡乡有综合文化站”的建设目标。2007～2009 年共安排西部地区资金 12.1 亿元，占已拨资金总量（21 亿元）的 57.6%。为解决西部地区乡镇文化站设备落后的问题，文化部与财政部于 2008 年起实施乡镇文化站设备购置补助资金，两年间共安排西部地区 5.01 亿元，占资金总量（7.43 亿元）的 67.4%。这些措施切实维护了西部人民的文化权益，对推进我国文化的区域，发挥了重要作用。

3. 2006～2010 年我国文化休闲资源省际分析

从各地区的横向比较来看，在 2006～2010 年我国各省（区、市）居民文化休闲状况综合评价结果排名中，上海市、北京市、浙江省和江苏省排名比较靠前，而云南省、贵州省等省份排名比较靠后。各省（区、市）的文化休闲资源得分排名和文化福祉综合排名有很大的区别，且有些地区波动比较大。如黑龙江省在文化福祉综合排名中一直在前十位之内，而在文化休闲资源排名中多位于中等偏下水平；而在文化福祉综合排名中一直排在最后的西藏、青海，在 2010 年文化休闲资源评价分别排在了第 13 和第 10 名。文化休闲资源得分排名波动比较大的还有河北、内蒙古、山东、湖南、海南、四川、宁夏等地区，这些地区都存在某些年份得分急剧上升或下降的情况。而有些落后地区排名一直没有变化，且得分远远低于富裕地区。如贵州省在 2006～2010 年文化休闲资源得分排名中一直位于最末位，且得分平均在 0.007 左右，而保持第一位的上海平均得分则在 0.089 左右。

我们应该注意到，由于所选取的文化休闲指标与人口密度有着很强的相关性，这样就不难解释西藏、青海等省份虽然地处西部，经济欠发达，但是在休闲文化评价得分和排名方面却比较靠前。同样道理，山东、广东等虽然是经济强省，但常住人口众多，而文化休闲资源的建设无法满足众多外来常住人口的需求，导致了山东、广东等在休闲文化评价得分和排名方面不是很理想。

上海在2006～2010年文化休闲资源评价中稳居第一位，这一方面除了得益于自身雄厚的经济基础、丰富的文化资源和健全完善的文化基础设施之外，2010年世博会的申办也是极其重要的一方面。2005年12月1日，国际展览局第138次成员国代表大会通过了《中国2010年上海世博会注册报告》，上海世博会筹办工作从前期准备阶段正式迈入实际推进阶段。此后，世博园区的规划建设、国际招展招商招客、财务运行等各项工作全面启动。“城市，让生活更美好。”对于上海的决策层来说，更美好的生活，意味着更尊重市民的实际需求，更快解决市民的实际困难，更关注市民的实际利益。在前期准备阶段，上海不仅着重加强市内交通建设，让百姓出行较为通畅，如新建了高架路和地铁线路，修建了从虹桥机场到浦东的快速通道等基础设施，而且充分发掘当地文化资源优势，动员广大市民共同参与到迎接世博会的活动中。居民文化素质得到进一步的提升，相关文化产业也竞相迸发出新的活力和增长点。“十一五”期间上海公共文化建设取得重大成就，实现15分钟公共文化服务圈。至2010年底，全市共有博物馆114家（其中被列入国家文物局公示名单的博物馆有74家），美术馆32家（其中以民营非企业登记的公益性美术场馆14家），公共图书馆237个，文化馆（中心、站）245个（其中社区文化活动中心203家），村（居委）综合文化活动室5245个，文化信息资源共享等国家重大工程村级基层服务点1697家，工人文化宫（俱乐部）19个，青少年活动中心、少年宫、少科站、活动营地36所，容纳200～1500人的公共文化活动广场近百个。在文化活动方面，5年来，全市开展的群文活动超过200万场次，参与人次逾1.7亿，与“十五”期末相比分别提高了150%和66%。

北京在文化休闲资源方面的排名除了在2006年是第4位外，此后一直保持在第2位，从得分方面看，2006～2010年间，北京与上海在文化休闲资源评价的得分差值呈现出缩小的趋势，特别是2009年两市得分基本持平。北京文化休闲资源评价得分的提升得益于2008年奥运会的成功举办。2001年7月13日中国申奥成功，真正实现了中国百年奥运梦想。一直以来，中国都在为奥运做着不懈的努力和期待，特别是申奥成功以来，北京市陆续开展了一系列

“迎奥运、讲文明、树新风”的主题活动，如首都“迎奥运讲文明树新风志愿服务行动”，市政协举办“迎奥运、讲文明、树新风”提升北京公共文明水平研讨会等。“我参与、我快乐、我奉献”——北京市民以极大的热情，通过各种方式参与到奥运筹备工作中。进入奥运年，北京的胡同深处、街心花园和居民小区，雨后春笋般出现了健身乐园。乐园里色彩斑斓、种类齐全的健身器械和健身人群，给古都换上了生动的面孔。与此同时，更多市民也加入体育锻炼活动中来，除了以往人们常见的老年人和青少年外，更有许多“上班族”；近百万市民自发学习英语，一股英语热潮席卷北京……这些都在告诉人们：这是一座即将举办奥运会的城市。

“十一五”期间，我国成功举办的2008年北京奥运会和2010年上海世博会，实现了中国人的百年梦想，极大地扩大和提升了中国的国际影响力，对民众文化福祉的提升也起到了巨大的推动作用。

（四）我国居民文化福祉存在的主要问题

1. 我国居民文化福祉提升缓慢

数据显示，“十一五”期间，中国居民文化福祉指数有了小幅度的提升，从2006年0.35上升到2010年的0.46。文化福祉的增长在客观福祉的五个维度中是较为缓慢的，这体现了我国在该领域发展的滞后性。从历史角度看，我国作为历史悠久的文明古国，积累了内涵丰厚的传统文化。我们从骨子里继承了传统文化的精华，比如强烈的爱国爱家情怀、崇德尚义的美德、和谐统一的观念等。同时中国社会也在一定程度上沾染了传统文化的糟粕，比如保守内敛的惰性、内倾趋同的顽疾、等级观念、权威思想、裙带关系以及大量封建迷信的余毒，等等。而后者是与当今社会进步相矛盾的文化，用它指导自己的行为必然给当今社会带来负面影响。[①] 造成文化建设滞后的原因与我国长期形成的传统发展观不无关系。新中国成立伊始，百废待兴。为了迅速摆脱一穷二白的现状，全国上下集中所有人力物力投入工业建设和生产中，对人们的文化精神

① 高道才：《文化滞后的社会根源及文化建设的紧迫性》，http://weekly.qau.edu.cn/nets/751-3（1）.php。

需求根本无暇顾及。改革开放后一段时期里也存在过分注重经济建设、文化建设不到位的问题。这种单纯追求经济一维发展，注重财富增长的发展理念导致了社会的畸形发展。对经济增长的过分青睐势必会减少与人们文化生活相关领域的资源投入，导致文化娱乐基础设施投入不足。

2. 教育资源区域发展不平衡

2006～2010年各区域平均受教育年限均值（见表10）显示，无论从不同年份各个地区得分还是从同一地区不同年份上看，区域得分分值变化不大，东北地区和东部地区得分远高于中部地区和西部地区，同时东北地区又强于东部地区。并且，我们若将教育资源区域间差异性和居民文化设施区域间差异性相对照，就会发现我国居民文化设施区域间差异不断扩大的趋势已经得到遏制，而教育资源的地区差异则有愈演愈烈的趋势，这不能不说是给我们敲响了警钟。

表10　2006～2010年各区域平均受教育年限均值

地　区	2006年	2007年	2008年	2009年	2010年
东部地区	8.92	9.02	9.07	9.22	9.48
东北地区	8.91	9.03	9.08	9.15	9.31
中部地区	8.22	8.31	8.41	8.49	8.57
西部地区	7.53	7.69	7.87	8.04	8.29

西部省市和欠发达区域普遍存在“奶水不足”现象，这与国家在区域发展方面的政策导向不无关系。区域社会经济发展不平衡的格局和发展模式，必然影响不同区域的教育发展水平，并向教育发展提出不同的要求，带动教育发展也出现了不同的区域格局。这种不平衡，一方面表现在因自然和历史原因造成的教育基础的悬殊，如2010年上述各区域平均受教育年限，发达地区同欠发达地区相差了近2年，最高的北京与最低的西藏相差高达4年多（2010年北京平均受教育年限值为11.50，西藏平均受教育年限值为7.17）；另一方面在于政府的非均衡发展政策，教育投资向一部分学校倾斜，加剧了教育资源配置的不平等和结构性短缺。我国长期以来坚持东部地区优先发展战略，中西部资源源源不断地输送到东部，自身却并没有得到东部地区的技术支持和经济

“反哺”，从而导致“孔雀东南飞”之势愈演愈烈。仅以生师比为例，2006～2010年最高值和最低值地区两者数值之差维持在10个百分点左右，西部匮乏的师资和东部富足而无处分流的教师队伍形成强烈的对比。

我国区域间教育发展水平的差异是客观存在的现实，但差异的继续扩大将会严重导致区域教育利益的冲突，激化公平与效率之间的矛盾，降低教育资源的使用效率，造成教育资源短缺与浪费并存的局面。从长远来看，它必然影响我国社会经济的整体发展，还会破坏社会的公平与正义，影响社会的稳定，最终也会危害民众的文化福祉。

3. 居民休闲文化设施区域发展不均衡

相对于教育水平评价而言，休闲文化评价表现出更大的波动性。体现人们生活方式和态度的休闲文化，由于受到经济、观念和时间等诸多因素的影响，因此在区域排名上具有较强的不确定性。与教育水平相似，区域社会经济发展不平衡的格局和发展模式，导致了文化休闲资源的区域差异，随着社会的发展，这种差异呈现逐步扩大的趋势。如何转变落后地区的休闲文化观念，进一步整合文化休闲资源，加强文化市场的监管等成为满足人民群众文化需求亟待解决的问题。

4. 构成文化福祉的指标之间存在不平衡

从前面论述中可以知道，文化福祉的评价不仅包含整体的评价，还包括教育水平和文化休闲资源两个方面。而每一个方面又分别包含4个不同的指标。文化福祉的各方面存在差异性，某些省份尽管在整体排名较靠前，但在教育水平和文化休闲资源两个方面表现可能不尽相同。比如广东省在“十一五”期间文化福祉综合评价中基本稳定在第10名左右，但是在教育水平评价中则比较靠后，相反在文化休闲资源评价中排名就很靠前。各个省市主体内部指标发展不平衡将会影响到其文化福祉整体上的提升。因此，在文化福祉提升方面，不同的省（区、市）面临的任务是迥异的。需要具体问题具体分析。

5. 文化福祉指标本身的问题

通过对2006～2010年各地区文化福祉综合评价和教育水平、文化休闲资源的分别评价，我们从各区域的得分情况可以看出，经济的发展是影响文化福祉水平的重要因素之一。另外各省（市、自治区）在文化福祉方面所实施的政策差异也会导致文化福祉评价得分的差异。从文化福祉综合评价、教育水平和文化休闲资源三者的得分排名来看，文化福祉综合指数与教育水平的排名顺序相差比较小，与文化休闲资源的排名顺序相差比较大，这与教育水平的指标所占权重比较大有关。另一方面，文化休闲资源的指标中包括人均文化事业费，万人互联网接入数，万人拥有图书、报纸、期刊的数目以及彩色电视机普及率等都是人均指标，与地区人口数量有很大的相关性，这也对上述结果产生了重要影响。例如，根据2010年数据统计，西藏自治区人均文化事业费，万人拥有图书、报纸、期刊的数目分别在全国位于第4位和第8位，所以西藏自治区在文化休闲资源得分排名相对靠前，青海省在这一方面也表现出同样的特征。

三　文化福祉评价指标的政策功能及相关政策建议

（一）文化福祉评价指标体系的政策功能和意义

生活质量指的是人的存在质量，它体现为人们所处的生存与发展状态以及人们对自身生存发展状态的主观体验，这种积极的心理体验是满意感、快乐感和价值感的有机统一。从人与自然和谐共处的角度出发，可以将生活质量视为人的生命质量与生存环境质量的有机统一。文化福祉评价指标作为生活质量指标构建的一部分，反映了居民文化生活的保障状况和满足程度，兼具社会指标所具有的反映社会现象、监测社会过程、预测和规划社会发展、衡量比较或评价社会状况等功能。

"文化生活质量"对应的是物质生活质量。衡量一个社会的文明程度，经济水平和物质生活质量是一个基本因素，其发展在社会发展中起主导作用。但是，一个国家的生活质量不仅取决于经济发展水平，还取决于社会结构和人口素质、这个国家人口的受教育程度、识字率等诸多方面。"二战"后许多国家在工业化过程中，都把经济增长和物质生活质量摆在第一位，忽视文化福祉的提高，结果导致许多社会问题，形成生活质量"无幸福的增长"。我国过去也存在重经济、轻社会，注重经济指标、忽视精神文化指标的情况。十三届三中全会以来，我国在建立具有中国特色的社会发展指标体系上，逐渐开始寻求一条经济与文化协调发展的道路，确立了物质文明和精神文明协调发展、促进人的全面发展的两大原则。这些原则较好地把握了物质与精神两者之间的关系，真实地反映了人民生活质量的程度。

公共政策是影响一个地区文化福祉的重要因素，选取连续的年份对各省（市、自治区）的文化福祉指标进行评价，一方面，可以通过对过去和现在的数据进行分析，探寻到居民文化生活保障状况和满足程度的变化趋势，从而对未来的结果进行判断和预测；另一方面，对现有的居民文化生活进行测量的同时，也是对政府或公共部门在一段时期内提升民众文化福祉的相应政策实施效果的检验和监督。政府依据指标评价结果对原有政策进行调整，对一些不良的乃至破坏性的发展趋势予以制止和终结，发扬并促进良性趋势，同时对新政策的酝酿和实施也提供有价值的参考。

提高人民生活质量已经成为众多国家和地区 21 世纪社会发展的基本内容，因此从社会发展战略高度看构建文化福祉评价指标体系意义重大。对一个地区而言，构建文化福祉评价指标体系主要用于地区内政策的监测与指导。文化福祉指标的引入能够克服单一经济指标缺陷，从而对地区发展做出比较全面合理的评价和诠释，揭示社会发展的真实面貌以及社会问题，并解释原因。对于一个国家而言，文化福祉评价指标体系对国家政策和社会发展战略的具体实施具有监督作用，从指标体系各项具体指标中可以看出人们的需求满足程度，与特定社会发展阶段的战略目标相对照，衡量社会发展是否达到预期目标。同时，指标体系也是衡量各地区文化福祉水平的尺度，可以及时发现偏低的指标，从而为调整和制定政策，平衡地区发展提供依据。另外，与国际标准接轨的文化福祉评价指标体系可以实现同世界其他国家的比较，认清我国文化福祉发展的优势和劣势，在调整文化战略、提升综合国力方面发挥重要作用。

（二）基于 2006 ~2010 年文化福祉评价结果的公共政策建议

1. 教育水平方面的公共政策分析与建议

21 世纪，教育水平已经是一个衡量国家综合国力的重要因素。百年大计，教育为本。千秋大业，教育为先。教育是中华民族振兴和社会进步的基石，是提高国民素质、促进人的全面发展的根本途径。教育兴，则人才兴，大业成。强国必先强教。社会主义教育的目的是“培育有理想、有道德、有文化、有纪律的，德、智、体、美全面发展的中国特色社会主义事业建设者和接班人”。全面推进素质教育，提升国民素质，培养适应新世纪发展要求的创新型人才，这是提升民众文化福祉的重中之重。

（1）完善符合公共财政要求的教育投入机制，确保教育经费投入足额到位

让每个孩子上得起学是党和政府的责任。十八届三中全会公报指出要“注重统筹协调，凝聚改革共识，落实领导责任”。区域教育水平不平衡的现象，既表现在省际（跨省）区域，也表现于省内（跨县市）区域。因此，我们要坚持统筹全局，协调发展的原则。具体建议从以下几个方面开展工作。

首先，强化政府对义务教育的保障责任，建立和完善教育公共财政体制，努力增加对教育的经费投入。进一步理清省、市、县教育行政部门管理权限和管理责任，强化各级政府及有关部门管理与发展教育的责任。

其次，健全农村教育经费保障机制，建立与“以县为主”管理体制相适应的农村义务教育经费投入新体制。建立农村免费义务教育专项资金，落实中小学公用经费标准和来源。妥善解决农村普及九年义务教育欠债问题。建立健全农村中小学校舍维护、改造和建设保障机制。农村中小学布局结构调整撤并学校的资源继续用于教育，或变现后用于新学校的建设。大力开展勤工俭学活动，切实加强劳动实践场所建设。

最后，健全教育经费投入和使用的监管制度，提高教育经费的使用效益。建立和完善规范化转移支付制度，增强财政困难县义务教育经费的保障能力，制定刚性措施，使中央、省两级财政转移支付的资金足额到位，杜绝截留转移支付资金现象。健全教育审计机制。

（2）制定区域教育规划，教育资源向中西部倾斜

在立足各省（市、自治区）省情和自身发展特点的基础上，还要制定区域教育规划，应对我国区域发展面临的新形势和新问题。制订区域教育发展规划，树立和落实“科学发展观”，促进教育均衡发展。区域教育发展规划需要认真研究“在不均衡社会条件下教育的均衡发展问题”，推动教育政策法规的

制定，从而在宏观调控方面发挥重要作用。要研究适合各区域共同发展的教育体制政策、教育经费政策、教育人事政策和教育质量政策，做到倾斜和协调相结合，不仅保证各区域教育普遍快速发展，而且使得各区域教育发展的差异始终处于社会可容忍的限度以内。由于教育的发展不仅仅是满足部分人群的需求，而是满足全体人民的需求，既包括城市，也包括农村；既包括东部，也包括中部和西部。我们要自觉地以“科学发展观”引领教育事业的发展方向，统筹区域发展，推进区域教育规划工作的开展。

教育资源始终是区域教育发展的物质基础。调整和重组现有教育资源，提高优质教育资源的使用效率，最大限度地满足人民对高质量教育的要求，是区域教育发展规划必须关注的首要内容。例如，东部教育与西部教育有极强的互补性，西部缺少师资，而东部教师过剩，甚至出现下岗分流的现象；东部非学历教育培训机构重叠、实力雄厚，而西部在这方面资源极度短缺。在机会均等、公平竞争原则下，东、西部教育资源整合的效果不仅可以做到“对口支援”和“教育扶贫”，而且可能做到互利互惠，实现“双赢”。

（3）提高教师待遇，吸引优秀人才投身教育事业

教师队伍建设对我国教育发展至关重要，教师在学生的成长过程中发挥着不可替代的作用。

一方面，20 世纪六七十年代我国出现过人才断层现象，而现在我们又面临愿意终身从教的人，尤其是能扎根农村中小学、扎根西部边远地区终身从教的人才断层的问题。一些教师、尤其是青年教师，只是把教师当作职业，仅仅是谋生的手段，而不是事业。许多青年教师选择了弃教从商，而在一些条件艰苦的地区，只有为数不多的乡村教师承担着几个年级学生的教学任务，点燃他们的求学希望，但由于自身知识的局限，无法满足孩子更高层次的学习需求，使得很多学生读完小学甚至未完成基础教育的情况下就早早辍学。

另一方面，教师总量偏紧，初、中、高等教育生师比过高，成为制约学校进一步发展的重要障碍。随着教育体制改革的深入，特别是近几年高校的扩招，使得越来越多的学生能够接受更高水平的知识学习。但同时我们应该注意到在普通高等学校学生规模快速增长的情况下，教师总量的增速却显得迟缓，严重滞后于学生规模的扩大，以致长期以来初、中、高等教育生师比例居高不

下，已成为制约高等教育继续发展的瓶颈。生师比过高不利于教师水平和教学质量的提高。由于生师比过高，一些学校部分课程授课的班级规模越来越大，教学效果有所下降；由于工作量过重，部分教师无暇接触和指导学生，无暇自我“充电”，在大学里甚至由应届本科毕业生和在读研究生担任英语、计算机等公共基础课程的主讲教师。值得注意的是，部分省市初、中、高等教育生师比过高情况尤为突出，如广东、四川、安徽、河南、江西、贵州等省市均已接近甚至超过20（2010年计算数据），更急需补充教师队伍，扩大教师规模。

因此，提高教师待遇和从教优惠政策，鼓励更多的优秀人才投身教育事业就显得尤为迫切。一方面，教育部门要加强教师的教学培训投入，树立与时俱进的教学理念。信息革命时代，每个人都面临着“学习革命”的严峻挑战。一个合格的教师应该具有深厚的学科知识、与时俱进的教学理念、现代化的科学教学方法以及良好的自身素质。[①] 同时，要加强师风师德规范，杜绝失范行为。提高师德水平和业务能力并重，更加强调以德为先。增强教师立德树人的荣誉感和责任感。教师素来拥有“人类灵魂的工程师”的美誉，其一言一行时刻影响着学生的行为规范，一个合格的教师除了掌握过硬的学科知识，还要为人师表、行为规范，具有良好的职业素质和高尚的职业道德，从而将教书与育人真正结合起来，提高教师队伍的整体素质。另一方面，提高教师的地位和待遇，依法保障教师的合法权益。认真贯彻落实《中华人民共和国教师法》的有关规定，解决教师工作、生活中住房、医疗、养老退休等实际困难。各级政府要根据本地实际情况，制定吸引人才、稳定教师队伍的针对性措施，加大对教师工资聘任制度改革的探索和教师管理体制的创新，吸引更多人才从事教育工作。

教师队伍的建设离不开社会的参与。要在社会层面上加强正面宣传，提高教师岗位的神圣感，让尊师重教的传统蔚然成风。只有让从事过和正在从事教育工作的人活得有尊严，更多的优秀人才才会投身教育事业。

---

① 胡忠玲：《浅谈如何提高教师素质》，《长春师范学院学报》（人文社会科学版）2012年第5期。

（4）发展职业教育和网络教育，倡导终身教育，建设学习型社会

联合国教科文组织的一项调查显示：全世界每年阅读书籍排名第一的是犹太人，平均每人是 64 本。上海在中国排名第一，只有 8 本。而中国 13 亿人口，扣除教科书，平均每人一年读书一本都不到。而由中国新闻出版研究院组织的第九次全国国民阅读调查则表明：2011 年我国人均读书仅为 4.3 本，远低于韩国的 11 本，法国的 20 本，日本的 40 本，更别说犹太人的 64 本。中国是世界上人均读书最少的国家之一。虽然我国的人均受教育年限近年来不断增长，但与发达国家相比差距还很大。这一组组让人震惊的数字警醒我们大力发展职业教育和网络教育，建立学习型社会势在必行！

21 世纪是以知识为主导生产要素的时代，随着人们生产、生活和思维方式的改变，学习终身化和职业社会化成为教育发展的必然趋势。党的十八大报告指出，要“完善终身教育体系，建设学习型社会”。一方面，要加强职业教育和网络教育的建设。职业继续教育具有提升“就业能力”、建构“积极就业对策”的功效，对人才生产力建设具有重要意义。同时，职业教育作为现代教育的重要组成部分，正在成为新形势下践行终身教育的有效途径。目前我国职业教育有两个方面的不足：一是我国的职业教育最初是作为普通教育的补充，一直没有作为我国教育体系的重要组成部分，属于先天不足。二是职业教育在发展过程中，财政投入低，社会的认可度低，被“打入另册”，使职业教育后天也不足。我国职业教育有空心化的趋势，没人说它不重要，但就是没多少人愿意受这样的教育。因此，必须坚持职业教育以服务为宗旨，以就业为导向，以提高质量为重点，为全面建设小康社会培养大量高素质劳动者和技能型人才。要继续促进职业教育与普通高中教育协调发展；健全面向全体劳动者的职业教育培训制度；坚持以市场为导向深化职业教育教学改革；全面加强职业教育基础能力和实训基地建设；确保家庭经济困难学生都能接受职业教育。同时，以现代教育思想和学习理论为指导，充分发挥网络的各种教育功能和丰富的网络教育资源优势，向受教育者和学习者提供一种网络教和学的环境，拓宽受教育的渠道。另一方面，作为一种崭新的、现代的社会发展观和教育观，终身教育的理念还需要进一步加大宣传。要改变将学校视为唯一教育机构的陈旧思想，使教育超越学校教育的局限，从而扩展到人类社会生活的整个空间。要

建立健全终身教育管理机构，建立终身教育多元投入保障机制；整合和开放各种教育资源，不断完善终身教育平台。各级政府及有关部门、企事业单位应有序开放所属的教育培训场地、文化、体育设施等，各类教育培训机构应当为终身教育提供便利，逐步实现各种教育培训资源共享。同时，积极开展各类终身教育和学习活动，为社会成员提供各种形式的学习机会和交流平台；建立终身学习的质量保障和认证机制，完善终身教育的评估鉴定体系。

2. 文化休闲方面公共政策分析与建议

休闲文化是人类生活的一种重要特征。它不仅是一个国家生产力水平高低的标志，更是衡量社会文明的尺度，同时也体现了一种崭新的生活方式、生活态度。

随着我国国民经济的发展，人民生活水平日益提高，居民可自由支配的时间也越来越充裕，中国人的消费层次由温饱型逐步向生活质量型消费转变。休闲在当今中国居民生活中所占比重越来越大，休闲文化亦应运而生。特别是新农村建设和小康社会实现步伐的加快，让广大农民的钱袋子鼓起来了，他们也逐步加入到休闲的行列之中；传统意义上的“吃、穿、住、行”以一种全新的面貌出现，作为文化生活一个重要部分的休闲也以全新的姿态进入人们的视线。休闲正如同教育一样，进入“大众化”和“普及化”的阶段。从提升民众文化休闲质量来看，我们需要从以下几个方面进行努力。

（1）促进经济发展，加大休闲投入

在休闲时间保障提升的前提下，稳定充裕的收入水平决定了休闲活动的高质量。因此要努力提高人民群众的可支配收入，切实保障休闲娱乐权利的实现。根据马斯洛的需求理论，当人们的低层次需求满足之后会主动寻求更高层次需求的满足。随着人们生活水平的日益提高，休闲生活的比重将会越来越大。

政府加大休闲方面的投入，一方面，特别重视休闲旅游的发展。旅游休闲日益成为人们假日出行、放松心情的选择。引导休闲旅游的发展方向，对提振国内旅游消费、促进公民福利及旅游业的发展将长期利好，并将在全社会形成积极休闲、健康休闲的良好风气。各级财政要逐步增加旅游休闲公共服务设施建设的资金投入。对于新建的大众旅游休闲设施，给予税收优惠，相关的土地利用给予政策扶持，并鼓励和支持民间休闲设施建设和业态发展，如私人博物馆、书画院、展览馆、音乐室、手工技艺等。[①] 另一方面，要建设符合群众需求的休闲文化设施和产品，扶植和培育多种特色休闲产业的发展，不断满足人们日益增长的多元休闲文化消费需求。

（2）开展休闲教育，倡导健康生活方式

休闲是调节生理和心理的手段，不仅可以使身心从紧张的工作中获得休息，而且可以联络感情，丰富人们的社会关系，更好地把握工作生活的节奏，享受美好的生活。西方有句谚语："只工作不玩耍，聪明的孩子也变傻。"充分说明了休闲的重要性。

休闲教育是伴随人一生的终身教育，一个人从出生到死亡的整个生命历程都离不开休闲教育。同时，休闲教育也是系统教育，需要全社会共同关注和努力践行。家庭、学校、社会都是推动休闲教育的重要力量。从时间上看，人们有了更多的自由时间用来休闲，然而人人有闲暇时间并不等于人人会休闲。目前，我国居民休闲总体上还处于成长期，在休闲观念和文化上还需要继续培育。政府应从关注民生、以人为本的发展理念出发，完善现有教育体系，弥补休闲教育的空白，开展不同层次的休闲教育。利用多种渠道加大休闲知识的普及，努力提高休闲技能，丰富群众休闲生活，倡导旅游、会友等积极休闲方式，改善以睡觉、无事发呆等为主的单调休闲方式，净化社会人文环境，在闲暇时间增多的前提下，着重提高休闲生活的质量。

（3）创新休闲方式，整合文化休闲资源

随着社会的进步、网络时代的来临和知识经济的冲击，很多新的休闲方式应运而生，这就要求政府审时度势，积极创造反映时代特点的现代休闲方式。相关部门引导人们利用好休闲时间，走进大自然，开阔心胸、减轻压力；走进历史古迹，提高文化修养；走进人群，改善人际关系；走进爱国主义教育基地，接受爱国主义、集体主义教育，提高道德修养；参加文体活动，强健体魄；参加旅游观光，扩大视野等。[②] 要认真研究、分析传统的休闲方式，研究有效地传承优秀

① 杨彦锋：《"国民旅游休闲纲要"将怎样影响我们的生活》，《中国青年报》2012 年 7 月 6 日。

② 齐英艳：《生活质量与人的全面发展》，中国社会科学出版社，2010，第 241 页。

休闲活动传统的方法。对优良、科学的休闲活动加以继承，同时对那些不科学的加以改造或者摒弃。在继承的基础上创新现代休闲方式。

加大整合各种文化休闲资源，把一些无序的、散落的、潜在的休闲方式、产品集合起来，整合资源，突出休闲度假，引导全民参与；将健身、旅游、休闲、娱乐等多种消费需求汇集起来，形成“国民休闲汇”，致力于满足人们的日益多元化的休闲需求，提高文化休闲资源利用的效率，有效带动旅游业和服务业的发展。

（4）加大中西部地区文化休闲资源的投入力度

对教育水平和文化休闲资源分别做评价分析有助于我们更好地认识文化生活各方面的差异问题，通过计算比较不难发现文化休闲资源的地域差异要远大于教育水平的地域差异。

近年来，我国各地区在科教兴国政策、人才强国战略的引导下，对教育的重视度大大增加。国家和地区政府对教育的投入，特别是基础教育的投入逐年增加，并出台了一系列教育政策，如扩大教育规模、促进教育公平、提高受教育水平等。我国从基础教育到高等教育都一定程度得到发展，居民教育普及程度和文化层次也得到提高。但从本报告所测算的文化休闲水平得分来看，中西部地区较之东部和东北地区还存在较大差距。一方面是由于我国地区经济发展的不平衡产生的“多米诺骨牌效应”，贫困地区还在追求基本生活的保障，而富裕地区有更多的财力和时间享受更高层次的精神需求。另一方面也与政府的重视程度有关，全国文化休闲资源评价普遍性偏低，说明各级对于居民文化休闲资源保障的投入总量较小而且不平衡。数据分析显示，山东省作为 GDP 强省之一，其文化休闲资源水平的排名并不与其经济实力排名成正相关。这里不排除地方风俗习惯、居民生活态度及价值观等因素的影响，但是从具体的客观指标分析，也说明地方政府对文化休闲资源保障上还不够重视。

加大对中西部地区的倾斜支持力度，一方面，要进一步加强道路网络、电力设施等基础公共事业建设，普及电视电话、互联网等现代通讯，在保障居民基本生活水平的基础上，着力提高生活耐用品的消费比重。另一方面，在中西部地区重点扶持建设多样化的休闲文化设施，为居民开展休闲娱乐提供有力的支撑，为中西部地区人民群众提供更多享受丰富休闲活动的机会。同时要结合当地实际，特别是少数民族地区的实际，发挥少数民族文化特色，鼓励和支持发展特色文化产业，让优秀民族文化在提升民众文化福祉方面发挥更大作用。

3. 针对文化福祉综合评价结果的分析与建议

通过文化福祉的评价分析，我们已经在一定程度上掌握了我国居民文化福祉的总体状况，并通过横向比较，了解到各省（区、市）在文化福祉水平和发展存在差异，体现了我国地区居民文化生活保障状况和满足程度的不平衡、国家对地区文化政策的偏向性、文化福祉各方面存在差异等问题。基于这些问题，我们认为政府可以在公共政策上做一些调整。

（1）加快我国各地区全面、平衡、可持续发展仍是我国今后经济发展和政策指导的方向

首先，地区经济发展不平衡是导致我国地区居民文化生活保障状况和满足程度不平衡的一个深层次原因。近年来，我国实施的西部大开发、振兴东北老工业基地、促进中部崛起等政策措施，在一定程度上促进了我国中西部地区和东北地区的发展，但是由于历史遗留问题、地理因素以及资源分配等多方面原因，我国地域之间、城乡之间的发展不平衡问题依然严重，从而进一步导致影响居民生活质量的各方面也存在严重的地区间不平衡。

其次，我国地区居民文化生活保障和满足程度不平衡的另一重要原因是由于各地区对文化事业的重视度不一。我们从上面的分析可知，作为经济大省的广东省，其文化福祉的排名并不靠前，其主要原因是由于教育水平的排名相比其他经济大省比较落后。当前一些大学生中流传的一种说法“学往北、商往南”，指求学应该往北走，北京有中国两大最高学府，而经商应该往南，广州、深圳、香港是贸易者的天堂。这种说法一定程度上反映了一个地区的文化发展有时并不完全与经济发展成正比，文化福祉水平的提高需要政府的政策和财力的支持。

（2）在保障和促进东部地区文化发展的同时，要适当给予文化落后省份政策倾斜

就省级层面而言，对北京、上海、天津等高校密度比较大、居民文化层次比较高的地区，国家财政投入也很大；具体到市级层面也存在同样的问题，一般省会城市如武汉、南京、杭州等高校比较集中、城市居民学历和知识水平比较高，这些地区获得的中央和地方财政对文化建设的费用拨款也比较多。虽然

国家对地区文化政策的偏向性体现了供给和需求平衡模式，但是给予发达省市的政策倾斜，对于“弱文化”地区很不公平，如西藏、贵州、安徽等地，本来受经济发展的限制，文化生活水平发展硬件条件滞后，如果离开了国家的财政支持，这些地区的文化发展便很难推进，差距会越拉越大。国家对地区的这种文化政策的偏向性可能最终导致地区文化建设“强者更强，弱者更弱”的马太效应愈加明显。所以，不管是从国家层面，还是地区层面，政府应该从财力和政策上照顾落后地区的文化建设与发展。

“强经济、弱文化”现象的出现是传统经济发展观念的遗留后果，在追求人与社会全面、平衡、可持续发展的理念下，我们应该从经济、政治、文化、社会及环境等领域的各个方面入手，利用构建的指标体系及评价结果，调整和制定相关公共政策，促进各地区居民生活质量水平的普遍提高。

附录

本部分主要指标解释

1. 初、中、高等教育生师比指各初、中、高等学校学院中在校学生和专任教师的比例。

2. 成人识字率指15周岁以上人口中有读写能力的人口百分比。这一指标反映了一个国家或地区教育水平的综合指标，体现了教育的普及状况。成人识字率＝100%－文盲率。

3. 平均受教育年限指某一人口群体人均接受学历教育的年数。平均受教育年限是一项反映国民受教育程度的可持续指标，反映了一段时期一个国家或地区总的教育发展水平和普及状况。

4. 文化娱乐消费占生活消费总支出的比重指居民用于文化活动、娱乐用品及服务性的支出与居民生活消费总支出的比例。文娱消费占生活消费总支出的比重＝［（农村文娱消费支出/农村总支出）×农村人口比重＋（城市文娱消费支出/城市总支出）×城市人口比重］×100%。

5. 文化事业费指国家用于发展社会文化事业的经费支出，主要包括对国有博物馆、图书馆、艺术馆、纪念馆、文艺团体以及新闻、通讯、广播、电视、出版等部门的经费拨款。人均文化事业费是指在以一年为核算基准的前提下政府对文化事业的投入总额与该辖区内人数的比值。

6. 万人接入互联网的用户数指 10000 人中接入互联网的用户数。万人接入互联网的用户数 = 互联网端口数/各省（区、市）人口数 ×10000。

7. 万人拥有图书、报纸、期刊的数目指一段时间内（通常是以年度为基本的核算单位）地区出版图书、报纸、期刊的数目与地区总人口的比值。万人拥有图书、报纸、期刊的数目 = 各省图书、报纸、期刊的种数/各省（区、市）人口数 ×10000。

8. 彩色电视机普及率指每百户中所拥有彩色电视机的台数。

（执笔人：吴东民　韩尚稳　谢静）

中国社会福祉报告

20 世纪 60 年代以来，随着生活质量研究的兴起和迅速发展，社会生活质量成为生活质量研究的重要内容。国内外的研究者在生活质量评价体系的框架下专门研究了社会凝聚、社会福利、社会保障等一些相关概念，并对这些概念进行了操作化界定。对社会生活质量的评价涉及社会凝聚状况、社会保障支出、志愿组织水平、社会支持水平、公共安全满意度等方面。可以说，社会生活质量评价体系已经有了一定的理论基础和实践基础。对社会生活质量的测量，可以反映居民生活的社会条件和社会环境水平。建立一套专门的评价社会生活质量的指标体系有较强的理论和实践价值。但迄今为止还没有见到有关社会生活质量评价的系统完整的指标体系。鉴于此，本报告基于已有研究，从福祉的视角出发，尝试构建一套评价我国社会生活质量的社会福祉指标体系。评价重点是居民所享有的社会福祉水平，包括保障救济水平、社会互助水平、福利性服务水平等。这几个维度能够比较系统地反映当前我国居民社会福祉的总体水平。

一　中国社会福祉指标体系的构建

（一）社会福祉指标构建的理论基础和核心概念

1. 社会福祉指标构建的理论基础

对社会生活质量评价指标体系的构建是围绕社会福祉（social well-being）的概念展开的，这里的社会福祉是一个广义的概念，包含了保障性和非保障性福利两个部分。因此，在对这个核心概念进行界定前，首先对相关理论进行归纳和梳理。与社会福祉密切相关的一个概念是社会福利（social welfare），社会福利是以公平公正、社会稳定和社会生产为目的，能为整个社会的正常运转和人们生活质量的改善提供必要的条件和环境。从 17 世纪开始，社会福利问题就进入了人们的研究视角。研究者们从社会学、经济学、公共管理学、政治学等不同的视角对社会福利进行了界定和研究，产生了福利经济学、“福利国家”等一些理论成果。

社会福利出现的最早标志是英国 1601 年《济贫法》的颁布。该法以法律形式将救济贫困由私人义务转为社会公共责任，具有济贫性质。1881 年，德国颁布了《社会保险法》，保障的着眼点是生产而非济贫。这部法律和相关法律体系的健全使德国成为最先实行比较全面的国家社会保障的国家，标志着“福利国家”的产生。1942 年，英国的《贝弗里奇报告》提出了一整套福利国家指导原则和“从摇篮到坟墓”的社会福利计划，很快成为欧洲各国建立福利国家的理论基础。《贝弗里奇报告》的问世意味着社会福利思想发展的基本终结。[①] 在社会福利的理论中，比较有影响的有边沁的功利主义哲学、庇古的福利经济学、贝弗里奇的福利报告及后福利国家理论。这几个理论分别从不同的角度对社会福利做了阐释，对社会福利的发展起到重要的推动作用。社会福利的经典理论和已有的相关研究，是我们构建社会福祉评价指标体系的重要理论基础。

2. 社会福祉的概念界定

在对社会福祉进行界定时，我们注意到以往各种社会福利经典理论虽然各有侧重，但综合起来看，仍然有一些相同点，基本上涵盖了社会保障、福利服务等内容，即我国学者所称的保障性福利和非保障性福利两部分。前一部分是社会福利发展之初各国政府和研究者普遍关注的内容，后一部分则是在从 20 世纪 60 年代以来生活质量研究兴起后受到越来越多关注的内容。基于这种考量，我们将社会福祉界定为国家依法为所有公民普遍提供旨在保证一定生活水平和尽可能提高保障生活质量资金和服务的社会制度，它旨在解决广大社会成员在各个方面的福利待遇问题，总体上包括保障性福利和非保障性福利两部分。这两种福利是满足居民基本生活和发展需要的必要的社会条件。

---

① 陈银娥、潘胜文：《社会福利》（第二版），中国人民大学出版社，2009，第 2 ~ 36 页。

（二）社会福祉指标选取的原则和依据

1. 指标选取原则

在社会福祉指标的选取上，我们综合考虑了各方面因素，制定出选取指标应遵循的8项原则。这些原则中有的是在之前社会生活质量指标设置时所遵循的；有的原则是考虑到我国测量社会生活质量中的一些现实需要而设定的，如城乡差异问题；还有的原则是考虑到评价指标体系的发展性而设定的。这八项原则分别为：全面性与代表性相结合的原则、系统性原则、科学有效性原则、可比性原则、可操作性原则、动态性与前瞻性原则、政策关联性原则及城乡兼顾原则。各指标在选取过程中都遵循了这些原则。我们希望以此来规范选取指标的科学性、可行性和可发展性。

2. 社会福祉指标选取的依据

按照以上对社会福祉的界定，结合对社会生活质量相关理论和实践的归纳分析，我们将社会福祉评价指标系统初步划分为社会保险、保障救济、社会互助、服务投入、公共设施、公共安全6个部分。根据前面的8项原则，结合实际需要，6个部分一共遴选出25个指标（包括21个客观指标和4个主观指标，客观指标中包括了部分常数指标做各地区社会福祉状况的测量基础）。其中客观指标数据基本都来源于各类现行统计年鉴，主要为历年的《中国统计年鉴》《中国民政统计年鉴》《中国卫生统计年鉴》和《中国财政统计年鉴》。

（三）社会福祉评价指标体系的确定

社会福祉的初步评价体系是借鉴国内外已有研究成果并依据研究者对于社会福祉的研究构想和专业知识所得到的，还具有一定的主观性，所以需要对以上理论遴选的评价指标进行专家效度测评、相关分析和鉴别力分析等实证筛选。

我们对首轮筛选的指标进行了内容效度比分析，剔除了一些内容效度比较低的指标，然后，进行了指标的相关性分析，以此来验证类指标中各指标之间、指标与类指标的相关度。经过以上专家效度评价和相关分析的综合筛选，保留和删除指标。经过数据分析和进一步的逻辑分析，得出了社会福祉参与数据分析的最终保留指标（不包括主观指标及全国性参照指标），重新编号，得到了中国社会福祉评价指标体系。具体见表1。

表1　中国社会福祉评价指标体系

评价因素	评价指标编号与名称	单位	数据来源
保障救济	f1 基本社会保险覆盖率	%	《小康社会报告》
	f2 人均失业保险金发放	%	《中国统计年鉴》
	f4 城镇低保平均支出水平	元	《中国民政统计年鉴》
	f5 农村低保平均支出水平	元	《中国民政统计年鉴》
	f6 人均民政事业费支出	元	《中国民政统计年鉴》
社会互助	f9 人均社会捐赠款数	元	《中国民政统计年鉴》
	f10 万人社会组织数	个	《中国民政统计年鉴》
福利服务	f12 千人医疗机构床位数	张	《中国卫生统计年鉴》
	f13 城镇每万人便民利民网点数	个	《中国统计年鉴》
	f14 城市每万人公共厕所数	座	《中国统计年鉴》

在试测中，我们对以上指标做出如下调整并给出解释。

1. f2 指标人均失业保险金发放替换为失业保险覆盖率。一是考虑到失业保险基金下支出明细多；二是领取失业保险金的人数与失业人数之间有出入，故对原 f2 指标人均失业保险金发放替换为失业保险覆盖率，计算公式为：失业保险覆盖率 = 参加失业保险人数/所有就业人数。

2. f13 指标城镇每万人便民利民网点数替换为社区服务设施覆盖率。试测中发现城镇每万人便民利民网点数西藏以及部分省份 2006～2010 年数据缺失不能参与评价。社区服务设施覆盖率可以反映城镇居民在日常生活中所能享受到的公共服务便捷程度，是反映社会福利投入水平的一个重要指标，可以作为替代指标。

（四）社会福祉指标权重的确定与综合评价函数的形成

1. 指标权重的确定

本研究采用层次—主成分分析法，来对指标权重加以确定。该方法的基本思路是首先用层次分析法进行指标定量化分析，确定各个具体指标的权重，然后应用主成分分析法对总目标进行综合评价。该方法兼顾了层次分析法与主成分分析法的优点，尽可能避免层次分析法中主观因素的影响，同时也尽可能减小主成分分析法对于数据的依赖性，使最终的总目标评价结果更全面，更符合客观实际。

2. 社会福祉综合评价函数的形成

选取相关指标2006～2010年的公开统计数据，无量纲化处理后进行加权转换，采用探索性因素分析方法，按照特征值大于0.5以及累积贡献率大于85%的加权原则对社会福祉的三个部分保障救济、社会互助和福利服务分别提取主成分因子，经过整合之后，分别得到了保障救济、社会互助和福利服务三个评价函数：

$$Y_1 = 0.169W_1X_1 + 0.270W_2X_2 + 0.334W_4X_4 + 0.218W_5X_5 + 0.341W_6X_6$$
$$Y_2 = 0.217W_9X_9 + 0.707W_{10}X_{10}$$
$$Y_3 = 0.266W_{12}X_{12} + 0.303W_{13}X_{13} + 0.486W_{14}X_{14}$$

将以上保障救济、社会互助和福利服务三个部分的评价函数相加，便得到了最终的社会福祉综合评价指数：

$$Y = 0.169W_1X_1 + 0.270W_2X_2 + 0.334W_4X_4 + 0.218W_5X_5 + 0.341W_6X_6 + 0.217W_9X_9 + 0.707W_{10}X_{10} + 0.266W_{12}X_{12} + 0.303W_{13}X_{13} + 0.486W_{14}X_{14}$$

二　2006～2010年中国社会福祉的省级层面数据分析

（一）各具体指标评价结果分析

1. 基本社会保险覆盖率综合评价结果分析

基本社会保险覆盖率是指已参加基本养老保险和基本医疗保险人口占政策规定应参加人口的比重。为了方便阐释，根据我国地区间社会经济发展水平差异，我们将31个省（区、市）划分为四大区域：东部地区包括北京、天津、河北、上海、江苏、浙江、福建、山东、广东和海南共10省市；东北地区包括辽宁、吉林和黑龙江共3省；中部地区包括山西、安徽、江西、河南、湖北和湖南6省；西部地区包括内蒙古、广西、重庆、四川、贵州、云南、西藏、陕西、甘肃、青海、宁夏和新疆共 12 省（区、市）。图 1 是“十一五”期间各地区社会保险的参保进度，从图中我们可以看出各个地区 2006 年的参保覆盖率参差不齐，有高有低，但到 2010 年该指标的地区差异已经大大缩小。

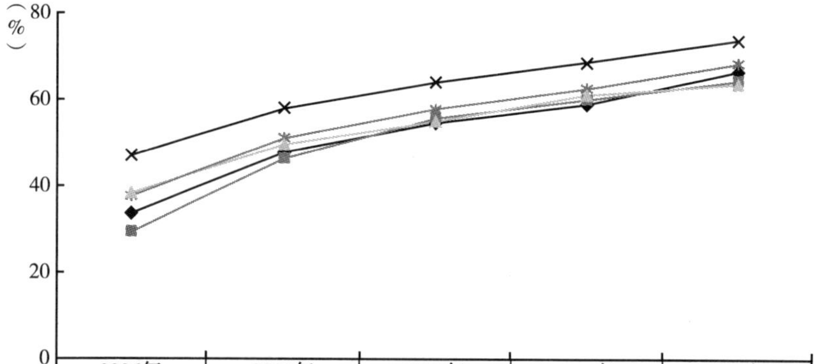

	2006年	2007年	2008年	2009年	2010年
全国均值	37.58	50.95	57.94	62.68	68.26
东部均值	46.95	57.75	64.11	68.87	73.84
东北部均值	38.33	49.48	54.92	61.34	63.54
中部均值	29.17	46.40	55.87	60.22	64.33
西部均值	33.80	47.91	54.58	59.10	66.77

图 1　2006 ~ 2010 年基本社会保险覆盖率四大区域均值

东部地区具有良好的参保基础，在 2006 年，东部地区除河北、福建、广东覆盖率水平较低外，大部分省份已经达到 45% 以上。至 2010 年，东部地区平均覆盖率比 2006 年增长了 26. 89 个百分点，其中较弱的省份河北、福建、广东三省与东部和全国均值的差距逐渐缩小，而其他省份在原有较高参保率基础上也有较大的进步，东部地区平均参保率五年来一直远高于全国水平（见表 2）。

表 2　东部地区基本社会保险覆盖率

单位：%

	2006 年	2007 年	2008 年	2009 年	2010 年
北京	55. 85	63. 9	66. 56	70. 7	77. 51
天津	50. 52	61. 77	71. 46	76. 82	80. 83
河北	22. 6	45. 38	52. 03	56. 52	62. 3
上海	76. 6	77. 74	83. 97	85. 23	84. 45
江苏	50. 14	65. 11	69. 29	72. 06	77. 04
浙江	54. 51	58. 02	65. 92	69. 72	78. 88
福建	30. 37	49. 49	56. 28	62. 22	63. 45

续表

	2006 年	2007 年	2008 年	2009 年	2010 年
山东	43. 21	55. 37	62. 44	67. 44	69. 88
广东	39. 58	50. 57	60. 76	67. 06	65. 64
海南	46. 08	50. 13	52. 37	60. 95	78. 38
东部均值	46. 95	57. 75	64. 11	68. 87	73. 84
全国均值	37. 58	50. 95	57. 94	62. 68	68. 26

从表 3 可见，东北地区与全国平均水平保持微小的差距。其中辽宁省基本社会保险覆盖率明显高于其他两省，直接拉高了东北地区的平均值。从另一方面看，虽然辽宁省高于同期全国平均值，但与黑、吉两省相比增长较慢，原有的领先优势在拉平。黑、吉两省起点低，增长幅度较大，与全国均值差距逐渐缩小。

表 3　东北地区基本社会保险覆盖率

单位：%

	2006 年	2007 年	2008 年	2009 年	2010 年
北京	55. 85	63. 9	66. 56	70. 7	77. 51
辽宁	51. 1	56. 78	62. 21	67. 7	68. 5
吉林	31. 12	46. 35	53. 32	59. 26	63. 35
黑龙江	32. 77	45. 32	49. 23	57. 06	58. 78
东北均值	38. 33	49. 48	54. 92	61. 34	63. 54
全国均值	37. 58	50. 95	57. 94	62. 68	68. 26

从表 4 可见，中部地区所有省份基本社会保险覆盖率几乎均低于全国平均水平。水平相似，起点低，五年里稳步增长，与全国均值差距逐渐缩小，有些省份实现了 40 个百分点的增长，平均增长了 35 个百分点。

表 4　中部地区基本社会保险覆盖率

单位：%

	2006 年	2007 年	2008 年	2009 年	2010 年
山西	34. 03	46. 51	54. 32	62. 94	63. 92
安徽	23. 33	45. 48	56. 67	59. 19	64. 53
江西	29. 16	49. 81	60. 35	62. 82	67. 33
河南	29. 39	44. 35	53. 59	55. 09	60. 38

续表

	2006 年	2007 年	2008 年	2009 年	2010 年
湖北	32.28	48.79	57.83	60.97	65.29
湖南	26.83	43.47	52.46	60.28	64.53
中部均值	29.17	46.40	55.87	60.22	64.33
全国均值	37.58	50.95	57.94	62.68	68.26

从表5可见，西部地区所包含的省份经济发展与其他地区存在一定差距，但在基本社会保险覆盖率方面并不弱于中部地区。内蒙古、西藏、甘肃的起点高，几乎都与全国均值持平，这与当地人口少、地方对参保的重视、国家优惠政策等分不开。

表5　西部地区基本社会保险覆盖率

单位：%

	2006	2007	2008	2009	2010
内蒙古	41.61	56.83	63.7	72.69	72.29
广西	25.29	42.69	51.95	57.14	62.81
重庆	27.19	45.94	59.32	69.18	84.34
四川	31.57	49.56	58.67	63.48	68.59
贵州	20.43	45.9	51.1	55.89	63.41
云南	26.94	46.25	50.46	52.63	61.88
西藏	49.46	52.03	54.43	54.82	68.34
陕西	29.27	49.25	55.05	60.24	64.85
甘肃	45.55	49.27	53.46	57.73	61.47
青海	44.49	51.97	53.37	51.89	57.14
宁夏	33.03	47.26	54.23	59.14	69.61
新疆	30.79	38.02	49.22	54.32	66.46
西部均值	33.80	47.91	54.58	59.10	66.77
全国均值	37.58	50.95	57.94	62.68	68.26

综上，在基本社会保险覆盖率方面，各地区均有自己的特点，总体进展顺利，2006~2010年实现30.68个百分点增长，参保率均向更高水平推进。我国社会保险覆盖率的快速均衡发展与我国在“十一五”期间的方针政策是分不开的。2006年，国务院批转《劳动和社会保障事业发展“十一五”规划纲

要》，将“加快完善社会保障体系，增强社会保障能力”作为未来工作的主要任务之一。该纲要还具体指出要“根据我国现阶段经济社会发展水平，综合考虑不同地区、不同人群之间收入水平差异以及用人单位和个人的实际承受能力，以保障人民群众基本生活和基本医疗需求为重点，进一步完善城镇基本养老和基本医疗、失业、工伤、生育保险制度，认真解决农民工和被征地农民的社会保障问题，研究探索并积极稳妥地推进农村社会养老保险工作”，并提出通过各种途径为社会保险事业的发展提供制度、资金和法制保障。十七大报告中更是强调“更加注重社会建设”，并且首次将“加快推进以改善民生为重点的社会建设”作为单列的一章进行阐述。该报告中强调要：“加快建立覆盖城乡居民的社会保障体系，保障人民基本生活。社会保障是社会安定的重要保证。要以社会保险、社会救助、社会福利为基础，以基本养老、基本医疗、最低生活保障制度为重点，以慈善事业、商业保险为补充，加快完善社会保障体系。促进企业、机关、事业单位基本养老保险制度改革，探索建立农村养老保险制度。全面推进城镇职工基本医疗保险、城镇居民基本医疗保险、新型农村合作医疗制度建设。”

之后，我国政府分别于 2007 年、2009 年和 2010 年颁布了《关于城镇居民基本医疗保险医疗服务管理的意见》《关于全面开展城镇居民基本医疗保险工作的通知》和《关于做好 2010 年城镇居民基本医疗保险工作的通知》，将十七大的政策精神加以具体化。为了将成果固定化，将社会保险法制化，我国政府于 2010 年颁布《中华人民共和国社会保险法》。我国社会保险方面的支出也由 2007 年的 7888 亿元提高到 2010 年的 18055 亿元①。上述政策措施对于提高我国社会保险覆盖率起到了重要的推动作用，提升了居民的社会福祉。

2. 失业保险覆盖率评价结果分析

失业保险覆盖率是指参加失业保险人数在就业人员数（三产）中的比重。表 6 展示了我国各个区域失业保险覆盖率，从中可以看出我国失业保险覆盖率

① 《劳动和社会保障事业发展统计公报》，http：//www. mohrss. gov. cn/SYrlzyhshbzb/zwgk/szrs/ndtjsj/tjgb/。

整体较低，东部和东北地区较高，中部、西部水平低。

我国失业保险整体覆盖率低的局面主要在于国家在这方面的投入不足。2008年国务院颁布《关于做好促进就业工作的通知》，从实施积极的就业政策，多渠道增加就业岗位、改善创业环境，促进创业带动就业、积极做好高校毕业生就业工作，加强失业调控，努力减少失业、健全就业工作目标责任制度等多方面对未来促进就业问题提出了方向。2008年9月国务院办公厅转发人力资源和社会保障部等部门《关于促进以创业带动就业工作指导意见的通知》，2008年2月国务院办公厅印发《关于切实做好当前农民工工作的通知》。2009年1月国务院办公厅印发《关于加强普通高等学校毕业生就业工作的通知》，2010年10月国务院印发《关于加强职业培训促进就业的意见》。从我国政府上述政策中可以看出，政府的失业政策主要是通过市场手段促进失业人员再就业，而非行政手段来保障失业人员的生活。

表6　各地区失业保险覆盖率

单位：%

	全国平均	东部地区	东北地区	中部地区	西部地区
2006年	19.12	28.39	26.53	13.21	12.49
2007年	18.83	27.98	26.29	12.96	12.27
2008年	19.37	29.25	26.04	13.12	12.58
2009年	19.36	29.53	25.62	12.84	12.59
2010年	19.87	31.25	24.92	12.74	12.70

2008年人社部印发《关于进一步做好失业保险和最低工资有关工作的通知》，只是提到应该根据物价波动调整失业保险金数额。2010年人社部颁布的《关于做好当前失业保险工作稳定就业岗位有关问题的通知》，对建立更加广泛的失业保险制度提出了更加详细的要求。然而从该《通知》中我们可以看出，扩大失业保险基金支出范围还在东部7省处于试点工作阶段。国家政策的缺位导致了全社会整体覆盖率普遍偏低。可以预见，今后我国失业保险覆盖率可能有逐渐提高的趋势，然而区域差距可能在相当一段时间内继续存在，甚至有不断拉大的趋势。

3. 城镇、农村低保水平评价结果分析

从表7可以得出以下信息：各地区之间低保水平存在较大差异。东部地区，五年间在城镇和农村最低生活保障方面的投入一直处于最高水平，但与均值增长相比存在递减趋势。2010年起东北地区城镇最低生活保障超过全国均值。中部地区一直处于最末位置，五年间距离全国平均线都有一定的距离，但差距有减小趋势。与经济发展水平相比，西部地区的低保投入并不低，与东北地区基本持平，这与国家的优惠政策密不可分。2007年国务院印发《关于西部大开发“十一五”规划的批复》中，特别指出要“建立健全社会保障体系，扩大各项社会保险覆盖范围，完善城镇居民最低生活保障制度和医疗保障制度，认真解决被征地农民和进城务工人员社会保障问题，在有条件的地区推动建立农村居民最低生活保障制度和农村社会养老保险制度”。我国政府在财政支出上也在向西部地区倾斜。总的来说，我国各地区的城乡最低生活标准线都在提高，城镇线提高一倍，农村线增加到三倍；虽然东部优势依然明显，但地区间的差距正在逐渐缩小。

表7　各地区城镇、农村低保平均水平

单位：元

		全国平均	东部地区	东北地区	中部地区	西部地区
2006年	城镇	1160.91	1533.45	1023.00	902.77	1014.02
	农村	319.51	520.52	288.83	226.65	206.09
2007年	城镇	1422.04	1830.91	1217.87	1114.32	1286.21
	农村	396.94	634.53	380.83	325.10	238.90
2008年	城镇	1892.99	2342.33	1726.10	1620.30	1696.61
	农村	649.00	910.10	602.30	532.12	501.53
2009年	城镇	2289.79	2701.08	2085.20	1920.27	2182.95
	农村	901.18	1166.38	834.13	743.73	775.66
2010年	城镇	2280.80	2615.15	2441.76	1902.15	2151.25
	农村	991.44	1296.50	1019.35	782.65	834.64

从表8可见，城乡之间最低生活保障仍存在巨大差距，但全国层面城乡差距有不断缩小的趋势。东部地区在城乡差距方面极差小，西部地区缩小差距的速度快，东北地区和中部地区城乡差距小于西部，缩短差距的速度优于东部。尤其

是东北部三省位列最后，全国城乡差距5年内由3.63∶1缩小至2.3∶1，其中江苏、浙江、福建、广东、海南在2009年后都将比例控制在2∶1以下，江苏2010年已达1.66∶1。

表8　各地区最低生活保障水平城乡比值

	全国平均	东部地区	东北地区	中部地区	西部地区
2006年	3.63	2.90	3.72	4.05	8.87
2007年	3.58	3.08	3.23	3.48	5.81
2008年	2.92	2.58	2.88	3.10	3.52
2009年	2.54	2.32	2.50	2.63	2.86
2010年	2.30	2.03	2.41	2.45	2.62

1993年，中国政府开始对城市社会救济制度进行改革，尝试建立最低生活保障制度。到1999年，全国所有城市和有建制镇的县城均建立了最低生活保障制度。同年，中国政府正式颁布了《城市居民最低生活保障条例》，为城市所有居民提供最基本的生活保障。城市居民最低生活保障资金由地方人民政府列入财政预算。地方政府根据当地维持城市居民基本生活所必需的费用来确定最低生活保障标准。家庭人均收入低于最低生活保障标准的城市居民均可申请领取最低生活保障金。

2006年国务院转发的《劳动和社会保障事业发展“十一五”规划纲要》中，对于完善各项社会保险制度提出以下要求：“根据我国现阶段经济社会发展水平，综合考虑不同地区、不同人群之间收入水平差异以及用人单位和个人的实际承受能力，以保障人民群众基本生活和基本医疗需求为重点，进一步完善城镇基本养老和基本医疗、失业、工伤、生育保险制度，认真解决农民工和被征地农民的社会保障问题，研究探索并积极稳妥地推进农村社会养老保险工作。”对于农村社会保险，纲要特别提出要“按照城乡统筹发展的要求，探索建立与农村经济发展水平相适应、与其他保障措施相配套的农村社会养老保险制度。采取适合不同群体特点和需求的方式，着力推进被征地农民社会保险工作，优先解决农民工工伤保险和大病医疗保障问题，抓紧研究低费率、广覆盖、可转移，与现行养老保险制度衔接的农民工养老保险办法。基本建立新型农村合作医疗制度”。可以看出，政府已经开始注重统筹城乡社会保险发展，并着重提出被征地农民和农民工的社会保险问题。2007 年十七大报告中进一步明确指出要加快建立覆盖城乡居民的社会保障体系，完善城乡居民最低生活保障制度，逐步提高保障水平，保障人民基本生活。报告在提出促进企业、机关、事业单位基本养老保险制度改革的同时，也提出探索建立农村养老保险制度；在表示要全面推进城镇职工基本医疗保险、城镇居民基本医疗保险的同时，也提出建设新型农村合作医疗制度。2010 年，全国领取城镇最低生活保障金的人数达 2310.49 万人，中央财政投入用于发放最低生活保障待遇的资金为 507.25 亿元。近年来，部分农村地区也开始建立最低生活保障制度。2010 年，领取农村最低生活保障金的人数达 5213.99 万人，中央财政投入用于发放最低生活保障待遇的资金为 456.05 亿元。① 中央政府对最低生活保障的要求是“应保尽保”，但无疑还有相当的提升空间。

4. 人均民政事业费评价结果分析

人均民政事业费是指民政事业费用支出/当地总人口。表 9 是我国四个地区人均民政事业费统计，从中我们可以看出四大地区的人均民政费用逐年递增。东部与东北地区基础较好，起点较高，中部与西部地区起点较低，西部地区增长幅度和速度较之其他三区大且快，主要得益于国家对西部的优惠政策。西部地区人均民政事业费支出最高，东北地区次之，东部地区未达到全国平均水平，中部排在最后。这与东部的人口密度高密切相关。

表 9　各地区人均民政事业费评价结果

单位：元

	全国平均	东部地区	东北地区	中部地区	西部地区
2006 年	83.82	102.16	101.84	64.85	73.51
2007 年	110.22	125.84	128.10	85.99	104.84
2008 年	175.27	147.50	169.39	118.72	228.16
2009 年	193.33	177.73	216.46	145.59	224.41
2010 年	236.36	204.25	246.64	171.29	293.09

① 资料来源：《中国民政 2010 年统计年鉴》。

2007年出台的《民政事业发展第十一个五年规划》是这一时期主导民政事业发展的核心文件。这个内容详尽、结构严谨的规划充分体现了党和政府对民政事业的重视。该《规划》在以民为本、服务全局、政府主导、社会参与的基本原则上，从灾害应急救助、社会救助体系、基层民主政治建设、民间组织、拥军优抚安置制度、社会福利事业等多个方面对未来的工作提出发展目标，并提出了健全民政事业管理体制和运行机制、加大民政事业资金投入、完善民政法律法规体系、加强民政机构和队伍建设和加强民政科技和标准化建设五个方面的政策措施。同时，为了推动民政事业均衡发展，《规划》中将“坚持城乡统筹”当作需要特别注意的问题。《规划》指出：未来的工作要“注重农村与城市民政事业的协调发展，在继续推进城市民政事业发展的同时，更多地注意扶持和加强农村民政事业。坚持区域统筹，注重东中西部民政事业的协调发展，分类指导，因地制宜，在继续加快东部地区民政事业发展的同时，更多地注意扶持和加强中西部民政事业”。

可以说在这个《规划》的指导下，各地民政事业取得了显著成效，其结果便是我国民政事业发展迅速，并且区域差距不断缩小，四大区域在人均民政事业费上已经没有倍数级的差异。这里不能不指出，虽然我国人均民政事业费用不断提高，区域差距不断缩小，然而就整体而言，我国民政事业的发展还处于刚刚起步阶段，人均民政事业费还处于相当低的水平，因此如何更进一步发展民政事业，加大民政事业投入；同时进一步缩小地区、城乡差距，成为摆在我国政府面前的一个亟待解决的问题。

5. 人均社会捐赠款数综合评价结果分析

人均社会捐赠款数是指社会捐赠款数（直接接受社会捐赠款数+间接接受社会捐赠款数）/当地总人口。从已有数据分析看，人均社会捐赠款数受当年自然灾害影响很大。从2006~2010年统计数据中，明显可以发现2008年、2010年，各省（区、市）人均捐赠款数都远高于其他年份，如2008年云南的数据远高于2006年、2007年出现的最高捐赠数，而2008年上海已达最高值102.8。2009年，人均捐赠款数回落，但仍在2007年基础上上涨。2010年由于玉树地震，人均捐赠款数激增，大体与2008年持平。用全国平均数据可以很直观地发现我国人均捐赠款数受当年度自然灾害突发事件的影响（见图2、图3）。

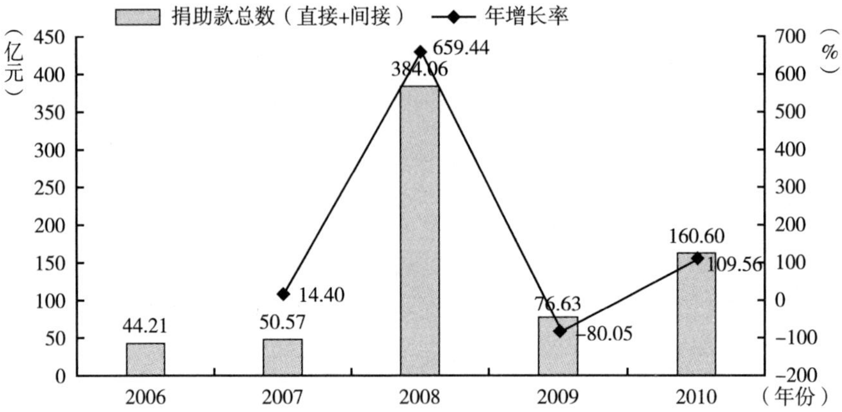

图 2　2006～2010 年全国捐赠款数

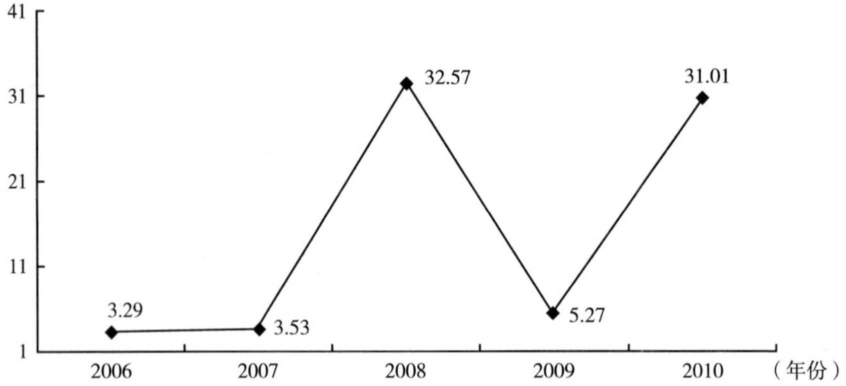

图 3　2006～2010 年全国人均捐赠款数

2007 年，国务院办公厅《关于加强救灾捐赠管理工作的通知》中针对救灾捐赠活动中出现的募捐渠道混乱、捐赠款物分配多头等问题，个别地方甚至出现以救灾募捐名义进行诈骗活动的现象，提出救灾捐赠工作要有领导、有组织地规范进行。除中国红十字会外，未经民政部门同意，任何个人、任何单位不得在社会上开展任何形式的救灾募捐活动。任何系统开展救灾捐赠工作，都必须坚持自愿原则，不得搞行政命令、硬性摊派。同时要切实管好用好救灾捐赠款物，加强对救灾捐赠工作的监督、检查。捐赠款物的接收、分配、使用情况要及时向社会公布，自觉接收公众监督。2007 年财政部和国家税务总局下发了《关于公益救济性捐赠税前扣除政策及相关管理问题的通知》，进一步扩大了申请享受免税资格的慈善公益组织范围，民政部积极向有关部门建议，完善慈善捐赠政策，并协调解决有关企业公益性捐赠的税收减免政策操作落实问题，调动企业参与慈善捐助积极性。同年6月21日出台《中华人民共和国公益事业捐赠法》，对捐赠和受赠，捐赠财产的使用和管理、优惠措施、法律责任分章分条进行了规范和说明。

2009年2月《民政部办公厅关于加强指导和规范管理基层慈善活动的通知》中提出积极支持基层慈善活动的开展，加强对基层慈善活动引导和规范，鼓励基层创造性地开展慈善活动。2009年4月《民政部办公厅关于做好2008年度慈善捐助信息社会公示有关工作的通知》、2009年末《民政部关于进一步加强社会捐助信息公示工作的指导意见》中均表示社会捐助信息公示工作的重要性，明确慈善捐助信息的社会公示主要内容：一是向社会公示捐赠款物接收和使用情况；二是向捐赠人及时反馈捐赠款物接收和捐赠款物拨付使用情况，确保捐赠人可以查询到自己的捐赠信息，慈善捐助信息公示的方式可通过政府公报、新闻发布会及报刊、网络、广播、电视等便于公众知晓的方式公开，有关慈善机构可采取年报的方式公示。

最新的数据显示，2011年全国接收国内外社会各界的款物捐赠总额约为845亿元，占同年我国GDP比例为0.18%；人均捐款62.7元，占同年我国人均可支配收入的0.33%。同年，美国人均捐赠为962.6美元，约相当于中国人均捐赠的97倍；较2010年，我国GDP增长约9.1%，但社会捐赠总量下降18.1%。导致社会捐赠量下降的原因众多，主要有三：一是2011年我国未发生特别重大自然灾难。与西南旱灾、玉树地震、舟曲泥石流接连发生的2010年相比，2011年，全国救灾捐赠量从252亿元降至52亿元。二是“郭美美”系列事件引发的慈善透明度问责风暴，蔓延半年有余，对公众捐赠热情产生了负面消极影响。三是2011年国内外经济形势也影响了企业的捐赠。总的来看，自然灾害、慈善公信力是影响我国社会捐助的主要因素。

6. 万人社会组织数评价结果分析

万人社会组织数是指社会组织数/当地总人口（万人）。从已有数据分析看来，我国民间社会组织发展程度不明显，全国均值统计显示2006～2010

年中，仅为人均2.73～3.44的变化，各省（区、市）5年的数据也未有大的变化。此外，分别对四个地区进行统计，又有以下发现：（1）东部地区中，得分高的省市均与经济活跃程度有关，但并非经济发展程度越高万人社会组织数越高，该指标受政策、人口基数影响较大。如山东每年几乎全超5，而北京、上海、江苏、浙江在4～5。（2）东北部地区均分在2～3，三省较一致，辽宁水平高于其他两省。（3）西部地区的陕西、甘肃、青海、宁夏、新疆万人社会组织数较高。（4）中部地区得分排名最后，远低于其他地区。

2007年出台的《民政事业发展第十一个五年规划》，特别强调发展民间组织，提出要“培育发展行业协会、学会、公益慈善和基层服务性民间组织，发挥提供服务、反映诉求、规范行为的作用。完善民间组织自律机制，加强改进对民间组织的监管”。整个《规划》最后还把“每万人拥有民间组织数量3.7个”作为民政事业“十一五”规划的五大发展目标之一。2008年我国成立“中国社会组织促进会”；2009年民政部民间组织管理局在2009年工作要点中将该年作为“政策推进年”，并提出总体思路：以科学发展观为统领，以分类指导为出发点，以登记制度改革为突破口，以扶持发展为主旋律，以社会组织能力建设为中心，以登记管理机关建设为基础，解放思想、实事求是，建立发展、建设、服务、监管四位一体的工作体系，充分发挥社会组织在经济社会发展中的积极作用。上述政策产生了良好的社会效果，“十一五”期间我国社会组织数目不断增加，质量不断提升，社会作用不断增大。

7. 千人医疗机构床位数评价结果分析

千人医疗机构床位数是指地区医疗机构拥有所有床位数/当地总人口（千人）。表10是我国各个区域千人医疗机构床位数统计，从中可以看出东部地区、东北地区几乎相当，西部地区稍弱，中部地区与其他地区有明显差距。而在各地区内部，东部地区上海、北京均在6.5～7.5，拉高了东部整体水平，但其他省份均值在2～3，并不高。东北地区辽宁水平较高，西部各省份较为平均。

表 10 各地区千人医疗床位数评价结果

单位：张

	全国平均	东部地区	东北地区	中部地区	西部地区
2006 年	3.04	3.71	3.63	2.38	2.67
2007 年	3.14	3.82	3.68	2.45	2.79
2008 年	3.36	3.99	3.84	2.73	3.03
2009 年	3.30	3.78	3.76	2.78	3.05
2010 年	3.83	4.43	4.39	3.25	3.48

加强医疗基础设施建设，提升居民医疗卫生条件一直是党和政府工作的重点。十七大报告中，党中央将“建立基本医疗卫生制度，提高全民健康水平”作为工作重点提了出来。该报告指出，在未来五年要“强化政府责任和投入，完善国民健康政策，鼓励社会参与，建设覆盖城乡居民的公共卫生服务体系、医疗服务体系、医疗保障体系、药品供应保障体系，为群众提供安全、有效、方便、价廉的医疗卫生服务”，同时要“加强农村三级卫生服务网络和城市社区卫生服务体系建设，深化公立医院改革”。2007 年国务院批转卫生事业发展“十一五”规划纲要的通知，对该时期卫生工作进行了详细的发展规划。同时，卫生部还分别于 2007 年、2008 年和 2009 年颁布一系列法规，推动新型农村合作医疗事业。该期间，我国政府加大投入，使得农村地区特别是西部农村地区医疗卫生条件得到改善。2009 年，卫生部办公厅特别印发《2009 年中西部地区二级以上医疗卫生机构对口支援乡镇卫生院项目管理方案》的通知，对于弥补中西部农村地区医疗卫生条件的短板起到了重要作用。上述的直观反映就是：我国千人医疗床位数在全国范围内有了明显的提高，并且四大区域在千人医疗床位数上的地区差异正在急速缩小（见表 10）。

8. 社区服务设施覆盖率评价结果分析

社区服务设施覆盖率是指社区服务设施数/（村委会数 + 居委会数）。社区服务设施数指以非营利为目的，为本社区居民服务，特别是为老年人、残疾人和儿童服务的社区服务中心、活动站、服务站、养老院、老年公寓（托老所），残疾人工疗站、残疾儿童日托所、家务服务站、婚姻介绍所等福利性设施以及职工社会保险管理服务的机构数。① 2010 年《中国统计年鉴》显示的2006～2009年与以前年份的统计年鉴关于社区服务设施统计数并不一致，前者统计数额小于2006～2009年年鉴里的数据，这影响了5年的数据结果。但是从趋势上看，还是能发现这几年来社区服务设施覆盖率逐年上升。具体来看，东部地区覆盖率远高于其他地区，东北地区、中部地区、西部地区低于平均水平，尤其中部和西部覆盖率低。

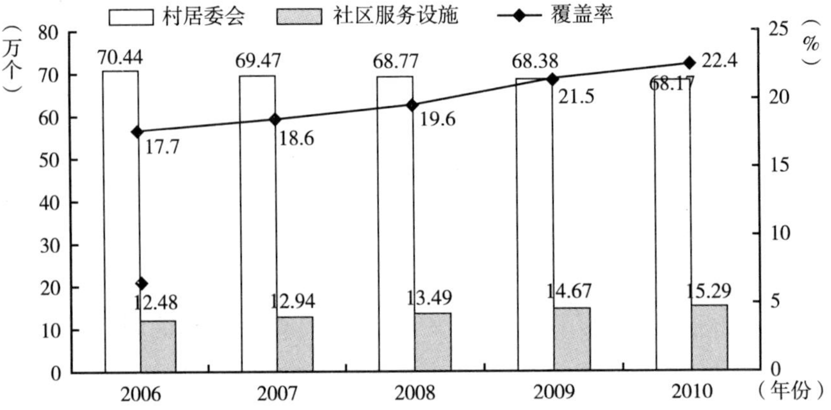

图4　2006～2010年全国社区服务设施覆盖率

表11　各地区社区服务设施评价结果

单位：%

	全国平均	东部地区	东北地区	中部地区	西部地区
2006年	25.97	45.57	27.43	15.99	14.25
2007年	33.49	72.19	29.81	16.31	10.75
2008年	33.82	70.27	27.01	17.62	13.24
2009年	34.99	71.63	31.89	17.28	14.10
2010年	22.91	39.29	15.74	17.70	13.67

2005年民政部等国家十部委发布了《关于进一步做好社区组织的工作用房、居民公益性服务设施建设和管理工作的意见》，提出进一步认识公益性服

① 资料来源：《中国统计年鉴》。

务设施建设和管理工作的重要性，严格规划管理，多渠道解决工作用房和公益性服务设施，充分发挥工作用房和公益性服务设施的综合效益，把加强工作用房和公益性服务设施建设和管理工作落到实处，力争在3～5年时间内，使全国工作用房和公益性服务设施有较大的改观，使管理服务水平有新的提高，逐步把必要的工作经费纳入财政预算。2007年，国家发展改革委和民政部印发《"十一五"社区服务体系发展规划》，"十一五"期间，中央和地方投入资金21.8亿元，在全国范围内规划建设约3000个示范性的综合性社区服务设施，包括500个左右街道社区服务中心和2400个左右社区服务站及100个左右城市社区服务信息网络。为支持中、西部加快改善社区服务设施条件，中央设立专项补助资金，重点补助中、西部地区和东部贫困地区建设街道社区服务中心、社区服务站及城市社区服务信息网络。并提出以满足居民公共服务和多样性生活服务需求为目标，发展全方位、多层次的社区服务业；以社区服务站为重点，构建社区、街道、区（市）分工协作的社区服务网络；以信息服务网络整合建设为依托，推进社区服务信息化；以体制改革和机制创新为动力，建立健全社区服务组织体系。2009年民政部出台的《民政部办公厅关于开展"十一五"社区服务设施建设项目督察的通知》。同年，在《民政部关于进一步推进和谐社区建设工作的意见》中，进一步完善以民生需求为导向的新型社区服务体系，不断提高社区居民生活水平，争取充分发挥行政机制、互助机制、志愿机制、市场机制的作用，进一步完善覆盖城乡社区居民的社区服务体系，满足居民群众多样化、多层次、多方面的服务需求。

9. 城镇每万人公共厕所数评价结果分析

城镇每万人公共厕所数是指城市公共厕所数/城市总人口（万人）。表12是四个地区城镇每万人公共厕所数统计，从中我们可以看出：人口密度与城镇每万人公共厕所数之间存在一定关系。东北地区和西部地区人口密度较小，东部和中部人口密集，所以呈现两高两低的情况。

早在2006年建设部印发的《全国城镇卫生"十一五"规划》中，就对城镇厕所粪便处理能力较低、公厕建设任务较重的现状，提出加快旧厕改造计划，"十一五"期间旧厕改造率达到52%；逐步提高公厕的建设水平，"十一五"末期直辖市及省会城市二类以上公厕所占比例不低于70%。2008年，住房和城乡建设部颁布《关于加强城市公共厕所建设和管理的意见》，提出要全面落实《全国城镇环境卫生“十一五”规划》，利用5年时间，基本实现一般城市每平方公里保有3～5座公厕，二类以上公厕达到65%；直辖市和省会城市每平方公里保有4～7座公厕，二类以上公厕达到75%。形成布局合理、数量充足、设施完善、环境协调、管理规范的城市公厕服务体系；逐步实现城市公厕全部免费使用，有效服务社会公众。该意见还指出要加大城市公厕建设管理投入，各地要完善以公共财政为主导的环境卫生基础设施建设投融资机制，对公厕建设和管理的投入给予倾斜。

然而，现实状况却是我国全国城镇平均万人公共厕所数呈连年下降趋势，主要有以下方面的原因。第一，随着我国城镇住房条件和办公条件的改善，居民家庭厕所和工作单位厕所数目不断提升，满足了大部分城镇居民需求。第二，我国政府在这一时期城市建设的重点，已经由公共厕所建设转向城市废水处理、城市工业生活垃圾处理、城市供水供暖供气建设和城市绿化上，我国“十一五”期间颁布的城市建设的法规大部分集中在上述四个方面。这从住房和城乡建设部2005～2010年颁布的有关城市建设的法规中我们可以清晰地看见。2006年当时建设部印发的《中国城乡环境卫生体系建设》的通知中也明显体现这样一点。这就使得我国公共厕所建设资金投入不足，建设发展迟缓。第三，我国城镇化进程不断加快，城市人口激增，客观造成了我国城镇平均万人公共厕所数呈连年下降趋势。

表12　东、中、西部地区万人公共厕所数综合评价结果

单位：座

	全国平均	东部地区	东北地区	中部地区	西部地区
2006年	3.19	2.50	5.58	2.79	3.38
2007年	3.27	2.69	5.59	2.87	3.39
2008年	3.25	2.67	5.62	2.91	3.31
2009年	3.17	2.86	5.45	2.78	3.05
2010年	3.11	2.86	4.69	2.77	3.08

（二）对各维度综合评价结果的分析

根据以上得出的社会福祉评价函数，结合官方统计数据，对各省社会福祉进行了具体的测算。社会福祉各维度评价结果具体结果如下。

1. 各省（区、市）保障救济状况综合评价

（1）省际分析

应用保障救济状况评价函数对我国31个省、市、自治区保障救济综合状况进行综合评价，得到有关省份保障救济状况综合得分及排名结果，结果如表13所示。

表13　2006～2010年各省（区、市）保障救济综合评价

	2006年	排序	2007年	排序	2008年	排序	2009年	排序	2010年	排序
北　京	0.1285	2	0.1289	2	0.1118	2	0.1300	1	0.1329	1
天　津	0.0893	3	0.0994	3	0.1022	3	0.1152	3	0.0926	3
河　北	0.0242	27	0.0164	28	0.0166	26	0.0208	26	0.0251	26
山　西	0.0358	18	0.0284	16	0.0259	18	0.0317	18	0.0263	24
内蒙古	0.0478	8	0.0459	7	0.0448	6	0.0633	5	0.0700	5
辽　宁	0.0617	5	0.0490	6	0.0428	7	0.0476	8	0.0472	12
吉　林	0.0384	15	0.0316	14	0.0259	17	0.0392	13	0.0429	14
黑龙江	0.0434	12	0.0336	11	0.0282	15	0.0360	15	0.0484	11
上　海	0.1325	1	0.1318	1	0.1169	1	0.1170	2	0.1138	2
江　苏	0.0574	6	0.0560	5	0.0533	5	0.0526	7	0.0634	6
浙　江	0.0761	4	0.0763	4	0.0794	4	0.0757	4	0.0802	4
安　徽	0.0228	30	0.0300	22	0.0202	24	0.0219	25	0.0294	21
福　建	0.0354	19	0.0339	10	0.0258	19	0.0252	24	0.0215	29
江　西	0.0290	23	0.0256	19	0.0304	12	0.0292	22	0.0347	18
山　东	0.0437	11	0.0328	12	0.0297	13	0.0360	16	0.0533	9
河　南	0.0249	25	0.0161	29	0.0136	28	0.0128	30	0.0162	31
湖　北	0.0366	17	0.0263	17	0.0260	16	0.0316	19	0.0301	20
湖　南	0.0274	24	0.0165	27	0.0126	30	0.0202	27	0.0246	27
广　东	0.0497	7	0.0425	8	0.0407	8	0.0401	11	0.0331	19
广　西	0.0187	31	0.0102	31	0.0096	31	0.0074	31	0.0200	30
海　南	0.0388	14	0.0239	20	0.0211	23	0.0403	10	0.0523	10
重　庆	0.0328	20	0.0234	21	0.0305	11	0.0335	17	0.0599	7
四　川	0.0245	26	0.0198	26	0.0345	9	0.0301	21	0.0416	15
贵　州	0.0236	28	0.0156	30	0.0143	27	0.0169	28	0.0269	22
云　南	0.0229	29	0.0221	23	0.0130	29	0.0164	29	0.0265	23
西　藏	0.0445	10	0.0300	15	0.0199	25	0.0557	6	0.0353	17

续表

	2006年	排序	2007年	排序	2008年	排序	2009年	排序	2010年	排序
陕　西	0.0314	22	0.0259	18	0.0295	14	0.0396	12	0.0568	8
甘　肃	0.0321	21	0.0217	24	0.0217	22	0.0257	23	0.0215	28
青　海	0.0393	13	0.0358	9	0.0337	10	0.0433	9	0.0388	16
宁　夏	0.0379	16	0.0321	13	0.0238	21	0.0307	20	0.0253	25
新　疆	0.0447	9	0.0213	25	0.0242	20	0.0362	14	0.0469	13

从统计数据和试侧的结果来看，2006～2010年各省保障救济综合状况综合评价结果排名，北京、上海、天津、浙江、内蒙古排名比较靠前，而广西、河南、云南、贵州排名比较靠后。2010年保障救济状况综合评价结果前五名分别是北京、上海、天津、浙江、内蒙古，后五名分别是湖南、甘肃、福建、广西和河南。

从统计数据可以看出2006～2010年保障救济综合状况具有以下特征：首先，从横向比较来分析，2006～2010年各省保障救济状况综合评价结果的省际差异较大。以2010年的数据为例，排名前三位的北京、上海和天津得分分别为0.13、0.11和0.09，排名后两位的河南和广西得分大体为0.02。排名靠前的省份多在东部地区和东北部地区，排名靠后的多在中西部地区。然而这种情况也不是绝对的。比如河北、河南、福建这些经济相对发达的省份，保障救济综合状况得分相对较低，相比其经济发展水平出现了一定的失衡。而宁夏、新疆、西藏、青海、内蒙古这些经济发展水平相对较低的省份保障救济综合水平并不低。其次，从纵向层面考虑，各省保障救济状况综合评价结果排名有一些明显的变动。值得关注的是福建的保障救济相对水平出现了较大幅度的下降，从2006年的19名跌落到2010年的29名。重庆和陕西则有了较大的提升，分别由2006年的20名和22名提升到2010年的第7名和第8名。

（2）区域分析

因为数据做过标准化的处理，不宜做纵向比较，同年的数据横向比较具有统计意义。因此，以下分析均做同一年份各地区的横向比较。从2006年看，东部首位，与东北部均高于全国平均，中部、西部低于全国平均，中部处在最末，且同东部、东北部、全国水平有较大差距。从2007年看，东部首位不变，仍与全国均值差距达0.02，但与东北部差距拉大，东北部得分与全国几乎持平，中部西部排位不变，与全国均值水平较之2006年拉近。从2010年来看，中部与全国水平差距进一步拉大。

表14 各地区保障救济水平

	全国平均	东部地区	东北地区	中部地区	西部地区
2006年	0.0450	0.0676	0.0479	0.0294	0.0333
2007年	0.0386	0.0642	0.0381	0.0226	0.0253
2008年	0.0362	0.0598	0.0323	0.0215	0.0250
2009年	0.0350	0.0529	0.0379	0.0200	0.0268
2010年	0.0464	0.0668	0.0462	0.0269	0.0392

由保障救济的区域得分和具体分析情况可以看出全国保障救济水平呈以下特征：一是区域保障救济水平具有差异性，东部、东北部要高于中西部，中部低落明显，呈东部、东北部、西部、中部向下的阶梯排列。二是各区域内省际保障救济水平也存在差距，各省间发展不平衡。三是由于西部大开发和政策照顾，西部保障救济水平明显提高，高于中部地区。

2. 各省（区、市）社会互助状况综合评价

（1）省际分析

采用互助状况评价函数对我国31个省、区、市的社会互助状况进行综合评价，得到有关省份2006~2010年社会互助状况的综合得分及排名结果，结果如表15所示。

表15 2006~2010年各省（区、市）社会互助综合评价

	2006年	排序	2007年	排序	2008年	排序	2009年	排序	2010年	排序
北京	0.0385	4	0.0320	8	0.0281	5	0.0279	8	0.0213	10
天津	0.0324	8	0.0280	9	0.0261	6	0.0212	11	0.0161	19
河北	0.0135	26	0.0134	25	0.0104	24	0.0077	28	0.0066	28
山西	0.0183	19	0.0164	21	0.0171	15	0.0155	17	0.0134	23
内蒙古	0.0146	24	0.0175	20	0.0122	22	0.0152	18	0.0161	18
辽宁	0.0329	7	0.0397	5	0.0238	9	0.0254	10	0.0261	7
吉林	0.0220	16	0.0215	17	0.0130	19	0.0157	16	0.0170	16

续表

	2006 年	排序	2007 年	排序	2008 年	排序	2009 年	排序	2010 年	排序
黑龙江	0.0195	18	0.0188	19	0.0129	20	0.0146	20	0.0154	20
上　海	0.0427	3	0.0441	3	0.0399	2	0.0291	7	0.0250	8
江　苏	0.0334	6	0.0387	6	0.0245	8	0.0302	5	0.0262	6
浙　江	0.0584	1	0.0570	1	0.0343	3	0.0431	2	0.0348	3
安　徽	0.0085	28	0.0125	28	0.0076	29	0.0087	27	0.0096	25
福　建	0.0346	5	0.0255	13	0.0216	11	0.0212	12	0.0272	5
江　西	0.0142	25	0.0133	26	0.0089	27	0.0099	26	0.0091	27
山　东	0.0521	2	0.0539	2	0.0309	4	0.0332	3	0.0290	4
河　南	0.0077	29	0.0092	29	0.0051	31	0.0060	29	0.0059	29
湖　北	0.0254	12	0.0251	12	0.0159	16	0.0183	14	0.0202	11
湖　南	0.0161	22	0.0130	27	0.0096	26	0.0100	25	0.0093	26
广　东	0.0277	11	0.0235	16	0.0192	13	0.0138	21	0.0145	21
广　西	0.0173	20	0.0163	23	0.0103	25	0.0112	24	0.0125	24
海　南	0.0173	20	0.0164	21	0.0157	17	0.0126	22	0.0179	15
重　庆	0.0248	14	0.0248	15	0.0127	21	0.0174	15	0.0162	17
四　川	0.0252	13	0.0252	14	0.0192	12	0.0331	4	0.0190	14
贵　州	0.0056	30	0.0058	30	0.0051	30	0.0045	30	0.0058	30
云　南	0.0101	27	0.0143	24	0.0077	28	0.0122	23	0.0144	22
西　藏	0.0055	31	0.0044	31	0.0107	23	0.0005	31	0.0018	31
陕　西	0.0154	23	0.0189	18	0.0152	18	0.0152	18	0.0192	13
甘　肃	0.0205	17	0.0263	11	0.0220	10	0.0193	13	0.0220	9
青　海	0.0313	10	0.0330	7	0.0247	7	0.0296	6	0.0419	2
宁　夏	0.0315	9	0.0407	4	0.0479	1	0.0481	1	0.0466	1
新　疆	0.0236	15	0.0273	10	0.0179	14	0.0255	9	0.0192	12

从评价结果来看，2010 年社会互助状况综合评价结果前十位分别是宁夏、青海、浙江、山东、福建、江苏、辽宁、上海、甘肃和北京，后五位分别是江西、河北、河南、贵州和西藏。总的来说，从统计数据中我们可以总结社会互助水平以下特征：（1）综览 2006～2010 年各省（区、市）社会互助状况综合评价分数分布较为平均，各分析单位的得分大部分居于 0.01～0.03。同时，一些经济发展相对要好的省份社会互助相对水平却比较低，如河北、安徽、江西、河南等。一些经济发展相对较差的省份排名却较高，如宁夏和青海。（2）从纵向上看，在社会互助方面各省社会互助的相对水平也有了一定的变

化。排名中青海、宁夏的社会互助相对水平有了较大幅度的提升，从 2006 年的第 9 名和 10 名迅速提升至 2010 年的第 1 名和第 2 名。而北京、天津和上海则有不同程度的下降。

宁夏虽地处西部，经济发展水平较为落后，然而社会互助水平提升处于全国前列，这与政府的相关政策密不可分。为了进一步推动社会组织发展，2008 年宁夏回族自治区民政厅出台《关于进一步加快培育发展城乡社会组织的意见》。该意见精神被很好地贯彻实施，如中卫市根据意见精神出台《关于加强民间组织培育发展和登记管理工作的意见》，从登记范围、登记条件、登记程序等方面对社会组织的发展提出了规范意见，从提高认识、加强领导、落实制度、扩大宣传等方面对社会组织的发展提出了规划。为进一步促进民办非企业单位发展，2009 年，自治区政府还出台了《关于促进民办非企业单位发展的若干意见》，提出在支持民办非企业单位发展方面，按照“非禁即入、不适则调”的市场准入原则，放宽准入条件，在申请立项、税收信贷、土地使用、财政贴息、政府采购、资格认定、人才引进、社会保障、职称评定、证照办理、收费标准、科研课题招标等多个方面，享受与公办事业单位同等的政策待遇。这为民办非企业单位发展创造了宽松的发展环境①。宁夏社会组织促进政策起到了很大的政策效果，自治区各类社会组织发展迅速，登记数量从 2005 年底的 1463 个增加到 2010 年底的 11929 个，初步形成了与宁夏经济社会发展相适应、门类齐全、层次不同、覆盖广泛的社会组织发展体系。2010 年，宁夏社会组织固定资产总值达到 14.7 亿元，年收入 20.5 亿元，解决就业人员达 3.3 万②。在这些组织中，经济类组织比重较大，作用较为突出。民办非企业单位发展迅速，民办高校数目快速增加。同时，各类农村专业经济促进协会、各类基金会发展势头迅猛，在社会上起到了非常积极的作用。上述成就使得宁夏社会互助事业方面的发展走在了全国前列。

---

① 《宁夏实施培育发展工程　推动社会组织健康发展》，http：//news.xinhuanet.com/politics/2010－02/25/content_ 13046892.htm。

② 《宁夏社会组织创先争优服务民生》，http：//www.xinhuanet.com/chinanews/2011－10/03/content_ 23825009.htm。

（2）区域分析

从2006年看，东部首位，与东北部均高于全国平均，中部西部低于全国平均，中部处在最末，且同东部、东北部、全国水平有较大差距。从2007年看，东部首位不变，但与东北部差距缩小，两区域均高于全国水平，中部和西部排位不变，西部水平与全国均值差距缩小。从2008年看，西部水平明显提高，几乎与全国水平持平；东北部均值略低于全国均值，排位为东部、西部、东北部、中部。2009年与2008年相比没有明显改变。从2010年来看，东部、东北部、西部水平均高于全国均值，排序依次为东部、西部、东北部、中部，西部与东北部几乎相当，中部与全国水平差距进一步拉大（见表16）。

由社会互助的区域得分和具体分析情况可以看出全国社会互助水平呈以下特征：一是区域社会互助水平具有差异性，东部、东北部要高于中西部，中部低落明显，呈东部、西部、东北部、中部向下的阶梯排列。二是各区域内省际社会互助水平也存在差距，各省社会互助发展不平衡。三是由于自然灾害和政策倾斜，西部社会互助水平明显提高，高于中部地区，与东北部大体相当。

表16　各地区社会互助水平

	全国平均	东部地区	东北地区	中部地区	西部地区
2006年	0.0239	0.0351	0.0248	0.0150	0.0188
2007年	0.0244	0.0332	0.0266	0.0151	0.0212
2008年	0.0184	0.0251	0.0165	0.0107	0.0171
2009年	0.0192	0.0240	0.0185	0.0114	0.0193
2010年	0.0187	0.0219	0.0195	0.0113	0.0196

3. 各省（区、市）福利性服务状况综合评价

（1）省际分析

运用福利性服务状况评价函数对我国31个省、区、市的福利性服务状况进行综合评价，得到有关省份福利性服务状况综合得分及排名结果，结果如表17所示。

根据2006～2010年各省（区、市）福利性服务水平状况综合评价结果，北京、上海、黑龙江排名比较靠前，而四川、湖北、河北排名比较靠后。2010

年福利性服务状况综合评价结果前十位分别是北京、上海、黑龙江、江苏、浙江、新疆、辽宁、天津、内蒙古、吉林。后五位分别是安徽、贵州、江西、海南、广西。从统计数据中我们可以总结福利性服务水平以下特征：一是从地区横向比较来分析，2006～2010 年各省（区、市）福利性服务综合评价结果的分布比较均匀。以 2010 年的数据为例，北京和上海得分远高于其他地区，分值均在 0.05 分之上，其余地区福利性服务水平方面，各省（区、市）总体差别较小。二是各省份各年份的数据也反映出一定问题。与社会互助中的问题类似的是，安徽、江西、河南这些经济相对发达的省份，福利性服务水平得分相对较低，相比其经济发展水平出现了一定的失衡。而宁夏、新疆这些经济发展水平相对较低的省份福利性服务相对水平并不低。另外从纵向上考虑，“十一五”期间我国各省（区、市）福利性服务发展水平排名变化相对微小。除了西藏自治区从 2006 年的 12 名跌落到 2010 年的 20 名，其他省份排名几乎维持不变。

表 17　2006～2010 年各省（区、市）福利性服务质量综合评价

	2006 年	排序	2007 年	排序	2008 年	排序	2009 年	排序	2010 年	排序
北　京	0.0571	2	0.0525	2	0.0533	2	0.0541	2	0.0673	1
天　津	0.0382	4	0.0267	6	0.0281	6	0.0240	8	0.0294	8
河　北	0.0172	15	0.0149	15	0.0151	16	0.0140	15	0.0210	16
山　西	0.0249	13	0.0193	12	0.0230	11	0.0210	12	0.0260	12
内蒙古	0.0322	9	0.0248	8	0.0258	8	0.0222	9	0.0289	9
辽　宁	0.0378	5	0.0295	5	0.0293	5	0.0259	6	0.0315	7
吉　林	0.0265	11	0.0259	7	0.0269	7	0.0279	5	0.0276	10
黑龙江	0.0384	3	0.0318	4	0.0335	3	0.0326	3	0.0393	3
上　海	0.0651	1	0.0684	1	0.0657	1	0.0578	1	0.0617	2
江　苏	0.0324	7	0.0207	10	0.0235	10	0.0215	10	0.0386	4
浙　江	0.0324	8	0.0239	9	0.0237	9	0.0245	7	0.0374	5
安　徽	0.0100	26	0.0049	26	0.0075	25	0.0061	27	0.0117	27
福　建	0.0121	21	0.0049	26	0.0074	26	0.0069	26	0.0130	25
江　西	0.0073	29	0.0043	29	0.0061	28	0.0041	28	0.0076	29
山　东	0.0135	19	0.0111	17	0.0148	17	0.0138	16	0.0215	15
河　南	0.0114	22	0.0088	21	0.0106	20	0.0110	19	0.0132	23
湖　北	0.0139	18	0.0093	18	0.0109	19	0.0098	21	0.0205	17

续表

	2006年	排序	2007年	排序	2008年	排序	2009年	排序	2010年	排序
湖南	0.0124	20	0.0090	19	0.0106	20	0.0097	22	0.0154	19
广东	0.0149	17	0.0089	20	0.0117	18	0.0107	20	0.0270	11
广西	0.0055	31	0.0031	31	0.0036	31	0.0028	30	0.0043	31
海南	0.0083	28	0.0048	28	0.0042	29	0.0028	30	0.0050	30
重庆	0.0106	23	0.0065	25	0.0071	27	0.0083	25	0.0131	24
四川	0.0106	23	0.0074	22	0.0103	22	0.0113	18	0.0139	22
贵州	0.0071	30	0.0032	30	0.0040	30	0.0039	29	0.0108	28
云南	0.0099	27	0.0068	24	0.0097	24	0.0093	23	0.0121	26
西藏	0.0249	12	0.0176	14	0.0191	14	0.0157	13	0.0145	20
陕西	0.0154	16	0.0143	16	0.0165	15	0.0149	14	0.0193	18
甘肃	0.0106	24	0.0073	23	0.0099	23	0.0087	24	0.0143	21
青海	0.0212	14	0.0200	11	0.0213	12	0.0211	11	0.0235	14
宁夏	0.0267	10	0.0185	13	0.0208	13	0.0137	17	0.0248	13
新疆	0.0329	6	0.0320	3	0.0326	4	0.0309	4	0.0359	6

辽宁省地处东北地区的南部，在其卫生事业发展“十一五”规划中明确提出深化城市医疗体制改革与建设，为群众提供质优价廉的基本医疗服务，“继续实施区域卫生规划，优化医疗资源配置，调整城市医疗机构的布局、机构，压缩数量，大力发展城市社区卫生服务，形成医学科技创新工程可持续发展的机制，基本实现功能齐全、布局合理、结构完善的城市医疗服务体系”。《辽宁省社会发展“十一五”规划》提出：“加强农村公共卫生和基本医疗服务体系建设，以中心乡镇卫生院和偏远乡镇卫生院建设为重点，全面规划和完善包括县医院、县中医院、县妇幼保健院、乡镇卫生院和村卫生室的农村卫生服务体系，其中，改扩建乡镇卫生院600所。争取用3年左右时间，使全省农村卫生机构的房屋、设备、人员素质有较大改善，服务能力明显提高。全面推行新型农村合作医疗制度，到2006年基本覆盖全省农村乡镇。加强农村计划生育工作，引导农民树立正确的生育观，着力解决农村新出生人口性别比失调问题。”2010年末全国共有卫生机构93.9万个，其中医院、卫生院6.0万个，社区卫生服务中心（站）3.1万个，诊所（卫生所、医务室）17.4万个，村卫生室65.1万个，疾病

预防控制中心3491个，卫生监督所（中心）2851个。卫生技术人员584万人，其中执业医师和执业助理医师237万人，注册护士205万人。医院和卫生院床位437万张。乡镇卫生院3.8万个，床位100万张，卫生技术人员96.4万人。①

在社区服务设施方面，在该省社会发展“十一五”规划中提出提高农村基本公共服务水平，全面加强社区建设。具体目标为：“以创建和谐社区为主题，以基础设施建设为重点，全面加强社区建设，增强社会和谐基础。制定社区服务体系基础设施建设规划，加大财政对社区投入，以社区‘一站四室’（服务站、办公室、活动室、医疗室、警务室）建设为重点，提高城市社区服务和管理水平。鼓励和引导社会资金举办社区服务设施，兴办社区服务项目。强化社区服务功能，进一步发挥社区服务在方便群众生活、提高生活质量、扩大就业和保障社会稳定方面的重要作用，形成社区公共服务、就业、救助和保障服务、便民利民服务相结合的多类型、广覆盖的社区服务体系。进一步完善社区民主自治机制，积极发展社区自愿者组织，建设充满人文关怀、环境舒适整洁、人民群众安居乐业、和睦相处的和谐社区。”

在城市基础建设方面，辽宁省基础设施建设“十一五”规划中提出城市基础设施建设要“依据城市发展总体规划，围绕解决新城区建设和老城区改造中的城市供水、城市交通和环境治理设施等，努力建设功能齐全、设施先进、交通便捷、环境优美、与自然和谐的城市环境”。在城市道路、供水供电供热、城市绿化等方面均提出了未来五年发展目标。②

（2）区域分析

2006～2010年，几乎都呈现东北、东、西、中各地区依次递减的排位顺序。其中，东北和东部得分高于全国均值，且东北、东部、全国平均水平五年间的分数差距几乎没有变化，不同在于2010年东北和东部得分几乎相当，东

① 《辽宁省2010年国民经济和社会发展统计公报》，http：//www.china.com.cn/guoqing/2011-12/14/content_24150813_3.htm。

② 《辽宁省基础设施建设“十一五”规划》，http：//www.ln.gov.cn/zfxx/fzgh/zxgh/200709/t20070914_129903.html。

部地区赶上了东北地区水平。中部和西部一直居于全国水平之下，西部略高于中部，与全国水平差距几乎未有改变。

表 18　各地区福利性服务水平

	全国平均	东部地区	东北地区	中部地区	西部地区
2006 年	0.0220	0.0291	0.0342	0.0133	0.0173
2007 年	0.0175	0.0237	0.0290	0.0093	0.0135
2008 年	0.0189	0.0248	0.0299	0.0114	0.0151
2009 年	0.0175	0.0230	0.0288	0.0103	0.0137
2010 年	0.0236	0.0322	0.0328	0.0158	0.0179

由福利性服务水平的区域得分和具体分析情况可以看出，全国福利性服务水平呈以下特征：一是区域福利性服务水平具有差异性，东北、东部要高于中西部，中西部低落明显，呈东部、东北、西部、中部向下的阶梯排列。二是各区域内省际福利性服务水平也存在差距，省（区、市）间发展不平衡。三是由于东北地区城市化基础和人口优势，福利性服务水平明显高于同期其他区域，东部由于人口基数大，分配到位的福利相对减少。四是西部地区在福利性服务水平上得分与全国均值的比较来看，明显不如同期在保障救济和社会互助方面的水平。这说明西部地区的社会福祉受国家政策和自然灾害的影响较大，保障性水平高，但在更高的福利性水平上并无优势。

（三）我国居民社会福祉综合评价结果分析

1. 我国居民社会福祉省际分析

运用社会福祉综合评价函数，选取 2006～2010 年统计数据，对我国 31 个省（区、市）进行综合评价，结果如表 19 所示。根据 2006～2010 年各省居民社会福祉综合评价结果，北京、上海、天津、浙江、广东和江苏排名始终比较靠前，而安徽、贵州、河南排名一直比较靠后。2010 年社会福祉综合评价结果前十位分别是北京、上海、浙江、天津、江苏、内蒙古、辽宁、青海、山东和黑龙江，后五名分别是安徽、湖南、贵州、广西和河南。

从横向上看，2006～2010年在社会福祉排名前十的省份大多数都是东部地区和东北地区的省份，西部的绝大多数地区排名处于中间水平。相反，排名后五位的大多数是中部地区的省份。我国社会福祉排名呈现东部、东北部、西部、中部递减的趋势。与此同时也不难发现，虽然我国社会福祉呈现区域差异，但区域间的差距比较均匀。以2010年数据为例，社会福祉得分超过0.1的省市有11个；得分在0.05以上的省市有27个，且各省市数据差距较小；得分在0.05以下的省市有4个，这几个省份相对差距并不大，而且得分最低的省份也在0.03以上。有一些省份值得我们关注。得分最高的上海和北京虽然和其他地区的相对差距在逐年下降，但从总体上这两地与其他省份的差距仍然非常大，得分远高于全国其他省份。一些西部地区的省份社会福祉水平比较高，如宁夏、新疆、青海、内蒙古等。这几个省份大多为少数民族自治区，国家相应的优惠政策对提高当地居民社会福祉水平有很大帮助。另外，这些地区的社会组织比较多，社会互助水平相对要高，宁夏的社会组织数连续五年居全国首位。然而不得不指出的是：西部地区居民生活水平仍然较低。这些地区具有的较高的保障性福祉水平，国家的倾斜政策起到了相当大作用。这样，当地居民享有非保障性福祉很大程度上难以得到保证。

从纵向上看（见表19），在保障救济状况和社会互助状况拉动下，我国各省社会福祉水平的排名变动较为频繁，2006～2010年间几乎每个省份的排名都出现变动。其中重庆和陕西等省份有了显著上升，而福建的社会福祉相对水平下降幅度比较大。2006年福建社会福祉水平排在第15位，但到了2009年下降到第23位。同时，经济发展水平较高的河南社会福祉处于下游水平。数据显示，河南省社会福祉水平得分连续四年处于后三位，2010年则下降到第31位。这反映了该省经济发展水平和社会福祉水平发展失衡。社会的发展应根据当地实际情况，保持经济、社会、环境的平衡发展。这样才能达到社会发展的最终目的，为居民福祉的提高提供各方面充分的条件。

表 19　2006～2010 年各省（区、市）社会福祉综合评价

	2006 年	排序	2007 年	排序	2008 年	排序	2009 年	排序	2010 年	排序
北　京	0.2241	2	0.2133	2	0.1932	2	0.2120	1	0.2214	1
天　津	0.1600	4	0.1541	4	0.1563	3	0.1604	3	0.1380	4
河　北	0.0549	25	0.0446	24	0.0421	24	0.0425	25	0.0527	24
山　西	0.0789	16	0.0641	16	0.0660	14	0.0681	17	0.0657	20
内蒙古	0.0946	11	0.0882	10	0.0827	8	0.1008	6	0.1150	6
辽　宁	0.1325	5	0.1182	5	0.0959	6	0.0988	7	0.1048	7
吉　林	0.0868	14	0.0790	13	0.0654	15	0.0828	13	0.0875	15
黑龙江	0.1013	8	0.0841	11	0.0746	12	0.0832	11	0.1030	10
上　海	0.2403	1	0.2443	1	0.2225	1	0.2039	2	0.2005	2
江　苏	0.1233	6	0.1154	6	0.1014	5	0.1043	5	0.1282	5
浙　江	0.1669	3	0.1572	3	0.1373	4	0.1432	4	0.1524	3
安　徽	0.0412	30	0.0403	27	0.0353	26	0.0367	28	0.0506	27
福　建	0.0820	15	0.0644	15	0.0547	18	0.0533	23	0.0616	21
江　西	0.0505	26	0.0431	26	0.0454	23	0.0432	24	0.0514	26
山　东	0.1092	7	0.0978	7	0.0754	10	0.0830	12	0.1038	9
河　南	0.0440	27	0.0346	29	0.0292	29	0.0298	29	0.0353	31
湖　北	0.0759	17	0.0613	17	0.0528	20	0.0597	19	0.0708	19
湖　南	0.0559	24	0.0385	28	0.0327	27	0.0399	26	0.0493	28
广　东	0.0924	12	0.0749	14	0.0716	13	0.0646	18	0.0746	17
广　西	0.0415	29	0.0296	30	0.0235	30	0.0215	31	0.0368	30
海　南	0.0644	20	0.0451	23	0.0411	25	0.0557	21	0.0752	16
重　庆	0.0682	19	0.0546	20	0.0504	21	0.0591	20	0.0892	14
四　川	0.0603	23	0.0524	21	0.0640	16	0.0746	14	0.0745	18
贵　州	0.0363	31	0.0247	31	0.0234	31	0.0252	30	0.0435	29
云　南	0.0429	28	0.0432	25	0.0304	28	0.0379	27	0.0530	23
西　藏	0.0750	18	0.0520	22	0.0497	22	0.0720	15	0.0517	25
陕　西	0.0622	22	0.0591	18	0.0611	17	0.0697	16	0.0952	13
甘　肃	0.0632	21	0.0553	19	0.0535	19	0.0536	22	0.0578	22
青　海	0.0918	13	0.0889	9	0.0797	9	0.0940	8	0.1042	8
宁　夏	0.0960	10	0.0913	8	0.0925	7	0.0924	10	0.0971	12
新　疆	0.1011	9	0.0806	12	0.0747	11	0.0926	9	0.1019	11

2. 我国居民社会福祉区域分析

四大区域在 2006～2010 年的社会福祉综合评价平均值见表 20。从各地的得分排名来看，东部地区的社会福祉综合得分明显高于其他地区。东北地区居民的社会福祉紧追东部地区；与中西部相比较，东部地区的领先优势较明显。和前两个地区相比，中西部地区的平均得分相差不是非常明显，且西部地区得分高于中部地区，中部呈现低落状态。这与西部地区相对较高的社会互助水平有关。四个区域的社会福祉水平仍然存在一定差距，尤其是东部地区的社会福祉水平要远高于其他地区。然而我们可以看见，2006～2010 年我国社会福祉的地区差异有不断缩小的趋势。2006 年东部地区和东北部地区的得分是西部地区和中部地区的两倍，到 2010 年，东北部地区和西部地区之间的差距已经非常小，并且东部地区和西部地区之间的差距也不成倍数级的关系。我国居民社会福祉水平的地区差异不断缩小，与“十一五”期间我国推动社会建设均等化的政策有极大的关系。然而我们还要看到，社会福祉的地区差异依旧十分明显。一方面是由于各地区经济、社会、资源、人口等方面的现实发展不均衡性所致，另一方面也与改革开放以来较长时期实行的非均衡发展战略有关。

表 20　2006～2010 年各区域社会福祉综合评价

	2006 年	2007 年	2008 年	2009 年	2010 年
东部地区	0.1317	0.1211	0.1095	0.1123	0.1208
东北地区	0.1069	0.0938	0.0787	0.0883	0.0984
中部地区	0.0577	0.0470	0.0436	0.0462	0.0539
西部地区	0.0694	0.0600	0.0571	0.0661	0.0767

表 21　2006～2010 年不同区域社会福祉各维度综合评价

	地区均值	2006 年	2007 年	2008 年	2009 年	2010 年
保障救济水平	东部	0.0676	0.0642	0.0598	0.0653	0.0660
	东北部	0.0479	0.0381	0.0323	0.0409	0.0462
	中部	0.0294	0.0226	0.0215	0.0246	0.0269
	西部	0.0333	0.0253	0.0250	0.0332	0.0392
	全国	0.0450	0.0386	0.0362	0.0426	0.0464
社会互助水平	东部	0.0351	0.0332	0.0251	0.0240	0.0219
	东北部	0.0248	0.0266	0.0165	0.0185	0.0195
	中部	0.0150	0.0151	0.0107	0.0114	0.0113
	西部	0.0188	0.0212	0.0171	0.0193	0.0196
	全国	0.0239	0.0244	0.0184	0.0192	0.0187

续表

	地区均值	2006	2007	2008	2009	2010
福利服务水平	东部	0.0291	0.0237	0.0248	0.0230	0.0322
	东北部	0.0342	0.0294	0.0299	0.0288	0.0328
	中部	0.0132	0.0093	0.0114	0.0103	0.0158
	西部	0.0173	0.0135	0.0151	0.0136	0.0179
	全国	0.0220	0.0175	0.0189	0.0175	0.0236

三　提升居民社会福祉的公共政策建议

（一）居民社会福祉的发展目标

1. 经济发展与社会发展要协调平衡

经济发展水平和社会福祉发展水平要平衡。从前面的结果分析已经得出，有些经济发展水平比较高的省份社会福祉水平停滞不前，与其他省份相比，甚至出现了较大幅度的倒退现象。经济发展与社会发展严重失衡。从20世纪50年代生活质量概念提出之初，人们对社会发展的理念就已经有了质的变化。社会发展不单纯是经济发展，甚至可以说经济发展只是社会发展的一个保障性条件。社会发展最终还是为了人们能享有更好的生活。我国政府从2003年开始转变发展理念，提出要以民生为重。社会的发展、经济的发展都是为居民更好的发展创造条件。因此，在社会发展中，要切实转变理念，将居民社会福祉的提升放在政策目标的重要位置。

2. 区域之间社会福祉应均衡发展

从评价结果来看，我国社会福祉存在较大的地区差距和城乡差距：首先，北京、上海的绝对领先地位。在对前面十项指标的统计分析中，北京、上海两市几乎每项指标领跑全国，社会福祉综合得分远高于其他省份。尤其与老少边穷地区相比，北京、上海集中了太多的优势资源。其次，东部地区优先地位。与东北地区、中部地区、西部地区相比较，东部地区优势明显，很多指标得分远高于全国平均水平线。东部地区多为经济发达的沿海地区，集了地域、人力、资源、政策等多种有利条件，具有完善的社会建构和良好的发展基础，起步高，领跑全国四大区域。再次，中部地区低陷。中部城市地处尴尬，既没有东部地区得天独厚的条件，也无西部地区的优惠政策，更是比东北地区人口密度大得多。中部城市经济基础有限、起步较晚、在注重经济发展的同时，社会建设并没有同步跟上，造成如今中部生活质量水平低陷的境况。因此，应将各区域、各省之间的社会福祉放入一个共同进步的框架之内实现均衡健康的发展。

3. 要推动城乡社会福祉均衡发展

我国城乡经济发展及社会发展差异大。首先，城乡社会保障发展不平衡。城市中社会保障制度相对比较健全，但仍有许多非公经济组织和非正规就业群体游离在制度覆盖之外，同时，养老保险双轨制导致社会不公，事业单位和国家机关普遍没有建立社会化的养老保险制度。而在农村，困难群体所获得的生活保障还不充分，农村合作医疗的保障水平还较低，新型农村社会养老保险试点也刚起步不久，整个农村社会保障建设仍很滞后，农村最低生活保障水平远低于城镇水平，从城镇最低生活保障线和农村最低生活保障线两个指标来看，同期农村远低于城镇水准，虽然农村生活保障水平增长速度快于城镇，但是农村起点极低，在最终值上仍与城镇标准有较大差距。因此，如何统筹城乡社会保障体系建设，并实现城乡社会保障均衡发展的战略目标成为摆在各级政府面前的课题。其次，城乡基础设施差距明显。政府可以通过扩大基本公共服务支出、扩大公共财政覆盖农村的范围，财政性建设资金的存量部分向农村适度调整，增量部分要向农村重点倾斜，调整支出结构来促进国人发展的起点公平，充分发挥农民和社会各方面的作用，重视城市带动农村，通过提高农村、落后地区、困难群体的义务教育、基本医疗、公共就业等基本公共服务水平，缩小财富和收入分配差距，逐步缩小城乡区域间基本公共服务差距。

4. 为实现居民高层次社会福祉创造条件

从上面分析看，一些西部地区社会福祉水平比较高，这与中央政府的倾斜政策有关。但相对东部等较高社会福祉水平地区来看，并不能想当然地推理为居民社会福祉已达到较高水平。结合这些地区经济发展的实际情况，总体上看，这些地方的居民生活水平仍处于比较低的位置。虽然社会福祉评价体系包括了保障性福利和非保障性福利两部分，能反映居民社会福利的总体水平，但根据我国的实际发展水平，结合各个专家对这些指标的赋权，这一体系评价的重点还是保障性福利。即该部分得分主要反映了各地政府对居民基本生活的保障水平。而这些西部地区具有的较高的保障水平并不意味着当地为居民提供社会福祉水平的实力，国家的优惠政策起到了很大作用。这样，当地居民享有非保障性福利的权利在很大程度上就难以实现。因此，这些地区还应加强自身发展，为居民享有更高层次上的社会福祉水平提供充足的物质基础和发展平台。当然，这些地区的社会互助水平比较高，会对居民的生活质量有一定的积极影响。

（二）提高全民社会福祉的公共政策建议

1. 深化已有政策，提高保障救济质量

近20多年并且特别是近10多年来，党中央、国务院对社会保障改革与制度建设做出了一系列重大决策部署，党的十七大更是明确提出到2020年基本建立覆盖城乡居民社会保障体系的奋斗目标；推进社会保障体系建设不断取得新的进展，越来越多的城乡居民享受到了相应的社会保障。一个政府主导、责任分担、社会化、多层次的新型社会保障体系，已经取代了原有的国家负责、单位（集体）包办、板块分割、封闭运行的社会保障制度，逐步形成了与社会主义市场经济体制相适应、具有中国特色的社会保障体系框架。

首先应加快完善社会保险制度。实现新型农村社会养老保险制度全覆盖，将与企业建立稳定劳动关系的农民工纳入城镇职工基本养老和医疗保险。推进机关事业单位养老保险制度改革。整合城乡居民基本养老保险制度、基本医疗保险制度。做好城镇职工基本养老保险关系的转移接续，逐步推进城乡养老保险制度有效衔接。全面落实城镇职工基本养老保险省级统筹，实现基础养老金全国统筹。完善基本养老金正常调整机制，稳步提高企业退休人员基本养老金水平。制定和清理社会保险法的配套法规规章。修改失业保险条例，制定基本医疗保险条例、全国社会保障基金条例，制定生育保险以及社会保险登记、申报、缴纳等方面的规章。完善基本医疗保险制度，提高对城镇居民基本医疗保险和新农合财政补助标准。完善失业、生育保险制度。发挥商业保险补充性作用。继续通过划拨国有资产、扩大彩票发行等渠道充实全国社会保障基金，积

极稳妥推进养老基金投资运营。

其次应加强社会救助体系建设。完善城乡最低生活保障制度，规范管理，分类施保，实现应保尽保。健全低保标准动态调整机制，合理提高低保标准和补助水平。加强城乡低保与最低工资、失业保险和扶贫开发等政策的衔接。提高农村五保供养水平。做好自然灾害救助工作。提高城乡低保和社会救助水平。完善城乡低保标准的科学制定机制和动态调整机制，推行城乡低保分类施保，提高老年人、残疾人、未成年人和重病患者的救助水平。逐步降低或者取消医疗救助起付线，推广医疗救助诊疗费用结算“一站式”服务模式。完善临时救助制度，保障低保边缘群体的基本生活，全面建立临时救助制度。①

2. 完善制度创新，强化社会互助力度

首先，提高社会捐助公开透明与公信力。从人均社会捐赠指标可见，人均社会捐赠不够常态化。在没有特大自然灾害的年份，各省（区、市）人均捐赠款数极低，在2008年与2010年数额上的激增并非常态。近年来，频频发生在社会捐赠领域的危机事件阻碍了我国民间捐赠事业的深入发展，完善社会公益捐助透明和问责机制迫在眉睫。首先，建立多元化的监督体系。通过规范捐募行为、慈善服务的活动项目等，对慈善事业的发展进行监管。明确慈善捐赠接受的主体，完善慈善组织的审批、备案、通报等工作制度，建立严格的项目评估和审核程序，加强对善款使用的监督与管理。建立规范、公开的财务管理制度，强化预决算管理，切实提高慈善资金的使用效益。推动建立各种形式的慈善公益行业组织，形成行业自律机制。要加强社会监督力度。要积极推行慈善信息公开透明制度，确保媒体和公众的监督渠道畅通。完善捐赠款物使用的追踪、反馈和公示制度，加强慈善行业信息统计制度，利用慈善公益信息统计平台，及时向公众发布慈善数据以及慈善事业发展报告。建立和完善以慈善业务年审为主要手段的监管制度。设立重大慈善项目巡视员等监督方式，提高监督的及时性与效率，更好地落实捐赠人、受益人、社会公众的知情权、参与权、监督权。要强化内部监控机制。慈善机构内部应设立专门资金管理机构和监事机构。要在组织内部建立约束组织和成员的规章制度，不断提高管理人员

① 陈涵、丁俊文：《社会建设的重要领域及当前的热点问题》，《江苏建设》2011年第3期。

的素质和完善内部管理监督程序。健全资金管理机构，对慈善资金进行运营和核算。监事机构由专业人士、捐款人和社会知名人士民主选举组成。对资金的募集、管理、使用、增值等活动进行全方位监督。同时，要完善慈善组织的信息披露机制和第三方监督。针对捐赠者、大众与慈善组织的不完全信息博弈问题，要增加慈善的透明度，建立慈善信息披露机制及完善第三方监督。由政府、捐款人或者社会设立第三方监督机构或者组织，特别是捐款人更应该摆脱集体行动逻辑的困扰，形成联盟。要完善法律法规，科学界定政府在慈善事业中的角色定位。良好的法制环境是慈善事业健康发展的有力保障。目前，我国的慈善法律法规比较笼统，虽有《中华人民共和国公益事业捐赠法》和《基金会管理条例》，但未涉及慈善组织的财产披露、税收优惠等细则，未针对不同的慈善组织制定分门别类的法律法规。因此，应尽快制定《慈善事业条例》，在法律上进一步明确慈善组织的法律地位、慈善事业的主管部门、慈善募捐的主体、慈善活动的程序以及捐赠人和受益人的权利义务。应有效监督企业、组织和个人慈善捐赠行为，以保障捐赠承诺的兑现，避免慈善欺诈等不良事件，提高慈善事业的公信力。在慈善事业发展中，政府应给民间社会更多的发展空间。应改变政府与慈善组织的行政关系，改革严格的行政审批制度，取消现有的对慈善组织从注册登记到运作管理等各个方面程序性、实质性的行政管理。改变审批制，对慈善组织的成立只负责登记，取消现行法规中要求慈善组织必须有业务主管单位的规定，让慈善组织真正承担起民事责任。

其次，完善社会组织管理创新。从已有统计数据来看，我国目前阶段的社会组织数目并非太多，相反其发展缓慢，在社会中仍处于弱势地位。发展起步晚、速度慢、阻力大，成为制约其成长为社会一极力量的障碍。第一，应统一认识，树立社会组织的管理理念。各级政府要充分认识新时期社会组织的地位、作用，准确把握我国社会组织的阶段性特点和本质特征，积极探索适合社会组织发展的管理思路，将社会组织发展纳入政府的议事日程，纳入经济社会发展计划和政府绩效考核体系，帮助解决发展中的困难和问题，为社会组织发展提供良好的环境；合理规划，建立完善的社会组织服务网络，推动社会组织健康有序发展。健全和完善社会组织管理机制。抓好社会组织管理机制创新和完善，推动社会组织管理上台阶。建立以完善双重管理体制为核心，齐抓共管灵活有效的管理机制；建立登记管理机关、业务主管单位、公安部门、税务部门、技术监督部门、物价部门等相互配合、行动一致、协调运作的整合机制，解决认识、说法、行动不一致，相互掣肘的问题。建立对社会组织进行业务监督、执法监督、社会监督的体系，促使社会组织自律机制的形成和完善。其二，建立完善配套的社会组织管理法律法规体系。推动社会组织发展尽快步入规范化、法制化发展的轨道，探索改进双重管理体制，促进管理体制逐步由重入口登记向准入和日常管理并重转变，由重行政控制向依法发展方向转变；用法律规范社会组织的性质、地位、职能、权利义务、设立条件、审批程序、运行机制等，使社会组织工作规范化；健全社会组织管理规章规定，对相互矛盾、过时的规章及条款予以修订或废止，解决社会组织管理法规不完善、不系统、相互冲突的问题。①

3. 加大公共建设，提高整体福利水平

首先，完善基本医疗卫生制度。按照保基本、强基层、建机制的要求，增加财政投入，深化医药卫生体制改革，建立健全基本医疗卫生制度，加快医疗卫生事业发展，优先满足群众基本医疗卫生需求。在基本医疗卫生制度完善中以下两点是重中之重：其一，加强公共卫生服务体系建设。完善重大疾病防控等专业公共卫生服务网络。逐步提高人均基本公共卫生服务经费标准，扩大国家基本公共卫生服务项目，实施重大公共卫生服务专项，积极预防重大传染病、慢性病、职业病、地方病和精神疾病，提高重大突发公共卫生事件处置能力。逐步建立农村医疗急救网络。普及健康教育，实施国民健康行动计划。全面推行公共场所禁烟。② 其二，加强医疗服务体系建设。加强以县医院为龙头、乡镇卫生院和村卫生室为基础的农村三级医疗卫生服务网络建设，完善以社区卫生服务为基础的新型城市医疗卫生服务体系，新增医疗卫生资源重点向农村和城市社区倾斜。大力推进基层医疗卫生机构综合改革，建立多渠道补偿机制，形成新的运行机制。加强以全科医生为重点的基层医疗卫生队伍建设，完善鼓励全科医生长期在基层服务政策，每万人口全科医师数达到 2 人。加快推行分级诊疗、双向转诊制度，形成各类城市医院和基层医疗机构分工协作格

① 李成军：《创新社会管理重在社会组织的创新》，《经济与社会发展》2012 年第 1 期，第 1 页。
② 姜慧：《我国城乡基本公共服务均等化问题研究》，山东师范大学硕士论文，2012。

局。完善区域卫生规划，鼓励和引导社会资本举办医疗机构，放宽社会资本和外资举办医疗机构的准入范围，形成多元办医格局。①

其次，合理配置社区服务资源。按照资源整合、共建共享的原则，今后社区服务设施建设应重视整合人口、就业、社保、民政、卫生、文化等基层社会管理职能，整合社区公共服务发展项目、资金、资源，积极推进社区综合服务设施和信息化建设，打造综合性社区管理和服务平台。在确保总量稳步增长的同时，社区服务设施建设更加注重资源的优化布局和功能的优化配置，要按照人口规模适度、服务管理方便、资源配置有效、功能相对齐全、社区居民自愿的要求，以市辖区、县级市为单位，依据城市规划和土地利用总体规划，合理确定社区服务设施的数量、选址布局、建设方式、功能划分。根据工作需要每个社区建设一个综合性、多功能的社区服务站；实现每个街道至少拥有一个综合性的社区服务中心。建设规划要充分利用社区已有设施，提高街道社区服务中心、社区服务站以及相邻社区服务设施之间的共享程度。除国家另有规定外，所有以社区为对象的公共服务、便民服务、志愿服务均在综合性社区服务设施中提供，加强各类服务资源整合，避免重复建设。② 依据社区服务体系发展和居民服务需求增长的客观需要，“十二五”规划提出力争在“十二五”期末，社区综合服务设施覆盖率达到90%，每百户居民拥有的社区服务设施面积不低于20平方米，基本建成以社区综合服务设施为主体、各类专项服务设施相配套的综合性、多功能的社区服务设施网络。积极推进社区服务信息化建设，在有条件的地区建设社区综合服务信息平台。

再次，提高公共设施带来的直接性服务水平。数字化建设成为城市建设新宠，信息网络构成城市发展的基础性条件。以移动通讯和互联网为代表，城市移动通讯和网络基础设施建设异军突起。因此，加强城市信息网络设施建设成为题中之义。加强区域空间信息基础设施建设，建立和完善信息资源共建共享机制，深化信息技术应用；全面推进电信网、广播电视网、互联网“三网融合”，加快

---

① 资料来源：《中华人民共和国国民经济和社会发展第十二个五年（2011－2015年）规划纲要》。

② 《社区服务体系建设规划（2011～2015年）》，http：//www.gov.cn/zwgk/2011－12/29/content_ 2032915.htm。

光纤接入网建设和普及延伸；支持重大应用网络平台和信息安全基础设施建设，完善容灾备份和信息安全应急体系。城市公共交通具有集约高效、节能环保等优点，优先发展公共交通是缓解交通拥堵、转变城市交通发展方式、提升人民群众生活品质、提高政府基本公共服务水平的必然要求。在2013年初国务院出台的《关于城市优先发展公共交通的指导意见》中提出政策目标：以通过提高运输能力、提升服务水平、增强公共交通竞争力和吸引力，构建以公共交通为主的城市机动化出行系统。要发展多种形式的大容量公共交通工具，建设综合交通枢纽，优化换乘中心功能和布局，提高站点覆盖率，提升公共交通出行分担比例，确立公共交通在城市交通中的主体地位。科学研究确定城市公共交通模式，根据城市实际发展需要合理规划建设以公共汽（电）车为主体的地面公共交通系统，包括快速公共汽车、现代有轨电车等大容量地面公共交通系统，有条件的特大城市、大城市有序推进轨道交通系统建设。提高城市公共交通车辆的保有水平和公共汽（电）车平均运营时速，大城市要基本实现中心城区公共交通站点500米全覆盖，公共交通占机动化出行比例达到60%左右。在以上政策目标下，要树立优先发展理念，以方便群众、综合衔接、绿色发展、因地制宜为原则，提出强化规划调控、加快基础设施建设、加强公共交通用地综合开发、加大政府投入、拓宽投资渠道、保障公共交通路权优先、鼓励智能交通发展等七条发展政策。同时，跟进价格补贴、健全技术标准、推行交通综合管理、健全安全管理制度、规范重大决策程序、建立绩效评价制度等持续发展机制的配套完善，以实现政策目标。

最后，加快社会事业改革，加大政府对社会保障的财政投入。提高全民社会福祉水平，必须加快社会事业改革。第一，推进社会领域制度创新，实现政府治理和社会自我调节的协调、有序发展。坚持公办事业单位去行政化改革，实施事业单位统一登记管理制度。改进社会治理方式，发挥政府主导作用，鼓励和支持社会各方面参与。深化医药卫生体制改革。对医疗保障、公共卫生、药品供应、监管体制等方面的改革进行统一规划、协调推进。积极支持社会办医，鼓励社会资金举办非营利性医疗机构，引导社会资金进入资源稀缺，满足多元需求的医疗服务领域，弥补公立医院的不足。加强劳动保障领域的执法力量，提高执法水平。健全国家司法救助制度，完善法律援助制度。第二，保持并加大政府对社会保障的财政投入。从上面分析可以看出，政府投入对西部地区社会福祉提高的重要性。为保持发展势头，针对中西部的经济发展、生活环境、社会治理等情况，中央政府与地方政府应加大财政投入，建立事权和支出责任相适应制度。对中央和地方共同事权的社会保障部分，应理顺事权关系。重点增加对革命老区、民族地区、边疆地区、贫困地区的转移支付。健全社会保障财政投入制度，完善社会保障预算制度。积极利用外资，放开养老领域外资准入限制，逐步推进医疗领域的有序开放。加大政府购买，实现基本公共服务均等化。建全税收、社会保障、转移支付为主要手段的再分配调节机制，加大税收调节力度。完善慈善捐助减免税制度，发挥慈善事业在扶贫济困中的积极作用。

附录

本部分主要指标解释

1. 基本社会保险覆盖率指已参加基本养老保险和基本医疗保险人口占政策规定应参加人口的比重。

2. 失业保险金覆盖率＝参加失业保险人数/就业人员数（三产）。

3. 城镇/农村低保平均支出水平＝城市（农村）低保计划资金支出/当地最低生活保障人数。

4. 人均民政事业费支出＝民政事业费用支出/当地总人口。

5. 人均社会捐赠款数＝社会捐赠款数/当地总人口（直接接受社会捐赠款数＋间接接受社会捐赠款数）。

6. 万人社会组织数＝社会组织数/当地总人口（万人）。

7. 千人医疗机构床位数＝地区医疗机构拥有所有床位数/当地总人口（千人）。

8. 社区服务设施覆盖率＝社区服务设施数/（村委会数＋居委会数）。

9. 城市每万人公共厕所数＝城市公共厕所数/城市总人口（万人）。

（执笔人：韩文雅　王怡　李莎）

中国环境福祉报告

环境福祉体现的是民众的生存环境质量，即在一定时期内，自然环境所提供的能够满足人类生存、繁衍和发展需要的各种适宜性条件，以及人们为了维持这些有利条件而对自然环境进行的保护和治理，从而维持人类活动与环境良性互动、人与自然和谐共生的良好状态，也包括人们对生存环境的积极体验。构建我国居民福祉评价指标体系，环境福祉是不可或缺的重要组成部分。无论是国外独立的生态环境评价体系、生活质量指标体系中的环境质量评价指标，还是国内生活质量指标体系中的环境类指标，环境质量都是考察的重点。环境福祉包含了生产力飞速发展对环境和资源消耗的影响程度、政府决策对环境和资源的破坏抑或保护的力度、未来人与社会的发展对资源环境的需求，以及人们对自身生存环境质量的主观体验和感受等方面的信息。本报告将在已有研究的基础上，运用所编制的中国环境福祉指标体系，对我国居民的生存环境质量进行评价，并提出相应的对策建议。

一　中国环境福祉指标体系的构建

（一）环境福祉指标体系的构建理念

福祉评价指标体系是由一系列相互联系、相互补充、具有层次性和结构性的评价指标构成的一个科学、动态的有机整体。在构建环境福祉指标体系时，除了充分考虑数据的可得性之外，我们应从整体和系统的观点出发，遵循以下原则，即全面性与代表性相结合的原则、系统性和科学性相结合原则、有效性和可比性相结合原则、简洁性和可操作性相结合原则、动态性与相对独立性相结合原则、前瞻性与政策关联性相结合原则，以及城乡兼顾原则。

具体来讲，全面性与代表性相结合原则规定的是指标体系构建的多层次、多视角，生存环境质量是一个复杂的多层面概念，指标要有全面的涵盖面和重分的信息量；但是全面性并不意味着面面俱到，构建指标体系应当提炼最具代表性的重要指标。系统性与科学性相结合的原则是指整个指标体系应该是一个有机整体，应从不同的角度反映被评价系统的主要状况，把指标放在研究对象的总体中去系统地加以考虑；不仅如此，指标还要符合社会发展规律、经济规律，必须含义明确、测量准确等。有效性与可比性相结合原则是指建构的指标体系必须反映真实的生存环境质量状况，使其横向国家和地区间可比，纵向历史不同时期可比。简洁性和可操作性相结合原则是指选取的指标及最终形成的生存环境质量指标体系要以最少的指标数代表最多的信息量，要简明易懂；同时要求各指标数据必须可得。动态性与相对独立性相结合原则是说生存环境质量是动态的、是随时间变化的变量，选取的指标要能体现这种动态性；而指标的相对独立性是指指标间的完全独立很难达到，但要尽力避免指标间高度的相关以维持较好的指标区分度。前瞻性与政策相关性相结合的原则要求构建的生存环境质量指标体系既要反映当前，又要有一定的前瞻眼光，对将来的情形和发展趋势具有预测功能，从而为决策层提供政策性调控的依据信息。城乡兼顾的原则要求环境福祉指标体系既要反映城市生存环境质量，又要兼顾乡村，做到统筹考虑、综合建构。

（二）中国居民环境福祉指标体系的形成

环境是体现水环境、大气环境、土壤环境、生态环境、地质环境、噪声等环境要素优劣的一个综合概念。按照环境所涵盖的范围，以及构建环境福祉指标体系的原则，考虑到环境问题主要是城市环境问题，受制于环境统计数据的可得性，我们选择了包括自然环境满意度在内的 19 个指标，涉及水质量、能源利用率、空气质量、生态质量、植被绿化、耕地资源、环境污染和破坏事故、工业“三废”排放与治理和生活垃圾处理等方面。

采用对 83 位专家的调查数据以及搜集到的有关统计数据，对初步遴选出的 19 个指标进行了内容效度比检验和鉴别力分析，我们最终确定了中国居民环境福祉指标体系。

（三）中国居民环境福祉评价函数

本研究采用层次—主成分分析法，构建健康与环境福祉评价函数。在层次分析阶段，从专家库中抽取25名相关领域的专家进行问卷调查，实际回收22份答卷进入数据分析，得到环境福祉各个指标所对应的首轮权重 W_i（见表1）。选取相关指标2004~2008年的公开统计数据，无量纲化处理后使用首轮权重 W_i 进行加权转换，再采用探索性因素分析方法，按照特征值大于0.5以及累积贡献率大于85%的原则对构成环境福祉的两个部分分别提取主成分因子。

表1　环境福祉指标体系首轮权重

评价指标编号与名称	权重 W_i
c2 单位 GDP 能耗	$W_2=0.1380$
c3 城市空气质量达标率	$W_3=0.2329$
c5 城市人均绿化覆盖面积	$W_5=0.1713$
c7 工业废气排放总量	$W_7=0.1208$
c8 工业废水排放达标率	$W_8=0.0754$
c9 工业固体废物综合利用率	$W_9=0.0676$
c10 环境污染治理投资占 GDP 的比重	$W_{10}=0.0963$
c11 城市生活垃圾无害化处理率	$W_{11}=0.0978$

因素分析显示，资源与环境质量可得特征根大于0.5的因子3个，能够解释整体的100%，有效。环境污染及治理可得特征根大于0.5的因子4个，能够解释整体的94.35%，超过85%，比较有效。同时，我们也可以得到以上两大部分共7个主成分的载荷矩阵。

使用数据除以主成分相对应的特征值的平方根便得到各主成分中每个指标所对应的系数，即可得到特征向量，再将得到的特征向量与首轮权重进行加权转换后的指标数据相乘，就可以得出资源和环境质量部分三个主成分的表达式：

$$F_1=0.582W_2X_2+0.575W_3X_3+0.575W_5X_5$$
$$F_2=-0.032W_2X_2-0.690W_3X_3+0.723W_5X_5$$
$$F_3=-0.813W_2X_2+0.439W_3X_3+0.383W_5X_5$$

以及环境污染及治理部分四个主成分的表达式：

$$F_1 = -0.371W_7X_7 + 0.605W_8X_8 + 0.594W_9X_9 + 0.209W_{10}X_{10} + 0.314W_{11}X_{11}$$
$$F_2 = 0.422W_7X_7 + 0.042W_8X_8 + 0.170W_9X_9 - 0.695W_{10}X_{10} + 0.556W_{11}X_{11}$$
$$F_3 = 0.451W_7X_7 - 0.172W_8X_8 - 0.071W_9X_9 + 0.682W_{10}X_{10} + 0.546W_{11}X_{11}$$
$$F_4 = 0.687W_7X_7 + 0.309W_8X_8 + 0.366W_9X_9 + 0.093W_{10}X_{10} - 0.539W_{11}X_{11}$$

为了得到较好的综合评价，以每个主成分对应的方差贡献率为系数，加权求和后分别得到资源与环境质量部分和环境污染及治理部分的评价函数，再将将以上资源与环境质量同环境污染及治理两个部分的评价函数相加，便得到了最终的环境福祉综合评价指数：

$$Y = 0.021W_2X_2 + 0.236W_3X_3 + 0.535W_5X_5 + 0.112W_7X_7 + 0.276W_8X_8 + 0.328W_9X_9 + 0.063W_{10}X_{10} + 0.263W_{11}X_{11}$$

二　2006～2010年中国环境福祉分析

（一）2006～2010年我国环境福祉的整体走势分析

随着社会经济发展速度的加快，人与自然的关系也被纳入人类社会发展的重要议程，2006～2010年是我国“十一五”规划时期，而此段时期重视人与自然的和谐发展、大规模节能减排，成为各级政府部门工作的重要议程。

近年来党中央、国务院高度重视环境保护工作。中央政治局常委会专门研究了新时期环保工作的思路，并就加强环境保护工作多次做出重要指示，并强调要通过全社会长期不懈的努力，使祖国天更蓝、地更绿、水更清、空气更洁净，人与自然的关系更和谐。2006年，国务院发布了《国务院关于落实科学发展观加强环境保护的决定》，召开了第六次全国环境保护大会。十届人大四次会议批准的《国民经济和社会发展第十一个五年规划纲要》，将单位国内生产总值能源消耗降低20%左右、主要污染物排放总量减少10%，确定为“十一五”经济社会发展的约束性指标，把节能减排摆在了十分突出的战略位置。

2007 年，在党中央、国务院的正确领导下，各地区、各部门深入贯彻落实科学发展观，把污染减排作为一项重要任务，采取综合措施，加快污染治理，推动力度进一步加大，政策措施进一步落实，污染减排工作取得突破性进展，化学需氧量和二氧化硫排放量实现双下降，环保工作取得积极进展。国务院印发了《关于印发节能减排综合性工作方案的通知》《关于印发国家环境保护“十一五”规划的通知》《批转节能减排统计监测及考核实施方案和办法的通知》等一系列重要文件。党的十七大把建设资源节约型、环境友好型社会写入党章，把建设生态文明作为实现全面建设小康社会奋斗目标的新要求。修订《中华人民共和国水污染防治法》，确定淘汰重污染行业落后产能企业名单，出台有利于环境保护的财税、信贷、贸易、证券、保险、价格政策，发布 104 项国家环境保护标准，并启动第一次全国污染源普查、中国环境宏观战略研究、水体污染治理与控制重大科技专项等三大基础性、战略性工程。

2008 年，在党中央、国务院的坚强领导下，各地区、各部门紧紧围绕抗击自然灾害和北京奥运会环境质量保障工作，全面加强环境监管和环境应急工作，大力推进节能减排，各项环境保护工作都取得了新的进展。这年 3 月国家环境保护部揭牌成立，强化了统筹协调、宏观调控、监督执法和公共服务等职能，为推进环境保护历史性转变提供了更加有力的组织保障。2008 年化学需氧量和二氧化硫排放量比上年分别下降 4.42% 和 5.95%，比 2005 年分别下降 6.61% 和 8.95%，首次实现了任务完成进度赶上时间进度，为全面完成“十一五”减排目标打下了坚实基础。组织开展了太湖、巢湖、三峡库区生态安全评价，全面启动了生态安全监测工作，为深化湖泊综合治理奠定了基础。2008 年中央环境保护投资达到 340 亿元，比上年增长百亿元。中国环境宏观战略研究已基本完成，水体污染控制与治理科技重大专项全面启动。

2009 年是新世纪以来中国经济发展最为困难的一年，在应对金融危机的过程中，党中央、国务院丝毫没有放松环境保护，要求把加强环境保护作为应对国际金融危机的重要举措。环保系统坚定不移地贯彻党中央、国务院关于环境保护的决策部署，坚持以探索中国环保新道路为主题，以做好国际金融危机形势下的环保工作为主线，以解决危害群众健康的突出环境问题为重点，进一步提高参与宏观调控的水平，污染减排取得明显成效，污染防治稳步推进，基础能力建设取得积极进展，较好地完成了2009年各项工作任务。二氧化硫"十一五"减排目标提前一年实现，为全面完成"十一五"减排目标打下了坚实基础。践行"让江河湖泊休养生息"理念，重点流域和区域污染防治取得新突破。"十二五"环保规划前期工作进展顺利。

2010年，面对复杂多变的国内外经济环境，党中央、国务院把环境保护摆上更加重要的位置，提出节能减排是转方式、调结构的重要抓手，环境保护是重大民生问题等一系列新思想、新理念，环境保护从认识到实践发生重要变化，进入了经济和社会发展的主干线、主战场和大舞台，污染减排任务超额完成，环境质量稳步改善，全社会环境保护意识普遍增强，主要污染物减排任务超额完成。化学需氧量和二氧化硫排放量分别比2005年下降12.45%和14.29%，双双超额完成"十一五"减排任务。环境基础设施建设突飞猛进，落后产能淘汰力度空前，环境质量持续改善。建立健全区域污染联防联控新机制，国务院办公厅转发《关于推进大气污染联防联控工作改善区域空气质量指导意见》，圆满完成上海世博会、广州亚运会空气质量保障任务。环保法规不断完善，环境经济政策的作用日益显现。

"十一五"期间我国环境福祉总体来说有了很大的提高，这与我国举办奥运会、世博会和亚运会等大项目，环境质量得到国家和地方政府重视密切相关，一些相应的治理措施具有明显的短期效应，为完成规划任务而大干快上的痕迹比较明显，不少环境问题仍然在不断积累，这也为"十二五"乃至以后的治理带来更大的困难。

（二）2006～2010年我国环境福祉的区域分析

按照我国目前地区间社会经济发展水平，我们将31个省（区、市）划分为四大区域：东部地区包括北京、天津、河北、上海、江苏、浙江、福建、山东、广东和海南等10省（市）；东北地区包括辽宁、吉林和黑龙江等3省；中部地区包括山西、安徽、江西、河南、湖北和湖南等6省；西部地区包括内蒙古、广西、重庆、四川、贵州、云南、陕西、甘肃、青海、宁夏、新疆和西藏等12省（区、市）。这四大区域在2006～2010年的资源与环境质量、环境污染及治理和环境福祉综合评价指数如表2、表3、表4所示。

表 2　2006～2010 年各区域资源与环境质量评价

	2006 年	2007 年	2008 年	2009 年	2010 年
东部地区	0.0745	0.0617	0.0616	0.0691	0.0698
东北地区	0.0703	0.0716	0.0504	0.0504	0.0588
中部地区	0.0480	0.0512	0.0485	0.0452	0.0478
西部地区	0.0565	0.0472	0.0454	0.0466	0.0514

表 3　2006～2010 年各区域环境污染及治理评价

	2006 年	2007 年	2008 年	2009 年	2010 年
东部地区	0.0667	0.0685	0.0687	0.0724	0.0705
东北地区	0.0473	0.0474	0.0447	0.0491	0.0500
中部地区	0.0510	0.0539	0.0566	0.0614	0.0623
西部地区	0.0472	0.0504	0.0520	0.0554	0.0571

表 4　2006～2010 年各区域环境福祉综合评价

	2006 年	2007 年	2008 年	2009 年	2010 年
东部地区	0.1412	0.1302	0.1303	0.1415	0.1403
东北地区	0.1175	0.1190	0.0951	0.1030	0.1098
中部地区	0.0996	0.0888	0.0929	0.1043	0.1069
西部地区	0.1039	0.0947	0.0974	0.1019	0.1084

从区域资源与环境质量评价来看，东部地区要明显优于中部地区和西部地区。资源与环境质量部分主要涉及的指标有单位 GDP 能耗、城市空气质量达标率和城市人均绿化覆盖面积。以 2010 年统计年鉴的统计，城市空气质量达标率达到90%以上的省份为辽宁、上海、福建、江西、湖南、广东、广西、海南、贵州、云南、西藏和宁夏。综合中部地区和西部地区资源与环境质量的走势，除了在 2007 年和 2008 年，中部地区的资源与环境质量评价略高于西部地区外，其余年份西部地区均高于中部地区。西部地区的人口密度要明显低于中部地区，特别是随着国家“中部崛起”战略的实施，中部各地区在充分发挥自身资源优势的同时，也给自然环境带来了较大的压力。以西部地区的西藏自治区为例，其虽然位于我国西南边陲，海拔高，生态环境脆弱，人类生存空间有限，在修建青藏铁路之前西藏的人口仅为 250 万人，但从未

出现过酸雨和放射性污染事件。特别是随着2003年《西藏的生态建设与环境保护》白皮书发布并施行，环境保护已引起了公共部门的广泛关注。西藏建立了各种各样的自然保护区，并在水土流失严重的28个县实施了退耕还林工程，提高了植被覆盖率。同时，在青藏铁路建设的过程中，专项用于恢复植被和为野生动物修建通道的费用就达到15亿元，建设西藏生态安全屏障的费用也达到200亿元。

而环境污染及治理呈现稳中有升的发展趋势，充分体现了我国近几年来在这方面做出的努力和取得的成效。全社会、政府组织乃至公民个人，都应该时刻保持对资源与环境质量下降趋势的清醒认识，在发展经济的同时，慎重权衡环境损耗，以科学发展观为指导，保护我们赖以生存的资源和环境，继续在环境污染及治理方面做出更大成绩。对环境污染及治理的评价结果显示，东部地区高于中部地区，中部地区高于西部地区，但是中部地区与西部地区之间的差距并未拉开，两个区域之间的差距在0.002～0.003。东部地区是拉动中国经济增长的强势力量，中国的对外开放政策也最早在东部地区生根发芽，因此与环境相关的配套政策也随之付诸施行。特别是在环境污染治理方面，随着经济的发展，人地矛盾不断突出，东部地区用于环境污染治理的投资远远高于西部地区和中部地区。以东部地区的北京市为例，环境污染治理投资占其GDP的比重在2006年达到了峰值2.1%，而西部地区的部分省份环境污染治理投资占GDP的比重均介于0.5%～0.9%。以浙江省为例，该省自2007年以来采取了铁腕措施治污减排，投入了巨资，并领全国之先建成了环境质量和重点污染源自动监控网络，实现了省、市、县三级联网，对全省1452家重点企业实施在线实时监控，且监控指标与国际接轨。铁腕措施成效显著，2007年浙江省的COD（化学需氧量）减排幅度位列全国第三，充分发挥了公共政策对改善生存环境质量的推动作用。

在环境福祉综合评价方面，东部地区明显优于中部地区和西部地区。2006～2010年，中部地区在2009年的环境福祉综合评价要高于西部地区，其他年份要低于西部地区，波动不大。这在某种程度上说明，环境福祉指标体系是敏感的，能够反映相关省份环境政策实施的效果。

（三）2006～2010年我国环境福祉的省级层面数据分析

1. 各省（区、市）环境福祉评价结果

从资源与环境质量的评价结果来看（见表5），各省（区、市）的资源与环境质量稳中有升，评价较为稳定靠前的省份为海南、广东、广西，其中，2006年广东省的资源与环境质量评价最高，而2007～2010年期间，海南省一直占据着排名最靠前的位置。与2006年相比，资源与环境质量改善较大的省份主要有上海、内蒙古、湖南、江苏、重庆、云南和西藏，公共政策在改善资源与环境质量方面发挥了重要的作用。海南省以建设生态示范省为契机，在充分发挥既有自然资源优势的情况下，以环境公共政策为有利助推，打造国际级旅游示范海岛，建设宜居城市，在环境福祉方面优势明显。

表5　2006～2010年各省（区、市）资源与环境质量评价

	2006年	排序	2007年	排序	2008年	排序	2009年	排序	2010年	排序
北　京	0.0620	15	0.0190	29	0.0286	27	0.0484	18	0.0490	19
天　津	0.0583	17	0.0464	16	0.0454	15	0.0365	26	0.0403	26
河　北	0.0473	23	0.0294	24	0.0324	24	0.0422	21	0.0467	21
山　西	0.0287	30	0.0177	31	0.0297	25	0.0300	29	0.0367	27
内蒙古	0.0537	21	0.0482	15	0.0518	12	0.0563	12	0.0634	8
辽　宁	0.0758	7	0.0542	11	0.0520	11	0.0577	10	0.0621	9
吉　林	0.0674	13	0.0540	12	0.0562	10	0.0553	13	0.0594	12
黑龙江	0.0676	12	0.1065	2	0.0430	16	0.0488	17	0.0548	15
上　海	0.0558	19	0.0458	17	0.0456	14	0.0939	3	0.0878	3
江　苏	0.1098	20	0.0706	20	0.0715	21	0.0689	7	0.0651	7
浙　江	0.0548	2	0.0411	4	0.0359	4	0.0512	15	0.0474	20
安　徽	0.0738	9	0.0426	18	0.0170	30	0.0495	16	0.0495	17
福　建	0.0775	6	0.0689	5	0.0693	5	0.0598	8	0.0608	11
江　西	0.0587	16	0.0540	13	0.0513	13	0.0549	14	0.0565	14
山　东	0.0670	14	0.0483	14	0.0401	19	0.0439	20	0.0531	16
河　南	0.0470	24	0.0378	21	0.0425	17	0.0421	22	0.0437	24
湖　北	0.0470	25	0.0255	27	0.0347	22	0.0361	27	0.0322	30
湖　南	0.0362	27	0.0317	23	0.0425	18	0.0449	19	0.0493	18
广　东	0.1387	1	0.0986	3	0.0977	2	0.0968	2	0.0982	2
广　西	0.0914	3	0.0686	6	0.0668	7	0.0708	6	0.0689	6

续表

	2006年	排序	2007年	排序	2008年	排序	2009年	排序	2010年	排序
海南	0.0735	10	0.1492	1	0.1492	1	0.1493	1	0.1494	1
重庆	0.0352	28	0.0269	26	0.0292	26	0.0380	25	0.0467	22
四川	0.0496	22	0.0420	19	0.0391	20	0.0421	23	0.0464	23
贵州	0.0776	5	0.0612	8	0.0602	8	0.0578	9	0.0576	13
云南	0.0562	18	0.0573	10	0.0579	9	0.0572	11	0.0609	10
西藏	0.0751	8	0.0649	7	0.0690	6	0.0711	5	0.0715	5
陕西	0.0396	26	0.0280	25	0.0281	28	0.0314	28	0.0354	29
甘肃	0.0173	31	0.0182	30	0.0136	31	0.0043	31	0.0045	31
青海	0.0321	29	0.0239	28	0.0208	29	0.0195	30	0.0354	28
宁夏	0.0818	4	0.0606	9	0.0742	3	0.0720	4	0.0825	4
新疆	0.0707	11	0.0321	22	0.0341	23	0.0381	24	0.0432	25

表6是2006～2010年各省环境污染及治理的评价结果。从中可以看到，各省在政策支持力度上均有明显加强。环境污染及治理评价较为靠前的省份有天津、上海、江苏、浙江、福建和重庆，大多为经济发展程度较高的沿海省份，主要体现在环境污染治理投资占GDP的比重较大，拉动了环境污染及治理的综合评价。“十一五”期间，环境污染及治理评价有较大改善的省份主要有山西、江西和云南，都分布在中部地区和西部地区。随着中国经济的高速发展，工业企业的总产量和规模也在扩大，长期积累的环境风险开始凸显，各类环境污染事件频繁发生，特别是水域的污染触目惊心。2005年的松花江污染事件，敲响了重大环境污染事故的警钟；2009年江苏盐城市标新化工有限公司向河流偷排污水，造成盐城两个水厂的水源地受到污染，致使市区大面积断水，引发了轰动全国的公共事件；2010年福建紫金山铜矿湿法厂污水池发生渗漏，汀江受到了严重污染，汀江沿岸以养鱼为生的渔民损失惨重，几乎所有养殖鱼类全部死亡；2010年7月，大连新港输油管线爆炸起火造成附近至少50平方公里海域油污污染，海水附着油沫最厚处可达30厘米，一夜之间，一座美丽而整洁的海滨城市面目全非。

表6　2006～2010年各省（区、市）环境污染及治理评价

	2006年	排序	2007年	排序	2008年	排序	2009年	排序	2010年	排序
北　京	0.0834	1	0.0776	2	0.0758	2	0.0764	4	0.0740	7
天　津	0.0779	2	0.0816	1	0.0809	1	0.0821	1	0.0842	1
河　北	0.0453	26	0.0446	27	0.0483	22	0.0499	23	0.0479	27
山　西	0.0350	30	0.0434	28	0.0465	25	0.0492	25	0.0547	23
内蒙古	0.0468	24	0.0471	25	0.0470	24	0.0533	21	0.0572	22
辽　宁	0.0473	23	0.0471	24	0.0420	29	0.0487	27	0.0530	24
吉　林	0.0448	27	0.0503	22	0.0457	27	0.0497	24	0.0493	26
黑龙江	0.0497	21	0.0449	26	0.0464	26	0.0489	26	0.0508	25
上　海	0.0672	5	0.0736	3	0.0717	6	0.0754	6	0.0744	5
江　苏	0.0706	3	0.0731	4	0.0730	4	0.0755	5	0.0741	6
浙　江	0.0700	4	0.0702	6	0.0745	3	0.0789	3	0.0775	2
安　徽	0.0561	13	0.0584	13	0.0597	14	0.0629	17	0.0621	17
福　建	0.0630	9	0.0688	7	0.0708	7	0.0793	2	0.0753	3
江　西	0.0515	20	0.0564	15	0.0584	16	0.0647	14	0.0625	15
山　东	0.0654	7	0.0686	8	0.0656	9	0.0723	8	0.0700	8
河　南	0.0532	17	0.0546	17	0.0583	17	0.0669	12	0.0683	10
湖　北	0.0526	18	0.0539	19	0.0564	19	0.0602	18	0.0594	21
湖　南	0.0577	11	0.0569	14	0.0601	13	0.0644	15	0.0666	12
广　东	0.0583	10	0.0591	12	0.0579	18	0.0659	13	0.0602	20
广　西	0.0574	12	0.0615	10	0.0626	11	0.0675	11	0.0691	9
海　南	0.0664	6	0.0681	9	0.0684	8	0.0686	9	0.0677	11
重　庆	0.0646	8	0.0703	5	0.0727	5	0.0742	7	0.0746	4
四　川	0.0534	16	0.0547	16	0.0632	10	0.0678	10	0.0653	13
贵　州	0.0496	22	0.0492	23	0.0516	21	0.0601	19	0.0624	16
云　南	0.0458	25	0.0595	11	0.0605	12	0.0631	16	0.0639	14
西　藏	0.0135	31	0.0290	31	0.0281	31	0.0357	31	0.0366	31
陕　西	0.0538	15	0.0524	21	0.0561	20	0.0598	20	0.0616	18
甘　肃	0.0367	29	0.0379	29	0.0314	30	0.0391	30	0.0414	30
青　海	0.0518	19	0.0525	20	0.0472	23	0.0469	28	0.0459	29
宁　夏	0.0550	14	0.0543	18	0.0595	15	0.0501	22	0.0609	19
新　疆	0.0376	28	0.0359	30	0.0440	28	0.0468	29	0.0461	28

从2006～2010年我国环境福祉的总体评价结果来看（见表7），居民环境福祉稳中向好，区域差异与省际差异正在逐步缩小，政策支持与财政投入力度

越来越大，“十一五”期间所采取的一系列公共政策成效显著。从综合评价结果可以看出，海南和广东的环境福祉稳定性强且一直保持在较高的水平。上海以举办世博会为契机，采取了一系列的措施提高环境福祉，并对污染进行了治理，运用新型的能源和燃料取代了传统的能耗方式，成效显著。同时，与2006年相比，内蒙古、浙江、湖南、重庆、云南和西藏的环境福祉均有明显的提升。

表7　2006～2010年各省（区、市）环境福祉综合评价

	2006年	排序	2007年	排序	2008年	排序	2009年	排序	2010年	排序
北　京	0.1454	4	0.0966	19	0.1044	14	0.1248	8	0.1231	12
天　津	0.1362	8	0.1279	7	0.1263	7	0.1186	12	0.1245	10
河　北	0.0925	27	0.0740	28	0.0806	26	0.0921	26	0.0946	26
山　西	0.0637	30	0.0610	30	0.0762	29	0.0791	29	0.0913	28
内蒙古	0.1006	21	0.0953	21	0.0988	20	0.1096	18	0.1206	14
辽　宁	0.1231	13	0.1013	16	0.0940	22	0.1064	22	0.1151	18
吉　林	0.1122	16	0.1042	15	0.1019	18	0.1050	23	0.1087	22
黑龙江	0.1172	15	0.1514	3	0.0894	24	0.0977	24	0.1056	24
上　海	0.1230	14	0.1193	8	0.1173	9	0.1693	2	0.1622	2
江　苏	0.1804	2	0.1437	4	0.1445	3	0.1445	4	0.1392	5
浙　江	0.1248	12	0.1113	12	0.1104	11	0.1301	7	0.1249	8
安　徽	0.1299	10	0.1009	17	0.0767	28	0.1124	15	0.1116	21
福　建	0.1405	5	0.1378	5	0.1401	4	0.1392	5	0.1361	7
江　西	0.1102	17	0.1104	13	0.1097	12	0.1196	11	0.1190	16
山　东	0.1324	9	0.1168	10	0.1058	13	0.1162	14	0.1231	11
河　南	0.1003	22	0.0924	23	0.1008	19	0.1091	20	0.1121	19
湖　北	0.0996	24	0.0793	26	0.0911	23	0.0963	25	0.0917	27
湖　南	0.0939	25	0.0886	24	0.1026	15	0.1093	19	0.1159	17
广　东	0.1970	1	0.1577	2	0.1556	2	0.1627	3	0.1585	3
广　西	0.1488	3	0.1301	6	0.1294	6	0.1383	6	0.1380	6
海　南	0.1399	6	0.2173	1	0.2176	1	0.2178	1	0.2171	1
重　庆	0.0998	23	0.0972	18	0.1019	17	0.1122	16	0.1213	13
四　川	0.1030	19	0.0966	20	0.1023	16	0.1099	17	0.1116	20
贵　州	0.1272	11	0.1104	14	0.1118	10	0.1179	13	0.1200	15
云　南	0.1020	20	0.1168	9	0.1183	8	0.1203	10	0.1248	9
西　藏	0.0887	28	0.0939	22	0.0970	21	0.1068	21	0.1081	23
陕　西	0.0934	26	0.0804	25	0.0843	25	0.0913	27	0.0970	25
甘　肃	0.0540	31	0.0561	31	0.0450	31	0.0434	31	0.0460	31
青　海	0.0839	29	0.0763	27	0.0680	30	0.0665	30	0.0813	30
宁　夏	0.1367	7	0.1149	11	0.1337	5	0.1221	9	0.1433	4
新　疆	0.1083	18	0.0679	29	0.0781	27	0.0849	28	0.0893	29

2. 部分省份环境福祉评价结果的典型分析

2006年至2010年期间，我国31个省（区、市）环境福祉指数及排名情况是比较平稳的，但也有起伏较大、波动明显的情况。为此，我们选取了北京、上海和海南三个具有典型性的省份进行具体分析。

（1）北京

表8　北京五个权重较大指标原始数据

单位：%

	城市空气质量达标率	工业废水排放达标率	工业固体废物综合利用率	城市生活垃圾处理率
2006年	66.03	99.29	80.75	92.50
2007年	67.40	97.42	81.74	95.73
2008年	75.07	98.26	72.17	97.71
2009年	78.08	98.41	73.28	98.22
2010年	78.36	98.76	65.8	96.95

2008年是中国的奥运年。一系列环境公共政策的制定和实施保障了奥运会的顺利召开，北京奥运会环保举措和空气质量的明显改善也获得了联合国的高度评价。为保证第29届奥运会和第13届残奥会环境质量，经国务院批准，北京周边6省（自治区、直辖市）与原国家环保总局共同成立了奥运会空气质量保障工作协调小组，编制了《第29届奥运会北京空气质量保障措施》，共同采取行动，践行“绿色奥运”。2008年北京市的空气质量达标率相比于2007年得到了显著提升，提升幅度为7.67%，北京周边省市的空气质量达标率较2007年相比也得到了不同程度的改善。2008年，北京市积极推进能源结构改善，控制烟煤型污染，提倡使用天然气等清洁能源，积极做好奥运会环保筹备工作，开展了“少开一天车”活动，实现了城市空气质量连续八年改善。

奥运会和残奥会开幕前和举办期间（2008年7月20日至9月20日），北京制定了奥运空气质量临时保障措施，以确保奥运会期间空气质量良好。临时措施包括重点污染企业减产停产、机动车限行、施工工地停工降尘、加大道路清扫频率等；周边临时措施则主要针对火电厂，采用低硫低灰优质煤，减少二氧化硫和烟尘颗粒物排放。同时，北京市环境保护局、北京市农村工作委员会、北京市农业局和北京市城市管理综合行政执法局联合印发了《关于印发〈北京市2008年秸秆禁烧工作方案〉的通知》。该《方案》提出："在北京市实行全面禁烧，严厉查处秸秆禁烧焚烧秸秆、枯草、落叶、垃圾等违法行为，做到'不点一把火，不冒一缕烟'，确保市区空气质量二级和好于二级天数70%目标的实现，确保奥运会期间空气质量达标。"

奥运会期间6省（区、市）共关停企业199家，治理企业和项目683家（个），淘汰企业181家，油气治理项目、机动车改造项目、京津冀47家火电厂烟气在线监测系统联网项目如期完成。8月7日，北京市出现极端不利气象条件后，京津冀环境保护部门出动5000余人次，对6000余个重点污染源进行了全面排查。北京、天津、河北等省、市采取了紧急防控措施：北京暂停首钢、燕山石化、北京水泥厂等105家污染企业或生产线；天津暂停了14家企业的生产和施工；河北对164家存在问题企业责令停产整治或实施限产、停产措施，紧急关停48家水泥生产企业；内蒙古关停了37家不达标企业；山东对未完成污染治理的6台发电机组实施停运；山西关停了6家重点污染企业。

经过多方努力，奥运会和残奥会期间，北京市空气质量优良率为100%，与上年同期相比，二氧化硫、可吸入颗粒物、一氧化碳和氮氧化物4类主要污染物浓度均下降50%左右，空气质量显著改善。

（2）上海

上海一直是中国最大的工业中心和经济中心，在举办世博会之前，上海所面临的挑战是史无前例的，上海的常住人口已经超过了2000万，背负巨大的人口资源和环境压力。

上海市主要通过以下四个途径来改善和治理环境，第一优化产业能源结构和正式布局，第二完善环境基础设施，第三创新技术体系和政策体系，第四积极引导城市居民的消费和生活模式。上海市把高强度的投入作为解决环境问题、提高环境福祉的重要举措，确保每年改善环境质量的投资在2%以上。

上海市积极引入了循环经济和清洁生产的试点，在国家级的工业开发区，尝试使用环境总量的方式来控制和引进生产企业的项目。在上海化工园区的布局中，积极考虑企业的上下游关系，使得一个企业的废物成为另外一个企业的原料，减轻了污染排放的力度和强度。同时大力推进轨道交通建设，建设里程已经达到了430公里。

在开展环境保护工作过程中，上海市政府注重与公民进行互动，将政府的环保行动公开化，每年每个阶段都向百姓征询意见，让公众建言献策。同时，由公众来评价政府环保项目所带来的环境效益，专门邀请国际著名的调研公司进行每三年一次的市民满意度调查。

2010年上海世博会围绕“城市，让生活更美好”的主题，以及“绿色、低碳、生态、环保”的主要内涵，全面推进全市的环境保护和生态建设，以更好的生态环境保障世博会成功、精彩、难忘，并努力为城市未来的持续发展奠定基础。2010年上海市环境空气质量明显改善，全年环境空气质量优良率达92.05%，较2009年提升0.6个百分点。全年优良天数为336天，特别是一级天数达139天，较2009年增加32天。二氧化硫、二氧化氮和PM10平均浓度较2009年分别下降17.1%、5.7%和2.5%，是十年来的历史最低。环境空气质量创近十年最好，环境空气质量总体持续向好。在长三角地区9个主要城市中，上海市的空气质量优良率和一级天数排名均名列前茅，是唯一优良率较2009年同期有所上升的城市。世博会期间，上海市空气质量保持良好状态，在184天的会展期里，优良天数为181天，优良率为98.4%，一级天数高达94天，占一半以上，均创造API指数发布以来的最好成绩。其中，6~9月更是连续四个月优良率达到100%。世博会期间，空气中二氧化硫、二氧化氮、可吸入颗粒物等污染物浓度为十年最低，充分体现出环境政策对于空气质量改善的重大作用。

表9　上海五个权重较大指标原始数据

单位：%

	城市空气质量达标率	工业废水排放达标率	工业固体废物综合利用率	城市生活垃圾处理率
2006年	88.77	97.54	94.67	57.90
2007年	89.86	97.73	94.21	79.16
2008年	89.88	98.79	95.53	74.38
2009年	91.51	98.77	96.32	78.77
2010年	92.05	98.03	96.69	81.86

（3）海南

从2006~2010年中国环境福祉的综合评价结果可以看出，海南省的环境福祉自2007年起一直稳居全国榜首。海南岛处于亚洲太平洋的中部，也是中国唯一的热带海洋岛屿，物种多样性丰富。海南省的环境福祉评价优于其他省份的原因除了自然环境以外，一系列环境政策工具的使用也在其中起到了重要作用。特别是海南省在面临日益巨大的游客压力和自然环境承载力时，政策效果日益显著。

海南省第五次党代会提出，"十一五"期间将投入5000多亿元全力改造海南基础设施，建设中国唯一的生态省，理想的第二居住地、休闲之都。2008年3月，国务院办公厅下发《关于支持海南省发展旅游业有关问题的函》，同意海南进一步发挥经济特区优势，在旅游业对外开放和体制机制改革方面积极探索，先行试验，海南国际旅游岛建设上升为国家战略。根据《海南生态省建设规划纲要》，海南将成为全国第一个生态示范省。海南生态省建设涉及四个方面：一是加快发展生态经济，推行节约、环保、高效的经济增长方式；二是开展环境保护和生态建设，打造生态环境优势；三是创建具有海南特色的优美人居环境，提供一流的生活质量；四是推进生态文化建设，在全社会营造爱护环境、保护环境、建设环境的良好风气。《规划纲要》同时把海南省划分为"三圈一区"：海洋生态圈、海岸生态圈、沿海台地生态圈和中部山地生态区，并明确了各圈区功能以及保护和发展的方向。海南国际旅游岛建设也上升为了国家战略后，海南同时在控制污染物排放、控制城镇污染、保障生态安全和改善人居环境方面采取了一系列有效措施，通过生态补偿政策，引导和保护了一系列重要的生态系统，实现了经济效益与生态效益的双赢，值得推广和借鉴。

表10　海南五个权重较大指标原始数据

单位：%

	城市空气质量达标率	工业废水排放达标率	工业固体废物综合利用率	城市生活垃圾处理率
2006年	100	94.63	76.87	62.50
2007年	100	94.63	89.10	62.07
2008年	100	94.71	92.73	64.74
2009年	100	96.56	83.61	64.98
2010年	100	97.82	83.96	67.97

（四）2006～2010年中国环境福祉具体指标分析

1. 指标分析一：工业废水排放达标率

水环境的质量更是世界关注的焦点之一。特别是进入20世纪后，由于人类活动作用于水环境所引起的水土平衡破坏、水污染等生态环境恶化问题越来越严重，对水环境的质量进行公共政策分析也就显得尤为必要。

水环境指的是围绕人群空间可直接或间接影响人类生活和发展的水体，以及影响其正常功能的各种自然因素和有关社会因素的总体。《中华人民共和国水污染防治法》对于中国领土内的江河、湖泊、运河、渠道、水库等地表水体以及地下水体的污染防治均适用，但海洋污染防治除外。

表11　2006～2010年我国废水排放量统计表

单位：亿吨

	废水排放总量	工业废水排放总量	生活废水排放总量
2006年	536.8	240.2	296.6
2007年	556.8	246.6	310.2
2008年	572.0	241.9	330.1
2009年	589.2	234.4	354.8
2010年	617.3	237.5	379.8

2006年，全国废水排放总量为536.8亿吨，比上年增长2.4%；化学需氧量排放量为1428.2万吨，比上年增长1.0%。国家环保总局与各省（区、市）政府签订了“十一五”水污染物总量削减目标责任书；确定水污染防治的“水六条”，即严格控制污染物排放总量，积极抓好重点流域水污染防治，加快推进城镇污水垃圾处理设施建设，坚决防范水环境安全事故，促进优化经济布局、改善水环境质量，切实做好饮用水安全保障工作。2006年6月，国家环保总局、国土资源部联合印发《关于开展全国地下水污染防治规划编制工作的通知》，共同开展全国地下水污染防治规划编制工作。

2007年，全国废水排放总量为556.8亿吨，比上年增加3.7%；化学需氧量排放量为1381.8万吨，比上年下降3.2%。为进一步加大环保科技投入，充实环保事业发展后劲，国家把“水体污染控制与治理”作为国家十六个重大科技专项之一，列入《国家中长期科学和技术发展规划纲要（2006～2020年)》，旨在为“十一五”期间水体主要污染物排放量减少10%目标的实现和让不堪重负的江河湖海休养生息提供科技支撑，解决制约我国经济社会发展的水污染重大瓶颈问题。环保部门组织编制了《全国城市饮用水水源地环境保护规划》和《全国地下水污染防治规划》，把饮用水源地保护作为“整治违法排污企业保障群众健康环保专项行动”的重要内容，发布饮用水源保护区划分技术规范。

2008年，全国废水排放总量为572.0亿吨，比上年增加2.7%；化学需氧量排放量为1320.7万吨，比上年下降4.4%。2008年4月，环境保护部、国家发展和改革委员会、水利部、住房和城乡建设部联合印发了《淮河、海河、辽河、巢湖、滇池、黄河中上游等重点流域水污染防治规划（2006～2010年)》。

2009年，全国废水排放总量为589.2亿吨，比上年增加3.0%；化学需氧量排放量为1277.5万吨，比上年下降3.3%。2009年初，全国水利工作会议强调要从中国的基本水情出发，实行最严格的水资源管理制度。水利部提出要围绕水资源的配置、节约和保护，明确水资源开发利用红线，严格实行用水总量控制；明确水功能区限制纳污红线，严格控制入河排污总量。

2010年，全国废水排放总量为617.3亿吨，比上年增加4.7%；化学需氧量排放量为1238.1万吨，比上年下降3.1%。总体来看，2010年，重点流域各省（区、市）人民政府进一步加大了工作力度，推动重点流域水污染防治规划实施，取得明显进展，规划项目完成率较2009年显著提高，水质进一步改善；“十一五”重点流域水污染防治规划的完成情况明显好于“九五”和“十五”规划的完成情况。

总的来看，我国的废水排放量呈现逐年增加的趋势，这与近年来我国城镇化速度加快、城镇规模发展快、人口迅速扩张等导致的城市生活用水量增加有关。针对废水排放量的迅速增加，我国开始采取严格的环境保护制度、“三废”治理措施，对工业企业废水排放控制监管力度明显加大。我国的废水排放达标率已经由20世纪80年代的35%增加到2012年的95.3%，完成了“十一五”规划提出的95%的废水排放达标率目标。

化学需氧量（COD），指的是在一定的条件下，采用一定的强氧化剂处理水样时所消耗的氧化剂量。它是表示水中还原性物质多少的一个指标。因此，化学需氧量又往往作为衡量水中有机物质含量的指标。化学需氧量越大，说明水体受有机物的污染越严重。化学需氧量是衡量水体污染的一项重要指标，可以衡量出水体的污染程度。2006年3月14日，十届人大四次会议批准的《国民经济和社会发展第十一个五年规划纲要》，将单位国内生产总值能源消耗降低20%左右，主要污染物（化学需氧量和二氧化硫排放量）排放总量减少10%，确定为“十一五”经济社会发展的约束性指标，把节能减排摆上了十分突出的战略位置。

表12　2006～2010年我国COD排放量

单位：万吨

	COD排放总量	工业COD排放总量	生活COD排放总量
2005年	1414.0	555	859
2006年	1428.2	542	887
2007年	1381.8	511	870.8
2008年	1320.7	457.6	863.1
2009年	1277.5	440	837.5
2010年	1238.1	434.8	803.3

“十一五”期间，全国化学需氧量排放总量呈下降趋势。2005年，全国共排放1414.0万吨，至2009年已经降至1277.5万吨，年均降低2.5%，提前实现了“十一五”期间化学需氧量排放削减10%的目标。2010年，化学需氧量排放量继续下降，与2005年相比，同比下降了12.2%，圆满实现了化学需氧量的减排目标。

从中国的地域分布来看，“十一五”期间东部地区的排放量最大，约占全国总排放量的40%。中部地区的排放量次之，占全国总排放量的31.7%，西部地区占全国排放量的28.6%，化学需氧量排放量与各区域的经济发展水平呈正相关的关系。从降幅看，东部地区化学需氧量排放量年均降低3.5%，高于同期全国平均降幅。中、西部地区年均降幅分别为2.1%和1.6%，均低于全国平均降幅，各区域排放量的表现趋势与下降幅度与地方政府的重视程度和公共政策的执行力度密不可分。

从各省份看，广西的化学需氧量排放量居全国之首。广东、江苏、湖南、四川、山东和河南的化学需氧量排放量占到了全国排放量的40%以上。“十一五”期间，除西部地区的西藏、青海和新疆外，各省的化学需氧量排放量均呈下降趋势。超额完成削减目标的省份有上海、北京、山东、广东、江苏、浙江、河北、辽宁、宁夏、河南、山西、吉林、重庆、广西、陕西、黑龙江和湖南。其中，上海的区域排放量削减率居全国之首，与2005年相比，排放量削减了27.8%，切实将节能减排政策落到了实处。

2. 指标分析二：城市空气质量达标率

大气质量的关键在于城市空气质量，城市空气质量是环境保护部门重要的空气检测指标，也是与人们的生活质量息息相关的重要指标。自改革开放以来，我国经济获得了长足的发展，但是，“先污染后治理”的发展模式给人类生活质量的提高造成了重重障碍。大气环境的公共政策目标必须以保护人民身体健康为出发点，以改善城市大气环境质量为宗旨，以科学的环境政策与能源优化战略为手段，综合运用经济、行政、技术和信息等综合措施，提高城乡居民的生活质量。

城市空气质量达标率是指城市空气质量达到二级以上天数占全年比重。二级标准指空气质量良好，符合居住区、商业区、文化区、一般工业区和农村地区空气质量的要求。衡量某个区域的空气质量达到几级标准主要就是看这个地方空气中各种污染物，如可吸入颗粒物（PM10）、二氧化硫（SO_2）、二氧化氮（NO_2）的浓度达到几级标准。

从全国已检测城市的空气质量达标率看，城市空气质量总体上有所好转，但部分城市污染依然严重。2006年与2005年相比（仅适用于可比城市，以下同），城市空气质量达到或优于二级的城市比例增加4.7个百分点；劣于三级的城市比例减少2.1个百分点。颗粒物污染较重的城市主要分布在山西、新疆、甘肃、北京、陕西、宁夏、四川、内蒙古、河北、湖南、辽宁、河南、重庆、天津、江苏等省（区、市）。

表 13　2006～2010 年我国城市空气质量达标率

单位：%

	达到一级标准	达到二级标准	达到三级标准	劣于三级标准
2006 年	4.3	58.1	28.5	9.1
2007 年	2.4	58.1	36.1	3.4
2008 年	4.0	72.8	21.8	1.4
2009 年	4.2	78.3	16.2	1.3
2010 年	3.6	79.2	15.5	1.7

2007 年，劣于三级标准城市的比例达到 3.4%，与 2006 年相比降低了近 6 个百分点，表明我国城市空气质量得到了局部改善，重污染区显著减少。同时，国家编制完成了《国家酸雨和二氧化硫污染防治“十一五”规划》，总体目标是显著削减二氧化硫排放总量，控制氮氧化物排放增长趋势，目标到 2010 年，有效降低硫沉降强度，减少重度酸沉降区面积，减轻区域大气细颗粒物污染，降低城市空气二氧化硫浓度。

2008 年是中国的奥运年，全国城市空气质量总体良好，比上年有所提高，但部分城市污染仍较重。2008 年 7 月 1 日，全国正式实施《轻型汽车污染物排放限值及测量方法（中国Ⅲ、Ⅳ阶段）》第三阶段限值（简称“国Ⅲ标准”），北京市 2008 年 3 月 1 日起执行机动车国Ⅳ排放标准，进一步改善大气质量，保障了奥运会和残奥会的顺利召开。

2009 年，空气质量劣于三级标准继续保持在较低水平，符合人类生存与发展的需要。达到二级及以上标准的城市相比 2008 年提高了 5.7 个百分点。环境保护部组织修订《中华人民共和国大气污染防治法（修订草案）》，结合大气污染防治的新形势，在总量控制、排污许可证管理、机动车环境管理以及处罚力度上均有重大调整。广州亚运会空气质量保障方案获得广东省政府批准，上海市于 2009 年 11 月 1 日提前实施机动车国家第四阶段排放标准，亚运会和世博会空气保障工作全面展开。

2010 年，城市空气质量稳中有升，达到二级及以上的城市达到 82.8%，相比 2006 年提高了 20.4 个百分点，在国家政策支持和社会各界的共同努力下，大气环境质量得到了显著改善。2010 年 5 月 11 日，国务院办公厅转发环境保护部等九部门《关于推进大气污染联防联控工作改善区域空气质量指导意见》，这是中国第一个综合性大气污染防治政策。

2010年11月9日，环境保护部下发《关于编制〈“十二五”重点区域大气污染联防联控规划〉的通知》，决定在长三角、珠三角、京津冀三大区域和成渝、辽宁中部、山东半岛、武汉、长株潭、海峡西岸六个城市群（简称“三区六群”）启动“十二五”重点区域大气污染联防联控规划编制工作。大气污染联防联控工作全面展开，我国大气质量改善的前景日益广阔。

我国主要城市空气质量达标率总体上呈现上升趋势。2006年，全国主要城市空气质量达标率的平均值为84.22%，2010年则达到了87.99%，提升了近4个百分点，表明在公共政策支持和社会各界共同努力下，主要城市的空气质量有所改观。与2006年的空气质量达标率相比，全国31个省（区、市）中，仅有4个省（区、市）的空气质量达标率低于2006年的统计数据，但下降幅度并不大，27个省（区、市）主要城市的空气质量得到了显著提升与改善。从地域分布的角度，我国东部地区主要城市的空气质量要优于西部和中部地区。与2006年相比，2010年东部地区提升了4.5个百分点，西部地区和中部地区均提升了4个百分点。主要城市空气质量达标率较高的省份包括东部地区的广东、海南和西部地区的贵州、云南、广西，以及中部地区的江西。其中，海南与云南的空气质量状况最好。

以广东为例，2006年9月1日，经国务院批准，广东成为继北京之后第二个试行国家下一阶段机动车排放标准的城市，禁止生产和销售不符合环境保护排放标准的车辆，强化了对车辆的监督和管理。此举在机动车保有量高速增长的背景下无疑会对城市空气质量的改善与提高发挥重大作用。2010年广东省的空气质量达标率为97.81%，与2006年相比提高了6.3个百分点。

3. 指标分析三：环境污染治理投资占GDP的比重

环境污染事件具有来势突然、破坏性大和难以控制等特点，种种环境污染事故的接连发生，暴露了生态安全脆弱的一面，严重威胁着国民的身心健康，降低了国民的幸福指数，也使经济发展的意义大打折扣。妥善控制及处置环境污染事件，维护环境安全刻不容缓。

根据《国家突发环境事件应急预案》，按照突发性环境污染事件的严重性和紧急程度，环境污染事件分为特别重大环境污染事件、重大环境污染事件、较大环境污染事件和一般环境污染事件。

表 14　2006～2010 年全国环境污染事件的发生情况

单位：起

	污染总数	特别重大事件	重大事件	较大事件	一般事件
2006 年	161	3	15	35	108
2007 年	110	1	8	35	66
2008 年	135	0	12	31	92
2009 年	171	2	2	41	126
2010 年	156	0	5	41	110

2006 年，国家环保总局共接报处置 161 起突发环境事件，比上年增加 85 起。其中，特别重大事件 3 起，与 2005 年相同；重大事件 15 起，比上年增加 2 起；较大事件 35 起，比上年增加 17 起；一般事件 108 起，比上年增加 67 起。2007 年国家环保总局接报处置突发环境事件 110 起。其中，特大事件 1 起，重大事件 8 起，较大事件 35 起。2008 年全国突发环境事件总体呈上升趋势，环境保护部直接调度处理的突发环境事件 135 起，比上年增长 22.7%。其中重大环境事件 12 起（比上年增加 4 起），较大环境事件 31 起（比上年减少 4 起），一般环境事件 92 起（比上年增加 26 起），未发生特别重大环境事件。2009 年，环境保护部共接报并妥善处置突发环境事件 171 起，比上年增加 26.7%。其中特别重大突发环境事件 2 起，重大突发环境事件 2 起，较大突发环境事件 41 起，一般突发环境事件 126 起。2010 年，全国共接报并妥善处置突发环境事件 156 起，比上年减少 8.78%。其中重大环境事件 5 起，较大环境事件 41 起，一般环境事件 110 起。

“十一五”规划的五年期间，平均每年发生环境污染事件约 147 起，整个环境污染事件的发展态势呈现波动上升的特点。2006 年事件总数为 161 起，2007 年与 2008 年这两年环境污染事件的发生量有所减少，得益于松花江水污染事件后国务院紧急出台的《国家突发环境事件应急预案》，提高了政府的风险应对能力，同时也督促了相关风险单位加强自身管理，政策工具有效遏制了环境污染事件的发生。

2009年与2010年，我国再次进入了环境污染事件频发期，平均全国每两天就会发生一件环境污染事件，虽然这两年的事故量较2006年有所减少，但数字仍是触目惊心。按事件起因分类按事件起因分类见表15。

表15　2006～2010年全国环境污染事件按起因的发生情况

单位：起

	安全生产事故次生环境事件	交通事故次生环境事件	企业违法排污造成的环境事件	其他环境事件	合计
2006年	78	36	22	25	161
2007年	39	28	14	29	110
2008年	57	25	23	17	135
2009年	63	52	23	33	171
2010年	69	28	17	42	156

按照环境污染事件的起因来分类，引发环境污染事件的主要有安全生产事故、交通事故和企业违法排污事故，其中，安全生产事故所次生的环境事件在2006年至2010年均占较大比例，例如溢油事件会对海洋、江河等水域生态环境及周边区域的社会经济活动产生严重和持续的影响；危险化学品泄漏、扩散事件给水体和土壤环境造成了严重污染和破坏，使区域环境在短时间内难以恢复。企业违法排污造成的环境事件在2007年下降后到2008年又出现了反弹的趋势。从引发环境污染事件的污染类型来分类，主要为大气污染和水污染。例如，2006～2010年，水污染所引发的环境污染事件数量分别为95件、34件、74件、80件和65件。环境污染事件造成了人民群众生命财产的巨大伤害。突发环境事件主要集中在华东、华南、西南、西北等地区，其他各省份均有突发环境事件发生。经过各级政府和环保等部门的共同努力，这些环境事件基本得到妥善处置。

国务院先后发布《国家突发公共事件总体应急预案》和《关于落实科学发展观加强环境保护的决定》。前者要求突发公共事件发生的第一时间要向社会发布简要信息，并对突发环境事件的信息报送、处理、通报与信息发布等做出了明确规定；后者规定："实行环境质量公告制度，定期公布各省（区、市）有关环境保护指标，发布城市空气质量、城市噪声、饮用水水源水质、流域水质、近岸海域水质和生态状况评价等环境信息，及时发布污染事故信息，为公众参与创造条件”。同时，环保总局于2006年3月起正式实行《环境影响评价公众参与暂行办法》这是中国环保领域第一部公众参与的规范性文件，它明确规定了建设单位和环境保护行政主管部门在环境影响评价的不同阶段应当公布的信息及信息公布方式。

环境污染治理投资是施行环境保护的基本国策和可持续发展战略的必要保证。我国政府从1970年以后逐渐认识到环境污染治理投资对改善环境和保证经济可持续发展的重要作用，并逐年增加投资，对我国环境状况恶化起到了一定的遏制作用。环境污染治理投资包括三部分：城市环境基础设施建设投资、工业污染源污染治理投资和“三同时”环保投资。城市环境基础设施建设投资统计的范围包括燃气、集中供热、排水、园林绿化和市容环境卫生五部分。工业污染源污染治理投资是指没有被纳入建设项目“三同时”（同时设计、同时施工、同时投产）管理的污染治理项目投资，凡产生污染物的老企业的历史欠账，都要建立相应的污染防治设施，使排出的污染物浓度和总量达标排放。“三同时”环保投资是指已经明确纳入环境保护“三同时”管理的建设项目环保投资。

表16　2006～2010年全国环境污染治理投资情况

	环境污染治理投资(万元)	城市环境基础建设投资(万元)	工业污染源治理投资(万元)	“三同时”环保投资(万元)	环境污染投资占GDP比重(%)
2006年	2566.0	1314.9	483.9	767.2	1.22
2007年	3387.3	1467.5	552.4	1367.4	1.36
2008年	4490.3	1801.0	542.6	2146.7	1.49
2009年	4525.3	2512.0	442.6	1570.7	1.33
2010年	6654.2	4224.2	397.0	2033.0	1.66

表17　全国环境污染治理投资及占GDP的比重

五年规划期	环境污染治理投资(亿元)	环境污染投资占GDP比重(%)
六五	166.2	0.51
七五	476.4	0.65
八五	1306.6	0.68
九五	3516.4	0.83
十五	8395.1	1.18
十一五	21623.1	1.41

自1979年颁发的《中华人民共和国环境保护法（试行）》，参照“污染者负担”的原则，正式提出了“谁污染谁治理”的公共政策。1982年，国务院颁布《征收排污费暂行办法》，在全国范围开展排污收费，企业缴纳的排污费中的80%用作企业或其主管部门治理污染源的资金，环境污染治理投资由单一渠道转为多条渠道，由单一主体转变为多元主体，共同推进环境污染治理工作的开展。

目前，我国环境污染治理投资的筹资的公共政策主要有：为控制新污染源而由项目新、改、扩建的业主出资执行“三同时”制度的基建投资政策，企业为治理老污染源的技术更新改造投资政策，城市维护建设税收政策，排污收费补助污染治理资金的有偿使用政策，有益于环保的信贷政策，环保优惠政策（包括国家给予部分补助），环保利用外资有关政策等。

我国的环境污染治理投资总量呈增加趋势，从我国近五个“五年计划”的时段来看，已经从“六五”期间的166.2亿元增加到“十五”期间的8395.1亿元，增长了50多倍，再到“十一五”期间的21623.1亿元，增长了近130倍。并且，环境污染治理投资占GDP比重在2000年首次突破1%，从“六五”期间的0.51%增加到“十一五”期间的1.41%，投资力度不断得到加强。

从2006～2010年近五年来的环境污染治理投资情况来看，其呈逐年递增趋势，其中2010年与2009年相比增长速度较快，从2009年的4525.3亿元直接增长到了6654.2亿元。环境污染治理投资占GDP比重呈迂回上升的态势，2008年达到了1.49%，但2009年却又下落为1.33%，增幅不够稳定，政策的常态性亟须增强。从“十一五”期间环境污染治理投资占GDP的比重来看，虽然已经达到了OECD国家的水平，但这并不表明中国的环境污染与治理已经取得了很大成功。这是因为所处的污染控制阶段不同：中国正处于污染控制的初期阶段，不仅要解决新的环境问题，还要解决历史欠账问题；因此，中国仍然需要更多的环境污染治理投资。

我国环境污染治理投资除了在量上体现出一些变化外，在投资结构上也呈现一系列变化趋势。从环境污染治理投资的结构构成变化来看，我国环境保护投资主要集中在城市环境基础设施建设投资，其所占比例多年相当于当年总投资的50%以上，呈波动式缓慢下降状态，直到近两年才逐渐降低。“三同时”环保投资呈起伏波动式上涨状态，总的来说增长幅度较大，这反映出我国环境保护投资量以及主要加强的是城市环境基础设施投资，但近几年来也逐渐转向了“三同时”环保投资。然而，对我国环境改善影响较大的工业污染源治理投资所占比重一直较小，除1999年、2000年比重在20%以上，其他年份均在20%以下。而工业污染源是造成水污染与大气污染的主要原因，从这一方面也表明了我国环境污染治理投资结构的不合理性。

四　提升我国环境福祉的公共政策分析

（一）我国环境福祉所面临的主要问题

1. 环境福祉区域发展不平衡

环境污染及治理评价排名较靠前的省份主要为北京、天津、江苏和浙江，均为经济发展水平和城市化程度较高的省份。在环境污染及治理评价方面，东部地区明显优于西部和中部地区，并且差距也在逐渐拉大。

更为严重的是，我国发展水平差异很大，不仅经济发展不平衡，各地的环境保护水平也存在很大差距。一些东部发达地区的环境保护工作已经开始出现“拐点”，即环境质量呈现改善和提高的态势，但同时一些低端制造业和污染严重的产业也随之向中西部转移，形成了“东污西进下乡”的局面。这使得我国环境福祉的区域差距有扩大的趋势。

2. 环境污染治理投资过少，占GDP比重偏低

我国环境污染治理投资占GDP比重与发达国家相比还存有一定差距，发达国家环境污染治理投资占GDP的比重通常为1%～3%。与此相比，我国仍有较大增长空间。同时，我国的环境污染治理投资也出现了区域发展不平衡的态势，东部沿海地区由于经济发展水平较高，其所占比重较大，而西部生态环境脆弱区域则较小，非常不利于创造良好的经济投资环境，无法有效带动经济发展水平的提高。

3. 污染物排放的严重超标给我国污染治理带来严重困境

我国是世界上环境污染物排放量最大的国家之一，全国污染物的年排放量达4300余万吨（其中烟尘约2800万吨，二氧化硫约1460万吨）。目前，我国环境污染主要有三类：一是水体污染。在全国700多条重要河流中，有近50%的河段、90%以上的城市沿河水域污染严重。二是大气污染。大气污染严重，致使酸雨污染面有所扩大，酸雨区由南向北缓慢推进，面积逐渐扩大。近年来雾霾更是成为大气污染治理的重中之重。三是固体废弃物污染。城市生活垃圾堆放及简易处理率只有78.95%。

主要污染物的排放量严重超标，甚至已经远远超过了水环境自身的容量和水体自身的净化能力，水质严重恶化，水环境污染的突发事件与群体性事件频频出现，在一定程度上激化了我国的社会矛盾。突出表现就是我国江河湖泊普遍受到污染，生态水缺乏，水环境恶化加剧。我国的黄河、辽河和海河的水资源利用率已经远远超过河流开发利用率的上线，海河水资源开发利用率更接近90%，河流的生态功能几近丧失，经济发展与环境保护间的矛盾日益加剧。

4. 生态环境破坏相等严重，环境污染事件频发

目前我国自然生态环境遭到了严重的破坏，主要表现在：一是土地沙漠化迅速扩展。目前，全国沙漠化土地总面积达25亿亩，占国土地面积的18.2%。二是水土流失严重。目前，我国水土流失面积累计达55亿亩，占国土面积的38.2%。三是草原退化加剧。全国草原退化面积达10亿亩，目前仍以每年2000多万亩的退化速度在扩大。四是森林资源锐减。在我国森林被砍伐的面积随着历史的推移而越来越大，由此使生态环境恶化，招致多种自然灾害。五是生物物种加速灭绝。我国植物物种有15%～20%处于濒危状态，仅高等植物中濒危植物就高达4000～5000种。六是地下水水位下降。地下水水位沉降形成漏斗，且从点到面，由城市向农村发展，面积越来越大，甚至出现华北这样世界最大的区域性漏斗，超过2.3万平方公里。

5. 缺乏环境治理的长效机制

“十一五”期间，我国相继成功举办了北京奥运会、残奥会、上海世博会以及广州亚运会等重大活动。为了向世界展示改革开放良好的社会形象，也为了保障运动员身体健康，发挥出好的成绩，在环境保护方面，党中央和政府部门采取了多种措施，改善生态环境，保证了各项活动的顺利举行，赢得了国际社会的认可。但是我们也应该注意到，“十一五”期间的很多措施多是临时性的，包括一些区域的联动联防机制。例如为了准备奥运会，北京除了要求大量的工业企业限产、减产外，更是把一些高耗能、污染比较重的企业直接迁到外地，包括首都钢铁等。这种临时性的富有浓厚环境“救济”意味的举措无法克服老的环境问题，自然也就无法解决新的问题，长此以往新老问题叠加必然会导致生态环境质量的恶性反弹。

之所以这样，原因很多，归根结底是没有形成环境治理的长效机制。我国环境保护已经进入一个新的历史阶段，国家面临前所未有的挑战。环境治理的很多制度和模式，不能适应形势需要，必须探索建立有利于保护环境的长效机制。

（二）增进环境福祉的公共政策建议

1. 制定区域环境协调发展规划，抓好落实，抓出成效

按照中央经济工作会议的要求，以实现良好开局为目标要把经济结构调整、科技创新驱动、资源环境保护三者联动起来，统筹推进，促进经济发展方式转变；要以治理突出污染问题为切入点，综合施策，重拳出击，区域联动，狠抓落实，为人民群众创造一个较好的工作生活环境。要深入实施区域环境协调发展规划，统筹东中西、协调南北方，科学布局、分类指导。中西部地区是我国重要的区域环境战略发展空间和增长点，要积极发展优势特色产业，大力推进绿色发展、循环发展、低碳发展，加强煤、油、气、水、土地等资源的节约集约利用，把资源优势转化为经济优势。

2. 加强我国环境污染治理投资的公共政策建议

第一，加大环境污染治理投资的力度，提升其占 GDP 的比重。环境保护是一项需要大量投入、长期投入和持续投入的事业。我国过去以牺牲资源环境质量换取经济增长的模式造成了大量的历史欠账，总体投入明显不足。根据发达国家的经验，一个国家在经济高速增长时期，环境污染治理投资要在一定时间内持续稳定达到国民生产总值的 1% ~1.5%，才能有效控制污染；达到 3.0% 才能使环境质量得到明显改善。而我国目前则处于经济高速增长时期，

因此，我国目前环境污染治理投资占 GDP 的比例总体上说还是偏低，投资力度还需要进一步加强，才能实现“多还旧账，不欠或少欠新账”。为了加大环境污染治理投资的力度，多渠道筹集环境污染治理资金，全国目前已有 20 多个省份从经贸委和财政部安排了一定数额的环保专项拨款，也将排污收费的征收标准提高，确保环境污染治理投资的资金投入。

第二，落实加强工业污染源治理力度，加大投入。工业污染源的防治和治理一直是我国环境污染治理工作的重点，同时也是我国工业化道路过程中保持经济和环境协调发展的必然选择。但是，我国工业污染源治理投资的比例偏小，除在“七五”期间工业污染治理投资占环境污染治理投资的比重最大外，工业污染治理投资所占的比例一直在下降，均在 20% 以下，其治理力度明显不足，根本无法实现我国长期以来“高投入、高消耗、高污染、低效益”的传统发展模式下经济与环境的协调发展，在一定程度上还是在走“先污染后治理”的老路。同时，工业污染治理投资严重不足是目前大气污染和水环境污染问题没有得到有效控制的重要原因。

3. 改善水环境质量的公共政策建议

第一，综合运用行政手段与经济手段，加强水污染的管理与水资源的保护。国家应积极加强宏观调控，调整工农业产业结构，建立健全适合我国水资源现状的产业结构。在经济总量不减少的情况下，降低水资源需求总量，减轻水资源供需矛盾，同时鼓励农民向节水型农业发展，引导农民大力发展渔业、林业、牧业等低耗水型农业。对工业企业中高耗水行业，强制进行技术改造，提高水资源利用率；对投入项目进行审批时，不仅考虑经济效益，还应考虑环境生态效益。

第二，以法律法规为依据，改进技术，提高水资源的综合利用率。在全国范围内加强《中华人民共和国水法》《中华人民共和国水土保持法》《中华人民共和国水污染防治法》的宣传，提高全民节水意识，弘扬节约风尚，积极参与水土保持、水污染防治。大力宣传我国水资源状况，要强调保护水资源的重要性和紧迫性。通过宣传，增强全民忧患意识，在全社会形成广泛共识，营造出节约用水、合理用水、保护水资源的良好氛围。在用水方面要健全节水机制，创新发展理念，促进水资源有序开发和高效应用节水新技术、新工艺，建立以节水、节能、提高资源利用率为中心的资源节约型工农业生产体系，对第三产业中的高耗水行业要严格控制，重点管理，逐步改造水道和洁具，减少生活用水漏失环节。在农业方面要全面实施资源型农业战略，以节水为中心发展现代种植业和养殖业，大力推广喷、滴灌，淘汰漫灌的陈旧灌溉方式，提高水资源利用率。

第三，强化水污染防治的政府责任，运用经济刺激手段综合防治。水资源在保护和消费过程中存在明显的外部性，即对他人或团体强征了不可补偿的成本或给予了无须补偿的收益。水资源这种不可分拨性导致的市场失灵是水资源破坏和水污染的一个重要原因，因而，国家在水资源管理和保护中必然要起主导作用，应当通过立法不断健全和完善有关水资源配置和保护的公法规范。在制度措施上，政府可以采取提高水费、征收水资源保护补偿费、鼓励循环用水、保护水利设施及供水系统等多种措施。在社会主义市场经济体制下，必须运用经济刺激手段推动水污染的防治。从我国目前经济发展、科技水平和环境状况来看，排污费征收标准太低导致经济刺激作用弱化，应该改革我国现行排污费与超标排污费并存的制度。开征水污染税是国外实践证明的一种行之有效的举措，在我国水环境污染严重、水资源相对匮乏的情形下。有必要借鉴国外先进经验，开征我国的水污染税，充分发挥税收杠杆的调节作用。

第四，让江河湖泊休养生息，维系其生态功能。休养生息借鉴了我国历史上安邦兴国的重要经验，是给予水环境人文关怀的重要体现。让江河湖泊休养生息，就是要实行最为严格的污染物排放总量控制制度，以水环境容量确定发展方式和发展规模；就是要尊重自然规律，充分发挥水生态系统自我修复能力，逐步改变环境恶化状况；就是要综合运用工程的、技术的、生态的方法，加大治理水环境的力度，促进水生态系统尽快步入良性循环的轨道；就是要充分运用法律、经济和必要的行政手段，既要形成严格排放、合理开发的强大压力，又要形成主动治理水环境的积极动力，用高效的办法解决长期积累的环境问题。让江河湖泊休养生息，既是综合治理水环境的过程，也是经济社会健康发展的过程。实行休养生息，就是要促进经济发展方式的转变，走上科学发展的道路；就是要促进环境基础设施的大发展，坚决控制污染物排放总量；就是要尊重自然规律，用人文关怀治水治污，唤起群众珍爱水资源、保护水环境的自觉意识。

4. 提高大气环境质量的公共政策建议

（1）政策法规层面的政策建议。从20世纪70年代末我国的大气环境问题引起关注至今30多年以来，大气污染防治工作经历了从点源治理到集中控制、从城市环境综合整治到区域污染控制的转变，大气污染防治的法规、标准及管理体系已初步形成，大气颗粒物污染加重的趋势在一定程度上和范围内已有所减缓，取得了一定的治理效果。《中华人民共和国大气污染防治法》是我国大气环境保护的重要法律依据，对防治我国的大气颗粒物污染，保护和改善生活环境和生态环境，保障人体健康，促进社会与经济的持续发展发挥了重要作用。但《中华人民共和国大气污染防治法》的操作性不强，实施难度很大，尤其是大气颗粒物污染条款需要修订。建议在立法目标、行为规范、法律实施程序、法律责任等方面做出比较明确、具体的规定，加强其可操作性。尽管我国的大气污染防治建设工作取得了较大进展，但执法力度与管理力度应进一步加强，完善大气污染控制的经济政策，改变传统的以行政命令型为主的治理模式，充分运用市场经济手段，将企业大气污染物的排放行为合理纳入企业的损益平衡，最终使得企业控制排放大气污染物成为一种自觉的经济行为，达到从源头上控制大气污染物排放的目的。

（2）技术层面的政策建议。第一，调整产业结构，工业合理布局，划分控制区域，进行分区治理。工业布局是生产布局体系和清洁生产的重中之重，因此需要制定好产业政策和相应的行业政策，引导和鼓励符合产业政策和清洁生产的项目进入，形成集中和集群之势，从源头上控制大气污染源。同时，不同城市和区域由于产业结构和能源结构的不同，其大气污染物的种类和污染状况也存在显著的差异，因此，需要对空气质量不同的城市和区域实行差异控制。第二，优化能源结构，进行清洁生产，减少颗粒物排放。我国的能源消费结构以煤为主，能源浪费严重，燃烧效率低下。为此，应积极不断改进设计、使用清洁的能源和原料，采用先进的工艺技术与设备，改善管理，减少生产、服务和产品使用过程中大气污染物的产生和排放，以无毒、低毒的原辅材料替代原有材料，以此改善大气环境质量。第三，完善城市和区域空气质量的监测管理体系。各级政府应加强对大气污染物的特征和源解析的研究，完善城市和区域空气质量的监测管理体系。政策实施的关键是对连续达标排放的监控，监控方案必须要在管理能力和承受能力的范围之内，通过政策的威慑作用保障污染源的连续达标排放。我国大气污染控制工作应从单一的目标管理转向综合目标管理，提高我国城市大气污染控制综合管理能力。

5. 减少环境污染事件发生的公共政策建议

第一，科学预警，建立环境风险管理与应急系统。我国传统的环境事故应急管理模式在抵御环境灾害的过程中发挥了重要作用，但从有效应对目前环境污染事件的要求来看，还存在不少问题和不足：环境风险应急机制不健全，处理和管理危机能力不强，一些地方和部门缺乏应对突发事件的调控和管理能力。在信息技术高速发展和知识经济时代，先进信息技术、信息系统（例如 GIS 地理信息系统、GPS 全球定位系统、RS 遥感监测系统等）在环境污染事件的应急信息系统中将扮演越来越重要的角色。因此，设立以报警系统为载体，3S 技术为支撑，集监测、预警与应急于一体的综合地理信息系统。并且，将其与数学模型、专家决策系统结合在一起，充分利用城市的人口、社会经济、地理空间数据等，通过建立环境风险源数据库，为事故的应急处置提供有效的技术支撑。同时，在环境风险管理方面，应同时制定环境风险事故应急预案，研究建立应急处理、信息发布、安全防护和应急终止等过程中的应急处理技术，从而及时控制环境污染事件，抢救受害人员，指导居民防护和组织撤离，维护社会秩序，消除危害后果，实现环境污染事件的危害最小化。

第二，信息公开，健全环境信息披露的法规体系。环境问题是社会公共问题，环保活动的开展涉及不特定多数人的利益，需要各方的共同努力尤其是社会公众的积极参与，而实现这种合作与参与的一个基本前提，便是公众对相关环境信息的获知。环境信息披露制度是公众环境知情权的一个重要体现。政府、企业和公众三方面相互协调监督，才能更好更有效地解决环境问题。目前，我国的环境信息披露制度仍然存在着较大的不足和缺陷。首先，在当前环境污染事故频发的情况下，在现有的法规体系中，应对环境信息公开的具体内容加以明确和细致规定。其主要内容应包括环境信息公开主体（政府及企业两大类）、环境信息公开内容、公开时限、公开程序、公开对象、公众参与具体方式的规定等。其次，应保障公众主动申请获得环境信息的权利，实现信息的双向沟通。政府有责任接受公众对于环境信息的申请，并制定相应的操作方法，使公众申请的范围、回复时间、收费等程序有法可依，从而实现政府主动公开与申请公开相结合的双向公开体制。

第三，宣传教育，提高社会公众的环境风险意识和抵抗风险能力。社会公众的环境风险意识和抵抗风险能力的加强作为城市安全建设的基本措施，将对积极应对和处理环境污染事件的发生发挥着重要的作用。社会公众环境风险意识的加强可以从以下两个方面入手：首先，从企业而言，强化安全生产的意识，从源头上控制环境污染事件的发生，并定期开展安全生产技能的定期培训，制订紧急响应和控制的预案，尝试进行响应和控制的模拟演习。其次，从社区而言，城市社区和农村社区是防灾减灾的基本单元，社区应配备应对环境事件的专业人员，针对不同对象，开展教育培训，以培养区内居民的环境安全意识、风险意识和社会责任感，并使居民掌握避险、自救、互救的常识。此外，还要定期组织开展自救演习。风险管理人员的战时职责是及时传达上级管理部门的应急指示、引导区内居民的有序疏散、稳定区内居民的恐慌情绪。

6. 建立环境治理长效机制的公共政策建议

环境问题是一个长期、系统的工程，有些问题由于一些重大项目的推动以及党、政府和广大公众的重视，可能得以缓解或暂时解决，但并不能得以根本治理，这就需要建立一个长期的、可持续的治理机制。

第一，完善政策措施，创造良好条件。各级财政要把环保投入列入年度预算，保持合理增长。完善中央财政转移支付制度，加大对中西部地区、民族自治地方和重点生态功能区环境保护的转移支付力度。建立健全有利于环境保护的价格、税收、贸易、信贷、土地和政府采购等政策体系。完善生态补偿政策，建立生态补偿机制。

第二，落实政府责任，发挥主导作用。基本的环境质量是一种公共产品，是一条底线，是政府应当提供的基本公共服务。地方政府要对环境质量负总责，把环境保护摆上议事日程。建立环境保护目标管理责任制，制定生态文明建设的目标指标体系，纳入地方经济社会发展评价范围和干部政绩考核，实行环境保护一票否决制。对于因决策失误、监管不力造成重大环境污染事故的，要严肃追究责任。

第三，建立相关部门各负其责、环保部门统一监管的管理体系。过去，我国在环境保护方面采取的“多龙治水、条块分割”的管理模式，一个问题可能由几个部门管辖，造成职能交叉，责任不清，由此使问题会越聚越多，越来越难以处理。因此，要在明确职能的基础上，加大环保部分的职能和权力，把污染防治、资源保护和生态建设等工作进行统一管理、科学规划、全面保护、生态优先、综合治理，同时界定其他相关部门具体责任和权力，从而形成一个依法、有序、科学的管理体系。

第四，完善市场机制，用好经济杠杆。污染治理不能单纯依靠法律和行政力量推动，积极发挥市场作用是长久之计。坚持“污染者负担、治理者受益”的原则，全面实施城市污水、生活垃圾处理收费制度，鼓励社会资本参与污水、垃圾处理等基础设施的建设和运营。推行排污许可制度，开展排污权有偿使用和交易试点，建立国家排污权交易中心，发展排污权交易市场。

第五，健全监测体系，织密防控网络。环境监测是环境管理的耳目，是参与环境与发展综合决策的依据。监测数据是环保部门最大的资源。必须集中力量加强先进环境监测预警体系建设，加大风险隐患排查和评估力度，把环境污染事件消灭在萌芽状态。完善环境监测网络，强化监测站标准化建设，扩大监测范围。建立快速高效的环境事故应急监控和突发事件预警体系。

第六，环境保护是涉及人人的事业，必须动员全社会参与。大力开展环境宣传教育，增强全民环保意识，在全社会形成保护环境的良好氛围。每个公民、每个家庭、每个单位、每个社区都要从自身做起，自觉遵守环境法规，从力所能及的事情做起。同时，要降低社会组织的门槛，加大政策激励力度，推动环保组织的成熟壮大，建立和改善公民有效参与环保事业的平台，让普通民众在环境监管与污染治理中拥有足够的发言权。

附录

本部分主要指标解释

1. 城市人均绿化覆盖面积指城市绿化覆盖面积/城市人口数。城市绿化覆盖面积是指向公众开放的，以游憩为主要功能，有一定的游憩设施和服务设施，同时兼有健全生态、美化景观、防灾减灾等综合作用的绿化用地。

2. 工业废气排放总量指报告期内企业厂区内燃料燃烧和生产工艺过程中产生的各种排入大气的含有污染物的气体总量。

3. 工业废水排放达标率指城市（地区）工业废水排放达标量/工业废水排放量×100%。

4. 工业固体废物综合利用率指工业固体废物综合利用量，占固体废物产生量和综合利用往年贮存量总和的百分比。

5. 环境污染治理投资占GDP的比重＝环境污染治理投资/GDP。环境污染治理投资指在污染源治理和城市环境基础设施建设的资金投入中，用于形成固定资产的资金，其中污染源治理投资包括工业污染源治理投资和“三同时”项目环保投资两部分。

6. 城市生活垃圾无害化处理率指报告期城市生活垃圾无害化处理量与生活垃圾产生量比率。

7. 单位GDP能耗指在一定时期内（通常为一年），每生产万元GDP消耗多少吨标准煤的能源。单位GDP能耗＝能源消耗量（吨标准煤）/国内生产总值（万元）。

8. 城市空气质量达标率指城市空气质量达到二级以上天数占全年比重。

（执笔人：王峥　褚雷　曲夏夏　杜波）

图书在版编目（CIP）数据

中国幸福指数报告：2006～2010/邢占军主编. —北京：社会科学文献出版社，2014.4
ISBN 978-7-5097-5745-1

Ⅰ.①中… Ⅱ.①邢… Ⅲ.①幸福-社会心理学-研究报告-中国-2006～2010 Ⅳ.①B841 ②C912.6

中国版本图书馆CIP数据核字（2014）第039746号

中国幸福指数报告（2006～2010）

主　　编 / 邢占军
副 主 编 / 吴东民　于　萍　褚　雷

出 版 人 / 谢寿光
出 版 者 / 社会科学文献出版社
地　　址 / 北京市西城区北三环中路甲29号院3号楼华龙大厦
邮政编码 / 100029

责任部门 / 社会政法分社（010）59367156　　责任编辑 / 郑　嫱
电子信箱 / shekebu@ssap.cn　　责任校对 / 王拥军
项目统筹 / 童根兴　　责任印制 / 岳　阳
经　　销 / 社会科学文献出版社市场营销中心（010）59367081　59367089
读者服务 / 读者服务中心（010）59367028

印　　装 / 三河市尚艺印装有限公司
开　　本 / 787mm×1092mm　1/16　　印　　张 / 16
版　　次 / 2014年4月第1版　　字　　数 / 260千字
印　　次 / 2014年4月第1次印刷
书　　号 / ISBN 978-7-5097-5745-1
定　　价 / 59.00元

本书如有破损、缺页、装订错误，请与本社读者服务中心联系更换
版权所有　翻印必究